智能人机交互前沿技术丛书

虚实融合交互系统
国产化基础软件技术与应用

印二威 闫 野 刘小龙
谢 良 曹 俊 徐建国　著

科学出版社
北 京

内 容 简 介

本书深入剖析 OpenHarmony 操作系统和 NIBIRU 引擎，为构建国产化高效、互动的虚实融合系统提供了坚实的技术基础。本书涵盖 OpenHarmony 和 NIBIRU 的核心知识，以及它们在虚实融合交互系统技术发展中的关键作用，并提出基于国产操作系统 OpenHarmony 的虚实融合引擎——融智 OS，详细介绍 OpenHarmony 和 NIBIRU 在底层技术、应用开发和国产化虚实融合系统方面的知识。

本书适合虚拟现实和增强现实开发者、计算机科学与软件工程相关专业的学生及研究人员、操作系统与图形学专家、智能硬件从业者、科技爱好者与创业者，以及系统架构师与产品经理阅读。

图书在版编目（CIP）数据

虚实融合交互系统国产化基础软件技术与应用 / 印二威等著. --北京：科学出版社，2025.5. --（智能人机交互前沿技术丛书）. ISBN 978-7-03-080316-0

Ⅰ. TP391.98

中国国家版本馆 CIP 数据核字第 202432E89D 号

责任编辑：孙伯元　赵微微 / 责任校对：崔向琳
责任印制：赵　博 / 封面设计：无极书装

科学出版社 出版
北京东黄城根北街 16 号
邮政编码：100717
http://www.sciencep.com

三河市春园印刷有限公司印刷
科学出版社发行　各地新华书店经销

*

2025 年 5 月第　一　版　开本：720×1000　1/16
2025 年 9 月第二次印刷　印张：20
字数：403 000
定价：168.00 元
（如有印装质量问题，我社负责调换）

"智能人机交互前沿技术丛书"编委会

学术顾问：于登云　王秋良　王耀南　乔　红
　　　　　陈善广　房建成　常瑞华　戴琼海
主　　编：闫　野　印二威
副 主 编：王启宁　王　泉　史元春　石光明
　　　　　许敏鹏　宋爱国
秘 书 长：刘小龙
编　　委：闫　野　印二威　宋爱国　石光明
　　　　　王　泉　史元春　王启宁　张海宁
　　　　　孙晓颖　章国锋　陆　峰　郑成诗
　　　　　牛亚峰　许敏鹏　杨　双　谢　良
　　　　　夏乾臣　任鹏飞　吉博文　梁　臻
　　　　　张　旭

"智能人机交互前沿技术丛书"序

随着智能化时代的到来，人机交互（human-computer interaction, HCI）的发展将进入新的阶段，并将深刻影响并改变人类社会的运行模式和未来发展路径。作为人工智能与人机交互深度融合的产物，智能人机交互正逐步成为连接人类智慧与机器智能的桥梁，对全面提升人类理解世界、预测世界、塑造世界和调和世界的能力起着至关重要的作用。

智能人机交互技术的核心价值在于其能够实现人与机器之间更加自然、高效、协同的交互方式。这不仅要求机器能够准确理解人类的意图与行为，还须具备适应复杂环境、进行灵活反馈的能力。随着人工智能、大数据、云计算、扩展现实等技术的快速发展，智能人机交互正向着更加智能化、个性化的方向迈进，为人们带来前所未有的"如同手足"的自然操控体验、"身临其境"的场景感知，以及"心有灵犀"的高效互动。

鉴于此，世界各主要国家都高度重视人机交互技术的发展。2024年，美国发布《关键与新兴技术国家战略》，将人机交互技术列为18项关键与新兴技术之一。人机交互技术一直以来也是我国重大战略需求前沿，国家自然科学基金委员会信息科学部将其列为优先发展领域。

近年来，我国智能人机交互技术研究与应用取得了可喜的发展与长足的进步，涌现出一批具有世界水平的理论研究成果，突破了一系列关键技术，开展了效益显著的应用探索，也培育了大批富有创新意识和创新能力的人才。

"智能人机交互前沿技术丛书"是军事科学院国防科技创新研究院联合多家国内的顶级科研院所在长期跟踪我国科技发展前沿，广泛征求专家意见的基础上，经反复论证、精心选题后组织出版的。该丛书聚焦于人机交互领域的最新研究成果与技术突破，旨在通过多维度、多层次的视角，全面展现智能人机交互的理论基础、关键技术、创新应用以及未来趋势，既有对人机交互模式、界面设计、系统架构等核心问题的深入探讨，也有对人工智能技术在人机交互中的应用创新，以期突出我国在该重点前沿领域取得的基础性、原创性和变革性成果。

我相信在大家的共同努力下，该丛书将成为人机交互技术领域的重要参考书目，为推动该领域的发展做出积极贡献。

同时，衷心希望该丛书的出版能够激发更多人对这一领域的兴趣与热情，吸引更多有志之士加入智能人机交互的研究与实践中来，携手共进，探索未知，勇于创新，共同开创智能人机交互技术更加美好的未来！

国际宇航科学院院士
人因工程全国重点实验室主任
中国载人航天工程原副总设计师

前　言

在数字化浪潮深度渗透的当下，虚实融合交互技术正以颠覆性力量重塑产业格局。随着增强现实、扩展现实技术的爆发式发展与下一代互联网的加速演进，三维化交互与实时计算已成为数字世界的核心范式，这不仅打破了物理世界与虚拟空间的认知边界，更在工业互联、智慧城市、医疗教育等领域催生出实现国产化技术突破的战略机遇。本书立足我国虚实融合交互系统的技术攻坚阵地，聚焦OpenHarmony 操作系统与 NIBIRU 引擎这两大国产化基石，系统解构国产化基础软件在虚实融合领域的技术架构与应用路径。

当前，虚实融合交互已从早期的图像叠加阶段，跃升至"空间感知-自然交互-实时渲染"的全新时代。系统不仅需要以三维动态方式实时呈现信息，更依赖底层渲染技术实现多终端流畅协同。在此背景下，OpenHarmony 凭借分布式架构与跨设备能力，构建了国产化操作系统的核心底座；NIBIRU 引擎则通过实时渲染管线与物理仿真技术，填补了国产三维引擎在高性能交互场景的空白。两者的深度耦合，既打破了国外技术垄断，也为虚实融合交互系统的国产化提供了从底层架构到应用开发的全链条支撑。

本书的内容结构如下：

第 2~6 章系统解析 OpenHarmony 的架构设计与开发实践，涵盖分布式特性、图形子系统、多媒体开发等核心知识，揭示其如何通过硬件互助、资源共享机制实现跨设备协同。

第 7~8 章深度拆解 NIBIRU 引擎的技术内核，包括编辑器使用、脚本系统、物理模块等，结合 XR Launcher 开发案例，演示三维交互应用的全流程实现。

第 9、10 章深入解析融智 OS 的系统架构与开发实践，帮助开发者掌握从底层 OpenHarmony Native 开发到 NIBIRU 引擎集成的全流程技术。

书中配套的部分电子版彩图，可通过前言二维码获取，助力读者直观理解三维交互技术细节。

站在国产化技术崛起的历史节点，本书既是技术从业者的开发指南，也是产业决策者的解决方案手册。我们期待与读者共同见证：OpenHarmony 与 NIBIRU 如何成为开启未来数字世界的钥匙——使虚实融合交互技术不仅服务于消费级场景，更在工业质检、远程手术等关键领域实现"自主可控、安全可信"的技术突围。

限于作者水平，书中难免存在不妥之处，恳请读者批评指正。愿本书成为连接理论与实践的桥梁，为我国虚实融合交互系统技术的繁荣发展注入动能。

部分彩图二维码

目　　录

"智能人机交互前沿技术丛书"序
前言
第1章　虚实融合交互系统概述 ·· 1
　1.1　虚实融合交互概念内涵 ·· 1
　1.2　虚实融合交互操作系统简介 ·· 4
　1.3　三维引擎简介 ·· 5
　　　1.3.1　三维引擎的发展 ·· 6
　　　1.3.2　三维引擎与硬件的关系 ··· 8
　　　1.3.3　三维引擎的应用技术 ·· 8
　1.4　操作系统和虚实融合操作系统 ··· 10
　1.5　本章小结 ··· 13
第2章　OpenHarmony 操作系统概述 ·· 15
　2.1　OpenHarmony 发展历程 ·· 15
　2.2　OpenHarmony 操作系统架构介绍 ··· 16
　　　2.2.1　技术特性 ·· 16
　　　2.2.2　系统类型 ·· 17
　　　2.2.3　系统架构 ·· 18
　2.3　OpenHarmony 应用开发框架 ArkUI 介绍 ··· 20
　2.4　本章小结 ··· 21
第3章　OpenHarmony 应用开发入门 ·· 22
　3.1　OpenHarmony 应用开发之运行 HelloWorld ····································· 22
　3.2　OpenHarmony 应用安装与调试 ·· 24
　　　3.2.1　预览器使用与 log 调试 ··· 24
　　　3.2.2　开发板运行程序与 HDC 使用 ··· 27
　　　3.2.3　Debug 调试 ·· 28
　3.3　ArkUI 入门 ·· 30
　　　3.3.1　HelloWorld 工程详解 ··· 30
　　　3.3.2　声明式 UI 描述 ·· 31
　　　3.3.3　UI 数据渲染 ·· 32

		3.3.4	常用UI组件和布局	37
		3.3.5	页面路由与组件导航	40
		3.3.6	案例：直播平台首页	41
	3.4	本章小结		44
第4章	OpenHarmony 多媒体应用开发			45
	4.1	OpenHarmony 图形开发		45
		4.1.1	Image 组件使用	45
		4.1.2	绘制几何图形	49
		4.1.3	Canvas 绘制自定义图形	52
		4.1.4	案例：绘制一个仪表盘	55
	4.2	OpenHarmony 动画开发		58
		4.2.1	属性动画	58
		4.2.2	显式动画	62
		4.2.3	转场动画	64
		4.2.4	路径动画	74
		4.2.5	案例：星空特效	75
	4.3	OpenHarmony 音视频录制		81
		4.3.1	权限申请	81
		4.3.2	音视频录制实现流程与相关接口	84
		4.3.3	相机拍照实现流程与相关接口	88
		4.3.4	相机录制视频实现流程与相关接口	94
		4.3.5	案例：音视频录制	98
	4.4	本章小结		111
第5章	OpenHarmony 分布式特性开发			112
	5.1	OpenHarmony 分布式技术特性		112
		5.1.1	硬件互助、资源共享	112
		5.1.2	分布式软总线	112
	5.2	分布式流转开发		113
		5.2.1	分布式流转简介	113
		5.2.2	分布式跨端迁移开发	115
		5.2.3	分布式多端协同开发	119
	5.3	分布式数据同步开发		125
		5.3.1	分布式数据同步简介	125
		5.3.2	键值型数据库分布式开发	126
		5.3.3	关系型数据库分布式开发	135

         5.3.4　分布式数据对象开发 …………………………………… 141
   5.4　本章小结 ……………………………………………………………… 151
第6章　OpenHarmony内核图形子系统概述 …………………………………… 152
   6.1　Linux图形子系统 ……………………………………………………… 152
         6.1.1　Linux GUI ………………………………………………… 152
         6.1.2　Linux窗口系统 …………………………………………… 153
         6.1.3　Linux X11 ………………………………………………… 153
         6.1.4　Wayland …………………………………………………… 155
         6.1.5　3D渲染、硬件加速和OpenGL …………………………… 157
   6.2　OpenHarmony Graphic图形子系统 ………………………………… 159
         6.2.1　Graphic系统架构 ………………………………………… 159
         6.2.2　Graphic简介 ……………………………………………… 160
         6.2.3　Graphic系统源码目录结构 ……………………………… 170
   6.3　本章小结 ……………………………………………………………… 174
第7章　NIBIRU引擎概述 ………………………………………………………… 175
   7.1　NIBIRU引擎简介 ……………………………………………………… 175
   7.2　NIBIRU引擎编辑器 …………………………………………………… 175
         7.2.1　菜单栏 ……………………………………………………… 176
         7.2.2　资源窗口 …………………………………………………… 176
         7.2.3　场景编辑窗口 ……………………………………………… 177
         7.2.4　控件窗口 …………………………………………………… 177
         7.2.5　场景管理窗口 ……………………………………………… 177
         7.2.6　属性窗口 …………………………………………………… 178
         7.2.7　视图导航及工具栏 ………………………………………… 179
         7.2.8　快捷键定义 ………………………………………………… 182
         7.2.9　外部资源的导入 …………………………………………… 182
   7.3　编辑器内置控件 ……………………………………………………… 183
         7.3.1　添加内置控件到场景 ……………………………………… 183
         7.3.2　添加内置组件到对象 ……………………………………… 183
         7.3.3　自定义组件 ………………………………………………… 184
   7.4　NIBIRU引擎脚本系统 ………………………………………………… 185
         7.4.1　代码开发环境的配置 ……………………………………… 185
         7.4.2　了解面向组件开发 ………………………………………… 186
         7.4.3　创建自定义脚本组件 ……………………………………… 187
         7.4.4　事件函数的执行顺序 ……………………………………… 189

		7.4.5 项目目录结构说明	194
		7.4.6 脚本序列化	195
		7.4.7 脚本反射	196
	7.5	NIBIRU 引擎基本模块	200
		7.5.1 基本对象	200
		7.5.2 对象管理器	201
		7.5.3 变换组件	202
	7.6	NIBIRU 引擎组件	202
		7.6.1 模型组件	202
		7.6.2 摄像机组件	204
		7.6.3 粒子系统	204
		7.6.4 UI 系统组件	208
		7.6.5 物理系统组件	215
		7.6.6 灯光组件	217
		7.6.7 音效组件	218
		7.6.8 网络组件	219
		7.6.9 JSON 解析组件	219
	7.7	NIBIRU 引擎系统模块	219
		7.7.1 事件系统	219
		7.7.2 资源系统	226
		7.7.3 时间管理系统	228
		7.7.4 场景管理系统	229
		7.7.5 图像系统	229
		7.7.6 数据持久化	229
		7.7.7 自定义材质系统	230
	7.8	本章小结	234
第 8 章	**NIBIRU 引擎应用开发实战**	235
	8.1	NIBIRU 引擎开发环境搭建	235
	8.2	NIBIRU 引擎应用开发案例——XR Launcher	235
		8.2.1 创建项目工程	235
		8.2.2 项目使用的资源导入	235
		8.2.3 Launcher 界面布局	236
		8.2.4 创建 AppManager 脚本组件	242
		8.2.5 编写 AppManager 组件功能	242
		8.2.6 应用打包	256

- 8.3 本章小结 ... 257
- 第 9 章 OpenHarmony 虚实融合交互——融智 OS ... 258
  - 9.1 融智 OS 框架概述 ... 258
    - 9.1.1 融智 OS 框架 ... 258
    - 9.1.2 融智 OS 组件 ... 259
  - 9.2 融智 OS 功能特性 ... 261
    - 9.2.1 系统低延迟渲染特性 ... 261
    - 9.2.2 系统高性能调度特性 ... 267
    - 9.2.3 光学预处理特性 ... 269
    - 9.2.4 头部姿态跟踪交互特性 ... 272
    - 9.2.5 空间多窗口交互特性 ... 274
    - 9.2.6 虚实融合交互特性 ... 276
  - 9.3 融智 OS 的虚实融合渲染 ... 281
    - 9.3.1 融智 OS 的虚实融合渲染框架 ... 281
    - 9.3.2 融智 OS 的虚实融合渲染工作流 ... 284
  - 9.4 本章小结 ... 285
- 第 10 章 融智 OS 应用开发 ... 286
  - 10.1 OpenHarmony Native 开发 ... 286
    - 10.1.1 Native API 应用工程创建 ... 286
    - 10.1.2 Native API 开发流程 ... 288
  - 10.2 XComponent 整合 OpenGL 开发 ... 292
    - 10.2.1 XComponent 基本使用 ... 292
    - 10.2.2 OpenGL 使用 C++绘制图形 ... 294
  - 10.3 基于 NIBIRU 引擎的开发 ... 300
    - 10.3.1 NIBIRU 引擎在 OpenHarmony 中的相关 API 介绍 ... 300
    - 10.3.2 NIBIRU 引擎在 OpenHarmony 中的开发调试介绍 ... 303
  - 10.4 本章小结 ... 305
- 第 11 章 趋势与展望 ... 306

第1章　虚实融合交互系统概述

1.1　虚实融合交互概念内涵

1. 虚实融合交互的定义和发展趋势

虚实融合交互是一种前沿技术，旨在巧妙结合物理现实和数字虚拟世界，通过创新的技术手段使得二者相互交织、互相影响，实现用户与数字环境的无缝融合。这不仅仅是数字信息在真实场景中的简单叠加，更是通过感知技术、交互技术等手段，让用户在虚拟环境中产生身临其境的感觉，拓展了互动体验的边界。

作为数字化时代的前沿技术，虚实融合交互扮演着引领创新的关键角色，深刻地改变了人们对数字世界的认知和互动方式。首先，虚实融合交互系统结合了物理与数字世界，为用户提供更为丰富的、沉浸式的体验。这种融合不仅体现在技术层面，还深刻改变了人机交互方式。用户可以在虚拟环境中进行实时交互，极大地拓展了信息传递和用户体验的维度，使得体验更加真实、生动。其次，虚实融合交互系统促进了创新和应用的深度融合，通过将数字信息与物理环境相互连接，系统创造了更为智能、灵活的应用场景，推动了新兴技术的涌现。这种深度融合不仅提供了更多可能性，也使得各行业在这一趋势下实现了更高水平的创新，从医疗保健到教育培训，再到工业生产，都迎来了新的发展机遇。最后，虚实融合交互系统在提升用户参与度方面发挥着至关重要的作用。通过与数字世界的互动，用户能够更深入地参与到信息的创造、分享和使用中。这种逐层递进的参与感提升不仅丰富了个体体验，同时也促进了社会化的信息交流，推动了知识的传播和共享。

虚实融合交互系统的未来发展呈现出一系列明显的趋势，塑造了新的技术格局并引领着系统的演进方向，具体如下。

(1) 技术深度融合。虚实融合交互系统将进一步加强与5G、人工智能、大数据、云计算、区块链等新一代信息技术的深度融合。这种融合将推动系统性能的提升，包括更高的数据传输速度、更低的延迟、更智能的数据处理和分析能力。在近眼显示、渲染处理、感知交互、网络传输、内容生产等关键细分领域，将持续推动技术创新和突破。例如，推动微显示技术升级，发展高性能自由曲面和光波导等光学模组；研发混合云渲染、基于眼球追踪的注视点渲染等新技术，提升渲染处理效率和质量。

(2) 自然、直观的交互方式。未来的虚实融合交互系统将追求更高的视觉、听觉和触觉等感官保真度，以提供更加真实和沉浸的交互体验。例如，通过发展高精度环境理解与三维重建技术，以及肌电传感、气味模拟等多通道交互技术，增强用户的沉浸体验。推动感知交互技术向自然化、情景化、智能化方向发展，使用户能够以更自然的方式与虚拟环境进行交互。例如，发展手势追踪、眼动追踪、表情追踪等技术，实现用户行为的深度理解和精准响应。

(3) 多领域应用。虚实融合交互系统将在工业生产、文化旅游、融合媒体、教育培训、体育健康、商贸创意、智慧城市等多个领域实现广泛应用和深度融合。例如，在建筑领域，借助扩展现实(extended reality，XR)设备，设计师可以在设计阶段"进入"工程场景进行实时调整和优化；在教育领域，XR 智慧教育解决方案将打破空间阻隔，重塑教学方式，提高教学效果。由此可见，发展虚实融合交互系统将更好地满足用户需求，扩展应用领域，推动技术创新，为数字化时代带来更为丰富和深刻的体验。随着技术的成熟和成本的降低，集游戏娱乐、体育健康等功能于一体的 XR 一体机等虚实融合产品将逐渐在市场走俏，从专业级向消费级市场拓展。这将进一步推动虚拟现实技术的普及和应用，形成新的消费热点和经济增长点。

未来，虚实融合交互系统的产业链将进一步完善和协同发展，包括高性能虚拟现实专用处理芯片、近眼显示等关键器件的研发和量产，一体式、分体式等多形态虚拟现实设备的推广和普及，以及沉浸式主题乐园、剧场等线下体验中心和云化虚拟现实线上服务平台的建设和发展。政府及行业联盟将构建多技术融合、产学研用高效协同的系统化创新体系，推动虚拟现实标准体系的制定和完善。同时，建设制造业创新中心、广播电视和网络视听虚拟现实制作实验区等公共服务平台，为产业创新发展提供有力支撑。未来的虚实融合交互系统将更加智能化，能够根据用户的习惯和需求进行自适应调整和优化。例如，通过用户行为深度理解人机对话交互技术，实现更加精准和个性化的服务体验。推动虚拟现实技术与物联网、人工智能等技术的融合，构建更加智能、互联的虚拟现实环境。这将使得虚实融合交互系统能够与其他智能设备和系统进行无缝连接和协同工作，为用户提供更加便捷和高效的交互体验。

2. 虚实融合交互主要特征

虚实融合交互的主要特征包括如下几方面。

(1) 虚实融合。虚实融合交互系统将物理和数字世界有机地结合在一起，不仅仅是简单的叠加，而是通过创新技术实现二者的深度融合。这是虚实融合交互系统的核心特征。它允许虚拟物体和现实世界在同一视线中显示，实现物理世界和数字世界的无缝结合。用户可以在真实环境中看到虚拟对象并与之交互，这种融合为用户提供了全新的感知和交互体验。

(2) 实时交互。虚实融合交互系统支持用户与虚拟物体以及现实世界进行实时的自然交互。用户可以通过手势、语音、视觉等多种方式与虚拟环境进行实时交互，实现信息的快速传递和反馈。实时交互不仅提高了用户体验，还增强了系统的灵活性和响应速度。

(3) 智能感知。系统具备智能感知能力，能够感知用户的动作、语音、眼神等信息，从而更准确地理解用户的意图，提供更个性化的交互体验。

(4) 多模态交互。系统支持多种交互模式，结合视觉、听觉、触觉等多种感官，使交互更加全面、丰富。

(5) 沉浸性。沉浸性是虚拟现实技术的重要特征之一，也适用于虚实融合交互系统。系统通过创造高度逼真的虚拟环境，使用户获得身临其境的感受。这种沉浸性有助于提高用户的参与度和兴趣，提升交互效果。

(6) 多终端适配。虚实融合交互系统能够适应不同的终端设备，包括智能手机、平板电脑、增强现实眼镜等，实现无缝连接和跨平台的交互。

虚实融合交互系统是多学科技术高度交叉融合的结果。它融合了计算机图形学、传感器技术、人工智能、人机交互等多个领域的技术成果，形成了集成度高、功能强大的系统平台。这种技术融合为用户提供了更加丰富和便捷的交互方式。虚实融合交互系统的主要特征使得虚实融合交互系统能够提供更丰富、更智能、更沉浸的用户体验，同时在不同应用场景中展现出灵活性和创新性。

3. 虚实融合交互基础软件

虚实融合交互基础软件主要由操作系统和三维引擎构成。虚实融合交互基础软件对操作系统提出了高要求，需要支持多设备的互联互通，以确保系统能够无缝地整合各类设备，实现流畅的数据传输和共享。在系统层面，交互的核心元素应当明确地集成在操作系统中，以提供更加一体化和直观的用户体验。虚实融合交互的特征进一步强调了"操作系统支持多设备互联互通并集成交互核心元素"这一点。首先，系统层面的智能化是不可或缺的，它可以确保交互过程能够更好地理解用户需求，提供个性化的服务。其次，具有多种交互手段的并发性使得用户能够以更灵活的方式与系统互动，不仅仅限于特定的输入方式。同时，交互路径的不确定性则要求系统能够灵活地适应用户在使用过程中的需求变化，并且能够提取交互的语义信息，更智能地响应用户的指令和意图。

操作系统对三维引擎的要求也至关重要。这个引擎需要能够实现视听触等多种感知方式的整合，形成双向感官通道。这不仅包括对视觉、听觉等感官输入的支持，还涵盖对触觉、动作等输出的响应。这样的引擎就建立起一个全面的感官交互框架，使得用户能够以更自然、全面的方式与系统进行交流。

虚实融合交互基础软件的发展需要在操作系统、虚实融合交互特征和引擎等方面实现高度整合，以提供更智能、更灵活、更全面的用户体验。这不仅涉及技术层面的创新，也需要在系统设计和用户体验方面进行深刻的思考和改进。

1.2　虚实融合交互操作系统简介

1. 操作系统的发展历史

操作系统的发展历史可以追溯到 20 世纪 50 年代，最初的批处理系统通过卡片或纸带处理用户提交的作业。随着硬件技术的发展，分时系统出现使得多用户能够同时使用计算机。在 20 世纪 60 年代末到 70 年代初，UNIX 成为代表性的分时系统；80 年代，个人计算机的普及带来了 MS-DOS、Windows 与 Macintosh 等操作系统。随着互联网的兴起，20 世纪 90 年代至 21 世纪初，操作系统逐渐演变为支持网络连接的形态，Linux 在分布式系统中崭露头角。移动设备的兴起推动了移动操作系统，如 iOS 和 Android 的发展。2010 年至今，云计算和虚拟化技术的普及使得操作系统更适应云环境，并催生了容器技术，如 Docker。安全性的重要性也逐渐凸显，操作系统需要不断更新升级以应对新型威胁。随着人工智能的发展，操作系统开始融入更多智能化特性，以支持机器学习和人工智能应用。操作系统在不同时期经历了批处理、分时、个人计算机、网络、移动、云计算、安全性和人工智能等多个阶段的演进，持续推动着计算机技术的不断创新。

2. Windows 操作系统

Windows 操作系统的历史可以追溯到 20 世纪 80 年代，从最初的 Windows 1.0 到最新的 Windows 11，其经历了多个版本的演进。在 Windows 95 引入开始菜单和任务栏后，Windows 系统逐步成为全球广泛使用的操作系统，尤其是 Windows XP 和 Windows 7 的成功推动了用户基础的扩大。然而，Windows Vista 和 Windows 8 等版本经历了一些挑战。2015 年，Windows 10 发布。2021 年，Windows 11 发布，此版本提供了许多创新功能，支持混合工作环境。

Windows 操作系统的优势在于广泛的应用支持、用户友好的界面、丰富的应用程序生态系统和广泛的硬件支持等；其劣势包括存在安全性问题，系统资源占用较多，更新策略可能引发用户不满，不同版本的碎片化，以及商业版价格相对高昂等。

3. iOS 操作系统

iOS 操作系统是由苹果公司为其移动设备开发的操作系统，于 2007 年首次亮相于第 1 代 iPhone 上。经过多个版本的演进，iOS 在用户界面的简洁直观、App Store 的庞大生态系统以及对硬件和软件协同发展的重视方面取得了巨大成功。其封闭的生态系统由苹果公司严格掌控，强调安全性和用户数据隐私保护。通过定期更新，iOS 持续提供最新的功能和安全补丁，确保用户设备保持在最新状态。

4. 国产化鸿蒙操作系统(HarmonyOS)

HarmonyOS 是华为公司推出的自主可控、全球通用的操作系统，其设计理念旨在打破设备之间的壁垒，实现多终端的智能互联。自 2019 年正式发布以来，HarmonyOS 在全球范围内逐渐应用于智能手机、智能手表、电视以及其他物联网设备，致力于为用户提供更加一体化、无缝的数字生活体验。HarmonyOS 的分布式架构是其突出特点之一，这种设计使得设备能够更加灵活地协同工作，共享资源，为用户创造出更加统一的数字环境。同时，HarmonyOS 秉承开源的理念，部分开源代码的采用有望吸引开发者更积极地参与系统的建设，推动生态系统的逐步完善。

HarmonyOS 具备国产自主可控的优势，但在市场适应方面面临挑战。主流市场已经被其他操作系统主导，HarmonyOS 需要通过努力建设生态系统，提升应用和服务的支持，以争取用户和开发者的青睐。此外，用户接受新操作系统需要时间。因此，HarmonyOS 需要通过创新和用户体验的提升来逐步扩大其市场份额。

1.3 三维引擎简介

三维引擎是一种用于创建和渲染三维虚拟场景、物体，并实现交互功能的软件系统，能够将各种三维模型、纹理和动画等元素组合在一起，生成一个具有真实感和交互性的虚拟世界。大部分三维引擎都支持多种操作系统平台，如 Linux、macOS、Windows 等。大多数三维引擎包含以下系统：渲染引擎(即"渲染器"，含二维图像引擎和三维图像引擎)、物理引擎、碰撞检测系统、音效、脚本引擎、计算机动画和人工智能、网络引擎，以及场景管理等。

三维引擎一般提供一系列可视化开发工具和可重用组件。这些工具与组件通过与开发环境进行集成，方便开发者简单、快速地进行基于数据驱动方式的游戏开发。为了提高游戏开发人员的开发效率，引擎开发者会开发出大量游戏、仿真应用所需要的组件。大多数三维引擎集成了图形、声音、物理和人工智能等功能部件。

三维引擎被称为"中间件",是因为它们可以提供灵活和可重用平台,向开发者提供所需要的全部核心功能,从而节省大量的开发费用,降低开发的复杂度,缩短上市时间,所有这些对于高竞争性的产业来说都是关键因素。

与其他中间件解决方案一样,三维引擎通常提供平台抽象层,实现同一款应用可以在多种平台上运行,包括移动终端和个人计算机,而只需要改动少量的源代码。一般来说,三维引擎均设计成基于组件的架构,方便进行特定子系统的替换或者添加新的引擎中间件,从而实现功能的扩展。

一些三维引擎由松耦合的中间件组成,可以根据需要定制游戏引擎。通过组件技术,可以实现三维引擎的扩展性,而扩展性通常是三维引擎优先考虑的特性。三维引擎经常会应用于交互应用的实时图像显示,如营销演示、建筑可视化、训练模拟、环境建模。

一些游戏引擎通常被设计为部分组件可以替换或可增加新组件,从而增强引擎的表现能力。当然这样的引擎也会更昂贵。还有一些引擎则直接设计为组件分离,用户根据需要自己组装引擎组件。但这样的设计给引擎的开发带来了更高的难度,因为设计者要更多地考虑各组件之间的协调问题。

一些三维引擎只包含实时三维渲染能力,不提供其他游戏开发功能,需要开发者自行开发所需功能,或者集成其他现有的组件。这类引擎通常称为图像引擎或者渲染引擎。

现代三维引擎通常提供场景图形结构,该结构采用面向对象的方式表示三维世界,方便进行内容设计和高效渲染虚拟世界。

1.3.1 三维引擎的发展

在 20 世纪 90 年代以前,电子游戏大多是根据厂商的特定机型进行定制开发的,彼时的个人计算机也大多用于商业,而非娱乐。

当时的游戏开发商通常开发一款游戏的周期在 8~10 个月,最主要原因是,每款游戏开发都需要从头编写代码,其间存在着大量的重复劳动,耗时耗力。慢慢地,开发人员总结出一个规律,某些游戏总是有些相同的代码,若可以在同题材的游戏中应用,就可以大大减少游戏的开发周期和开发费用。这些通用的代码就逐渐形成了引擎的雏形,伴随着技术的发展,最终演变成今天的三维引擎。

1. id Software——DOOM 引擎及 Quake 引擎

1992 年,一家名为 id Software 的公司开启了游戏行业的技术革命。由该公司开发的《德军总部 3D》正式发行。《德军总部 3D》使用了一种射线追踪技术来渲染游戏内的物体,打造出前所未有的三维效果。id Software 凭借《德军总部 3D》的技术,在 1993 年正式推出使用改良版本 DOOM 引擎(代号 Id Tech 1)制作的《毁灭战士》。Id Tech 引擎系列就此诞生,DOOM 引擎也成为第一个用于商业授权的引擎。

DOOM 引擎的成功只是 id Software 在游戏引擎发展史上踏出的第一步。1996 年,id Software 推出的另一款作品《雷神之锤》又一次成为游戏行业的里程碑。《雷神之锤》所使用的 Quake 引擎是一个真正的三维引擎。该引擎完全支持多边形模型、动态光源和粒子特效。与此同时,《雷神之锤》也树立了沿用至今的键盘加鼠标操作的 FPS(first-person shooting)操作标准,即通过"W、A、S、D"四个按键控制移动,并通过鼠标控制视角与射击的操作模式。

《雷神之锤》所造成的巨大影响力,使得 Quake 引擎及其后续版本 Id Tech 2、Id Tech 3 成为各大开发商眼中炙手可热的瑰宝,被许多著名的游戏产品广泛使用,如大名鼎鼎的《半条命》以及衍生作品《反恐精英》,还有后来的《使命召唤》《星球大战》等作品,都是在 Quake 系列引擎的协作下完成的。

2. Epic Games——虚幻引擎

1998 年,当 id Software 凭借其 Id Tech 2 独霸引擎市场时,由 Epic Games 公司开发的虚幻(Unreal)引擎横空出世,其绝对领先的画面效果和运行性能令虚幻引擎迅速在游戏引擎市场取得一定地位。在微软 DirectX 规范成为主流后,虚幻引擎开始专注于 DirectX 并成为受益者。Epic Games 接连推出虚幻 2(Unreal 2)和虚幻 2.5(Unreal 2.5)版本。2004 年,Epic Games 推出虚幻 3(Unreal 3)引擎,真正确立了其引擎技术第一梯队的地位。

3. Valve——Source 引擎

Valve 公司最早使用的是 Quake/Quake2 引擎,但是随着技术的发展,需要实现越来越多的新特性新效果,只能被动地接受引擎开发商来提供技术升级成了公司发展的瓶颈。因此,他们决定自己开发一款引擎,这就是 Source 引擎。Source 引擎开发的经典产品包括《半条命 2》《反恐精英:起源》《反恐精英:全球攻势》以及《刀塔 2》等。

4. CRYTEK——CryEngine 引擎

CryEngine 引擎凭借《孤岛惊魂》一战成名,后面更是推出了被玩家戏称为"显卡危机"的《孤岛危机》系列。CryEngine 引擎曾以画面表现效果的创新突破引起业界的强烈反响,吸引了众多厂商的关注。

在经历了授权引擎诞生与发展的十年左右时间后,意识到游戏引擎重要性的各大厂商再度回到了为自家作品定制化研发引擎的道路,如 Bethesda Softworks 公司开发了《辐射 4》与《上古卷轴 5》的 Creation 引擎;CAPCOM 公司开发了《鬼泣 5》的 Re 引擎,以及《怪物猎人:世界》的 MT Framework 引擎;DICE 公司开发了《战地》系列所使用的寒霜(Frostbite)引擎等。

不断涌现的自研引擎为市场注入了新鲜的技术活力,各家引擎也凭借各自独特的优势为相关作品带来了锦上添花的效果,如《战地》系列的物理破坏效果就被玩家津津乐道。

随着科技的发展,20 世纪早期诞生的虚拟现实概念在 2012 年随着 Oculus 的出现又一次迎来了热潮。而谷歌、脸书等纷纷入局后,这股热潮也给开发者和使用者带来了无数的想象空间。虚拟现实开发引擎的概念也随之诞生。

1.3.2 三维引擎与硬件的关系

三维引擎的渲染系统通常建立在一套高级图像应用程序接口(application programming interface, API)之上,如 Direct3D 或 OpenGL。这些 API 封装了图形处理单元(graphics processing unit, GPU)和显卡的部分功能。在硬件加速图形卡出现以前,开发者使用软件渲染。现在,软件渲染依然被广泛用于非实时图像的渲染,或者是用户的硬件设备不支持硬件渲染的场景下。

针对应用运行平台的区别,三维引擎通常集成了对不同硬件平台的支持,使得开发者可以忽略硬件的差异性而专注于内容的开发。

同时,三维引擎还提供了对其他硬件设备的独立支持,如输入设备(鼠标、键盘、控制杆)、网卡、声卡等,通过这些硬件实现应用的人机交互。

1.3.3 三维引擎的应用技术

目前,主流的三维引擎主要包括资源处理、渲染管线、声音、物理引擎、序列化、反射等技术。

1. 资源处理

现代引擎为了团队协同,一般都将引擎及内容生产工具一同引入引擎的工作流中。因此,一般不同的三维引擎都有自己独特的资源处理方式。一般资源处理包含资源导入、资源序列化、运行时资源管理等功能。在资源导入时,引擎针对不同的资源类型按预设进行资源的序列化,这样做的好处在于引擎会通过资源序列化形成可寻址的资源,同时,针对不同的资源形成引擎内部的统一管理与调度,避免了不同创作工具生产的内容差异性,在运行时也可以通过引擎内部的接口对资源进行快速查找并管理。

2. 渲染管线

渲染管线是指用软件生成图像的过程。它将几何、视点、纹理、照明和阴影等信息通过软件或者硬件以图像的形式呈现给用户。渲染技术是三维计算机图形学中最重要的研究课题之一，并且在实践领域与其他技术密切相关。20世纪70年代以来，随着计算机图形的不断复杂化，渲染也成为一项越来越重要的技术。

引擎一般会提供已开发好的渲染管线，这让大多数开发者可以更加专注于内容的创作。但是一般引擎也会开放可编程渲染管线提供给开发者，这让精通渲染技术的开发者可以发挥出更多的可能性。

目前渲染主流技术框架为OpenGL(通用)、DirectX(Windows)、Vulkan(通用)、Metal(macOS、iOS)。

3. 声音

声音是一款出色的应用不可缺少的组成部分。通常在引擎中会集成声音相关的运行库，从而实现空间音效等效果。一般来说，开发者不需要过多地关注引擎是如何实现音效的。因为绝大多数情况下不同引擎提供的声音运行库都是类似的，而声音的创作与应用的开发直接关联不大。

目前声音的主流技术框架为OpenAL(通用)。

4. 物理引擎

物理引擎是一类计算机程序，使用质量、速度、摩擦力和空气阻力等变量模拟牛顿力学模型，用来预测不同情况下的效果。它主要用在计算物理学、电子游戏及计算机动画当中。物理引擎有两种常见的类型：实时物理引擎和高精度物理引擎。高精度物理引擎需要更强的处理能力来计算非常精确的物理量，通常使用在科学研究(计算物理学)和计算机动画电影制作中。实时物理引擎通常用在电子游戏中并且可以简化运算，降低精确度以减少计算时间，得到在电子游戏当中可以接受的处理速度。

一般引擎中都会集成物理引擎用于内容中的物理效果模拟。目前主流的物理引擎为PhysX、Bullet、Havok、Box2D。

5. 序列化

在计算机科学的数据处理中，序列化是指将数据结构或对象状态转换成可取用格式，如存成文件、存于缓冲或经由网络发送，以待后续在相同或另一台计算机环境中，能恢复原先状态的过程。依照序列化格式重新获取字节的结果时，可以利用它产生与原始对象相同语义的副本。

在三维引擎中，序列化是指生成一个完整的对象时运行的二进制映像，也就是将对象在运行时的整个内存布局完整地保存下来，然后反序列化的时候就能生成和运行时一模一样的对象。这样做的好处就是能实现真正意义上的保存和再现，所有的数据都是完整的。

这种技术在引擎内的资源处理、数据结构、网络传输等各个方面均有应用。因此，理解序列化概念对于了解引擎的运作是非常重要的。

6. 反射

在计算机学科中，反射式编程或反射，是指计算机程序在运行时可以访问、检测和修改它本身状态或行为的一种能力。反射在 Java 和 C# 等语言中比较常见，反射数据描述了类在运行时的内容。这些数据包括类的名称、类中的数据成员、每个数据成员的类型、每个成员位于对象内存映像的偏移(offset)。此外，它也包含类的所有成员函数信息。

在三维引擎中，反射通常与序列化相结合，开发者只需要定义希望在编辑器中进行绑定的数据而不用关心具体输入的数据，这也使得不同职能的人员工作分离，更符合现代化团队工作与效率的提升。

1.4 操作系统和虚实融合操作系统

1. iOS 和 visionOS

苹果公司的 Vision Pro 开创了一类新的计算设备，能将数字世界融入真实世界，从而实现增强现实(augmented reality, AR)。这款设备兼容 iOS 和 iPadOS 的各种系统，可以用来办公、娱乐、拍摄空间视频等，并且只需要手、眼和语音就能交互。苹果公司称这种新的计算范式为空间计算。

Vision Pro 采用 visionOS，核心框架主要派生自 iOS，还有用于注视点渲染和实时交互的扩展现实专用框架。visionOS 采用创新的三维用户界面，这一界面突破了传统二维界面的平面限制。与传统二维界面主要在平面上展示图标、菜单等元素不同，三维用户界面将内容置于一个具有深度、宽度和高度的虚拟空间中，构建出更具立体感和真实感的操作环境。这种三维用户界面带来了全新的交互方式。传统二维界面主要依靠鼠标点击、键盘输入以及在平面上触摸滑动等交互手段，而在 visionOS 的三维用户界面中，若要执行单击操作，只需注视某个特定元素，或是采用两指捏合的动作即可实现；若要进行移动操作，可先进行两指捏合，随后进行拨动动作；若要滚动操作，则通过简单的挥手动作即可达成。在 visionOS 的三维空间里，应用程序以排列有序的浮动窗口形式呈现，窗口之间存在空间位置关系，用户能够更直观地感知不同应用程序的位置与层次，如同在真实世界中摆放物品一般，这使得操作更加便捷高效。除此之外，系统还设有用于文字输入的虚拟键盘、Siri 虚拟助手，可以连接妙控键盘、妙控板及游戏手柄等蓝牙外设使用。在接听电话时，visionOS 会用单独窗口展示用户形象。visionOS 是 macOS 和 iOS 的迭代，从桌面多窗口操作系统升级为空间多窗口多物体操作系统。手眼交互其实就是空间多点触控，是 iOS 多点触控的迭代。

2. Windows 和 Windows Holographic

Windows 操作系统的演进经历了多个版本，包括 Windows 95、Windows XP、Windows 7 等。每个版本都引入了新的功能和改进。Windows 操作系统一直是全球使用最广泛的操作系统之一，其以用户友好的界面、应用程序兼容性和广泛的硬件支持而著称。Windows Holographic 是一个 AR 的计算平台，由微软推出，如图 1.1 所示。它在 2015 年发布 Windows 10 操作系统的时候被引入。借助 Windows Holographic 的 API，各版本的 Windows 10(包括智能手机和平板电脑上的版本)都可以使用 AR 功能。

图 1.1　Windows Holographic

HoloLens 是由微软公司推出的混合现实(mixed reality, MR)头戴式设备,首次亮相于 2015 年,HoloLens 通过混合现实技术将虚拟元素与真实世界相融合,为用户提供了全新的计算体验。其标志着计算设备从传统的二维屏幕延伸到了三维混合现实领域。

虚实融合是 HoloLens 的核心理念之一。HoloLens 通过激光投影、深度传感器和空间感知技术,将虚拟图像与真实环境融为一体。用户可以在现实世界中看到虚拟对象,与之交互,创造出令人惊叹的混合现实体验。这种虚实融合技术不仅改变了人们与数字信息互动的方式,还给工业、医疗、教育等多个领域带来了新的应用场景。

Windows 操作系统与 HoloLens 的结合,使得虚实融合不再是孤立的体验,而与桌面计算环境结合得更为紧密。用户可以在 Windows 环境中使用 HoloLens,将虚拟元素引入日常的计算和生产活动中。这种融合为用户提供了更为全面的计算体验,使得数字信息能够更自然、直观地融入现实世界中。

3. Android、Meta Horizon OS 和 Android XR

Android 是一款基于 Linux 内核的开源移动操作系统,由谷歌公司主导开发。它凭借开源特性,吸引全球开发者踊跃参与,构建起庞大且丰富的应用生态;广泛应用于智能手机、平板电脑、智能手表等各类移动设备,为用户提供多样化且便捷的操作体验;凭借丰富的功能、个性化定制选项以及良好的硬件适配性,成为移动设备领域的主流操作系统之一,深刻改变着人们的生活与工作方式。

Meta Horizon OS 是 Meta 公司专为旗下 Quest 系列等虚拟现实与增强现实设备打造的操作系统。它基于 Android 进行深度定制开发,依托 Android 强大的底层架构,结合 Meta 在虚拟现实技术上的优势,为用户带来沉浸式的扩展现实体验。通过内向外跟踪、手势与面部识别等先进交互技术,构建出独特的虚拟交互空间。与 Android 相比,它专注于 XR 领域,为虚拟现实社交、游戏、工作等场景提供优化支持,是 Meta 公司构建元宇宙生态的重要软件基础。

Android XR 是谷歌公司与三星公司联合打造,面向扩展现实设备的操作系统。它同样基于 Android,继承了 Android 的开放性与广泛兼容性。与 Meta Horizon OS 不同,Android XR 致力于为更多厂商的 XR 设备提供统一平台,内置 Gemini AI 助手增强交互体验。它借助 Android 庞大的开发者社区与应用资源,拓展 XR 应用场景,为 XR 领域发展注入新动力,与 Meta Horizon OS 在推动 XR 技术普及上形成差异化竞争与互补发展态势。

4. OpenHarmony 和融智 OS

以 Vision Pro 为代表的 VST (video see through) 混合现实设备和以 HoloLens 为代表的 OST(optical see through) AR 设备，对三维图形引擎提出了新的需求。在操作系统层面，HoloLens 团队早已自研了底层操作系统 Windows Mixed Reality，重构了全新的交互标准，这是 AR 空间计算交互能力的"灵魂"所在。在图形引擎方面，Vision Pro 采用自研 RealityKit 完成了新一代三维交互的丝滑体验，而目前国产 AR 系统尚缺乏对标 Vision Pro 平台的图形引擎。

融智 OS 作为一款国产 AR 系统，通过结合 OpenHarmony 操作系统的整体能力与 NIBIRU Studio 三维实时引擎(简称"NIBIRU 引擎")在硬件终端性能、功耗、图形和端边云渲染等方面的技术优势，提高了 AR 交互的自然流畅度和 3D 内容的品质感。OpenHarmony 操作系统为融智 OS 提供了统一的操作系统底座，支持多种终端设备的互联互通和协同工作。其组件化的设计方案使得系统可以根据 AR 设备的资源能力和业务特征进行灵活裁剪，从而满足了不同形态的终端设备对于操作系统的要求。在 AR 交互方面，融智 OS 通过优化 NIBIRU 引擎的交互数据采集、融合、转发等功能，实现了更为自然流畅的 AR 交互体验。用户可以通过手势、语音等方式与虚拟世界进行交互，实现更加沉浸式的体验。同时，融智 OS 还支持多种三维内容格式，通过优化图形渲染技术，使三维内容的品质感得到显著提升。融智 OS 通过结合 OpenHarmony 操作系统的整体能力与 NIBIRU 引擎在硬件终端性能、功耗、图形和端边云渲染等方面的技术优势，成功打造了一款高效、流畅、自然的国产 AR 系统。该系统不仅提高了 AR 交互的自然流畅度和三维内容的品质感，还为开发者提供了更为灵活、便捷的开发工具，推动了 AR 技术的快速发展和应用普及。

1.5 本章小结

本章首先阐述了虚实融合交互的概念内涵，在介绍虚实融合交互的定义和主要特征后，又介绍了其基础软件的基本组成，明确了对操作系统的要求，强调了在系统层面明确交互元素的重要性。操作系统需要支持多设备的互联互通，同时确保在虚实融合的环境中提供流畅而自然的用户交互。其次，对虚实融合交互操作系统进行了概述，深入了解了操作系统的发展历史，以及在这一领域中突出的四大操作系统：Windows、iOS、Android 和 Harmony。每个操作系统都在不同方面推动了虚实融合交互的发展。然后，给出了三维引擎的简介，了解了其在虚实融合交互中的重要作用。三维引擎作为实现虚拟元素的关键工具，为用户提供了更加沉浸式和生动的交互体验。最后，深入研究了操作系统与三维引擎的结合，具体分析了 iOS 与 Vision Pro、Windows 与 HoloLens、Meta 与 Meta Horizon OS，以及 OpenHarmony 与融智 OS 的关系。这些结合不仅展示了技术整合的成果，也体现了不同操作系统和引擎在虚实融合交互领域的独特贡献。本章通过全面介绍虚实融合交互的概念、操作系统的发展历程、三维引擎的作用，以及各个系统和引擎之间的关联，加深了读者对虚实融合交互领域的深刻理解和全面认识。这一领域的不断发展与创新将为未来的交互方式和用户体验带来更为广阔的前景。

第 2 章　OpenHarmony 操作系统概述

2.1　OpenHarmony 发展历程

2008 年，谷歌公司发布了 Android 操作系统，这是手机行业重新洗牌的一个契机。部分手机厂商借此契机，一跃成为手机行业的新一代头部厂商，华为公司是其中的佼佼者。但在这一场机遇中，华为的高层也看到了其中潜藏的商机，基于战略的考虑，华为决定要做自己的终端操作系统，这是"鸿蒙操作系统(HarmonyOS)"概念的最初萌芽。

2015 年，华为内部正式立项，HarmonyOS 从理论设计进入落地阶段。此后的三年多时间，是 HarmonyOS 诞生和成长的关键时期。

2019 年 8 月 9 日，在华为开发者大会(Huawei Developer Conference, HDC)上，华为正式发布 HarmonyOS 1.0，并宣布要将其开源。

2020 年 6 月 15 日，国内第一家开源基金会——开放原子开源基金会(OpenAtom Foundation)正式挂牌成立，这是我国在信息产业领域迈出的关键一步。

2020 年 9 月 10 日，华为发布 HarmonyOS 2.0，并将能在内存为 128KB～128MB 的轻量级设备上运行的代码捐赠给开放原子开源基金会，OpenHarmony 1.0 版本代码正式开源。

2021 年 4 月 1 日，OpenHarmony 发布 1.1.0 长期支持(long-term support, LTS)版本，这是 OpenHarmony 的首个 LTS 版本。

2021 年 4 月 27 日，华为开始向通过申请审核的部分华为手机用户，推送 HarmonyOS 2.0 开发者版本系统升级包。HarmonyOS 正式在手机平台上接受用户的检验。随后，华为逐渐加大向手机用户推送 HarmonyOS 的力度，搭载 HarmonyOS 的设备数量开始呈爆发式增长。

2021 年 6 月 1 日，华为将能在内存为 128MB～4GB 的富设备上运行的代码，以及能在内存为 4GB 以上的大型设备上运行的代码，一次性全部开源，这就是 OpenHarmony 2.0。

2021 年 9 月 30 日，OpenHarmony 发布了 OpenHarmony 3.0 LTS 版本。

2021 年 10 月 22 日，在华为开发者大会上，华为宣布搭载 HarmonyOS 的设备数量突破 1.5 亿台。

2022 年 3 月 30 日，OpenHarmony 发布了具有里程碑意义的 3.1 Release 版

本，这个版本的 OpenHarmony 具备了可用于平板类、手机类甚至个人计算机类设备的一系列基础特性。OpenHarmony 的硬件生态也得到了丰富的扩展，大量的开发板支持包括 ARM(advanced RISC machine)、RISC-V、X86_64、Loongarch64 等指令集架构在内的轻量系统、小型系统和标准系统，为 OpenHarmony 提供了多样化的功能验证平台。

OpenHarmony 于 2023 年 4 月发布 3.2 Release 版本，2023 年 10 月发布 4.0 Release 版本，2024 年 3 月发布 4.1Release 版本，2024 年 12 月发布 5.0Release 版本。新版本的陆续迭代使 OpenHarmony 进一步增强了应用开发能力，系统能力和稳定性也得到了增强。OpenHarmony 开始助力应用生态的建设。随着更多头部应用厂商以及更多开发者的加入，OpenHarmony 的应用开发已经成为软件行业的一个热门方向。

2.2　OpenHarmony 操作系统架构介绍

OpenHarmony 是一款全智能时代的面向全场景、全连接的分布式操作系统。它在传统的单设备系统能力的基础上，提出基于同一套系统能力、适配多种终端形态的分布式理念，能够支持手机、平板、智能穿戴、智慧屏、车机等多种终端设备的统一融合，为消费者呈现一个虚拟的超级终端界面，以提供无缝、流畅的全场景体验。

2.2.1　技术特性

OpenHarmony 主要包含以下技术特性。

1. 硬件互助与资源共享

OpenHarmony 通过分布式软总线、分布式数据管理、分布式任务调度、设备虚拟化等一系列相关技术，实现多终端设备之间的硬件互助和资源共享。

1) 分布式软总线

分布式软总线是多设备终端的统一基座，为设备间的无缝互联提供统一的分布式通信能力，能够快速发现并连接设备，高效地传输任务和数据。

2) 分布式数据管理

分布式数据管理基于分布式软总线，可实现应用程序数据和用户数据的分布式管理。用户数据不再与单一物理设备绑定，业务逻辑与数据存储分离，应用跨设备运行时数据无缝衔接，为打造沉浸、流畅的用户体验创造基础条件。

3) 分布式任务调度

分布式任务调度基于分布式软总线、分布式数据管理、分布式 Profile 等技术特性，构建统一的分布式服务管理(发现、同步、注册、调用)机制，支持对跨设备的应用进行远程启动、远程调用、绑定/解绑以及迁移等操作，能够根据不同设备的能力、位置、业务运行状态、资源使用情况等信息并结合用户习惯和意图，选择最合适的设备运行分布式任务。

4) 设备虚拟化

分布式设备虚拟化平台可以实现不同设备的资源融合、设备管理和数据处理，将周边设备作为手机能力的延伸，共同形成一个超级虚拟终端。

2. 一次开发，多端部署

OpenHarmony 提供用户程序框架、Ability 框架以及用户界面(user interface, UI)框架，能够保证开发的应用在多终端运行时的一致性，可以实现一次开发、多端部署的目标。

多终端软件平台 API 具备一致性，确保用户程序的运行兼容性，支持在开发过程中预览终端的能力适配，并支持根据用户程序与软件平台的兼容性来调度用户呈现。

3. 统一 OS，弹性部署

OpenHarmony 采用组件化设计，可以根据硬件能力大小、资源丰富程度和业务需求等实际情况，在多种终端设备间按需弹性部署，全面覆盖包含 ARM、RISC-V、X86_64、Loongarch64 等多种指令集架构的 CPU，支持从百 KiB 到 GiB 级别的 RAM。

2.2.2 系统类型

根据系统支持的硬件能力和资源配置进行划分，OpenHarmony 操作系统支持如下三种系统类型。

1. 轻量系统(mini system)

轻量系统面向搭载微控制单元(microcontroller unit, MCU)类处理器(如 ARM Cortex-M、RISC-V 32 位)的设备，硬件资源极其有限，支持的设备最小内存为 128KiB，可以提供多种轻量级网络协议、轻量级图形框架，以及丰富的物联网(internet of things, IoT)总线读写部件等，还可支撑如智能家居领域的连接类模组、传感器设备、穿戴类设备等产品。

2. 小型系统(small system)

小型系统面向搭载应用处理器(如 ARM Cortex-A)的设备，支持的设备最小内存为 1MiB，可以提供更高的安全能力、标准的图形框架、视频编解码的多媒体能力，还可支撑智能家居领域的 IP Camera、电子猫眼、路由器以及智慧出行领域的行车记录仪等产品。

3. 标准系统(standard system)

标准系统面向搭载应用处理器(如 ARM Cortex-A)的设备，支持的设备最小内存为 128MiB，可以提供增强的交互能力、3D GPU、硬件合成能力、更多控件、动效更丰富的图形能力以及完整的应用框架，还可支持智能商业设备、平板电脑等产品。

2.2.3 系统架构

OpenHarmony 的系统架构整体上遵从分层设计，从下向上依次为内核层、系统服务层、框架层和应用层。系统功能则按照"系统→子系统→组件"逐级展开，在多设备部署场景下，可以根据实际需要裁剪某些非必要的子系统和组件。OpenHarmony 的系统架构如图 2.1 所示。

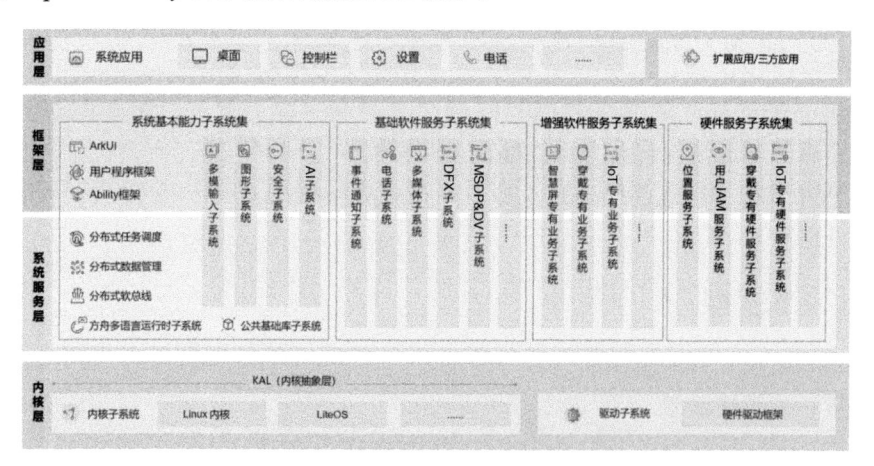

图 2.1 OpenHarmony 的系统架构

下面按照从下到上的顺序对图 2.1 中的各层进行简单介绍。

1. 内核层

内核层适配了多个尺寸不一、功能各异的内核，通过内核抽象层(kernel abstract layer, KAL)对上层提供统一的内核抽象接口，实现一个多内核的架构。

内核层主要由内核子系统和驱动子系统构成。

(1) 内核子系统。采用多内核架构(Linux 内核、LiteOS-A、LiteOS-M、UniProton 等)设计，支持针对不同的资源受限设备选用适合的 OS 内核。

(2) 驱动子系统。硬件驱动框架(hardware driver framework, HDF)是系统硬件生态开放的基础，提供统一的外设访问能力和驱动开发、管理框架。

另外，KAL通过屏蔽多内核的差异，为系统服务层提供基础的内核能力(包括进程/线程管理、内存管理、文件系统、网络管理和外设管理等)。而操作系统抽象层(operating system abstract layer, OSAL)则位于内核与硬件驱动框架之间，通过屏蔽多内核的差异，为HDF提供统一的内核抽象接口，使得基于硬件驱动框架的设备驱动程序能够做到"一次开发，多系统部署"，是OpenHarmony的开放硬件生态建设的基础。

2. 系统服务层

系统服务层是OpenHarmony核心能力的集合，通过框架层对应用程序提供服务。系统服务层包含了若干个耦合度低、能够根据实际需要进行深度裁剪的子系统和功能组件。

根据基本的功能类型，可以将系统服务层众多的子系统归并为以下几个子系统集。

(1) 系统基本能力子系统集：为分布式应用在多设备上的运行、调度、迁移等操作提供了基础能力，由分布式任务调度、分布式数据管理、分布式软总线、方舟多语言运行时子系统、公共基础库子系统、多模输入子系统、图形子系统、安全子系统、AI子系统等组成。

(2) 基础软件服务子系统集：提供公共的、通用的软件服务，由事件通知子系统、电话子系统、多媒体子系统、面向产品生命周期各环节的设计(design for X, DFX)子系统、移动感知平台与设备虚拟化(mobile sensing development platform & device virtualization, MSDP&DV)子系统等组成。

(3) 增强软件服务子系统集：提供针对不同设备的、差异化的能力增强型软件服务，由智慧屏专有业务子系统、穿戴专有业务子系统、IoT专有业务子系统等组成。

(4) 硬件服务子系统集：提供硬件服务，由位置服务子系统、用户身份和访问管理(identity and access management, IAM)服务子系统、穿戴专有硬件服务子系统、IoT专有硬件服务子系统等组成。

根据不同设备形态的部署环境，基础软件服务子系统集、增强软件服务子系统集、硬件服务子系统集内部可以按子系统粒度进行裁剪，每个子系统内部又可以按功能粒度进行进一步的裁剪。

3. 框架层

框架层为应用的开发提供了ArkUI和C、C++、JavaScript等多语言的用户程序框架与 Ability 框架，以及各种软硬件服务对外开放的多语言框架 API。根据系统的组件裁剪程度不同，框架层提供的 API 也会有所不同。

4. 应用层

应用层包括系统应用和第三方应用，应用由一个或多个 FA(feature ability)或 PA(particle ability)组成。其中，FA 有 UI，提供与用户交互的能力；而 PA 无 UI，提供后台运行任务的能力以及统一的数据访问抽象能力。

在进行用户交互时，FA 所需的后台数据访问也需要由对应的 PA 提供支持。基于 FA、PA 开发的应用，能够实现特定的业务功能，支持跨设备的调度与分发，为用户提供一致的、高效的应用体验。

2.3 OpenHarmony 应用开发框架 ArkUI 介绍

ArkUI，即方舟开发框架，是 OpenHarmony 为应用程序的 UI 开发提供的基础设施，包括简洁的 UI 语法、丰富的 UI 功能(组件、布局、动画及交互事件)，以及实时界面预览工具等，可以为开发者进行可视化界面开发提供支持。

开发者在开发应用程序的 UI 时，可以将 UI 设计为多个独立的功能页面，每个页面进行单独的文件管理，并通过页面路由 API 实现页面间的调度管理操作(如跳转、回退等)，以实现应用内的功能解耦。UI 构建与显示的最小单位是组件(如列表、网格、按钮、单选框、进度条、文本等)，开发者可以通过多种组件的搭配与组合，构建满足自身应用诉求的完整 UI。

ArkUI 针对不同的应用场景和技术背景提供了两种开发范式，分别是基于 ArkTS 的声明式开发范式(简称"声明式开发范式")和兼容 JavaScript 的类 Web 开发范式(简称"类 Web 开发范式")。

(1) 声明式开发范式。采用基于 TypeScript 声明式 UI 语法扩展而来的 ArkTS 语言，从组件、动画和状态管理三个维度提供 UI 的绘制能力，适用于界面和交互逻辑都相对复杂的标准系统应用开发。

(2) 类 Web 开发范式。采用经典的超文本标记语言(hypertext markup language, HTML)、串联样式表(cascading style sheet, CSS)、JavaScript 三段式开发方式，使用 HTML 标签文件搭建布局、CSS 文件描述样式、JavaScript 文件处理逻辑。该范式更符合 Web 前端开发者的使用习惯，便于将已有的 Web 应用快速改造成 ArkUI 应用，适用于界面较为简单的中小型应用开发。

ArkUI 的架构示意图如图 2.2 所示。

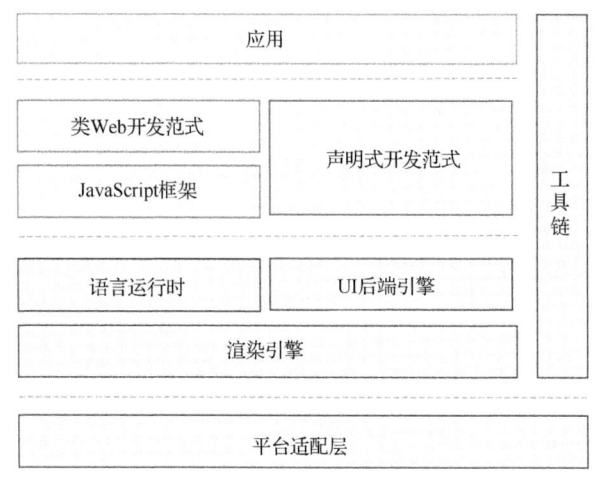

图 2.2　ArkUI 示意图

在针对 OpenHarmony 标准系统的应用开发中，推荐采用声明式开发范式来构建 UI，主要基于以下几点考虑。

(1) 开发效率。声明式开发范式更接近自然语义的编程方式，开发者可以直观地描述 UI，无须关心如何实现 UI 绘制和渲染，开发高效简洁。

(2) 应用性能。两种开发范式的 UI 后端引擎和语言运行时是共用的，但是相比类 Web 开发范式，声明式开发范式无须 JS 框架进行页面文档对象模型(document object model, DOM)管理，渲染更新链路更为精简，占用内存更少，应用性能更佳。

(3) 发展趋势。声明式开发范式后续会作为主推的开发范式持续演进，为开发者提供更丰富、更强大的能力。

2.4　本　章　小　结

本章简单介绍了 OpenHarmony 操作系统的发展历史、系统架构和应用开发框架的大概要点，使读者对 OpenHarmony 操作系统有一个整体的认识。

第3章 OpenHarmony 应用开发入门

3.1 OpenHarmony 应用开发之运行 HelloWorld

关于 OpenHarmony 开发环境的安装与配置，可以通过官网对应的版本说明，获取集成开发环境(integrated development environment, IDE)，并进行下载安装。这里以 5.0.3Release 为例，可以通过 HarmonyOS 开发者官网获取 IDE 并安装。有一点要注意，安装 NodeJS 包管理工具 NPM(node package manager)和 OHPM(open Harmony package manager)时，路径不要有中文、特殊字符以及空格。接下来运行 Hello World。

(1) 若首次打开 DevEco Studio，请单击 Create Project 创建工程。如果已经打开了一个工程，请在菜单栏选择 File→New→Create Project 来创建一个新工程。

(2) 选择 Application 应用开发(本章以应用开发为例，Atomic Service 对应为元服务开发)，选择模板[OpenHarmony]Empty Ability，如图 3.1 所示，单击 Next 进行下一步配置。

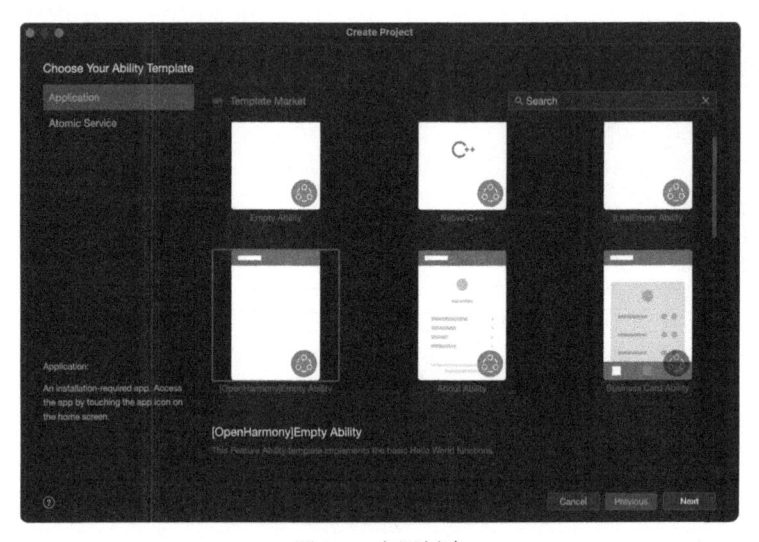

图 3.1 应用创建

(3) 进入配置工程界面，Compile SDK 选择"15"，其他参数保持默认设置即可。

(4) 其中 Node 用来配置当前工程运行的 Node.js 版本，可选择已有的 Node.js 或下载新的 Node.js 版本，配置如图 3.2 所示。

图 3.2　应用配置图

(5) 单击图 3.2 中的 Finish，工具会自动生成示例代码和相关资源，工程创建完成后，会出现如图 3.3 所示的依赖加载信息。

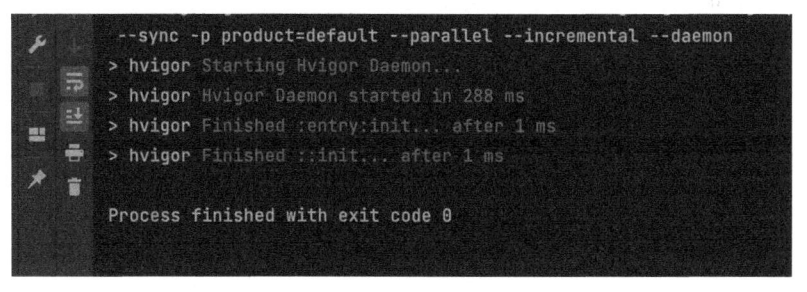

图 3.3　依赖加载信息

以 ArkTS 为例，使用预览器的方法如下。

创建或打开一个 ArkTS 应用/服务工程，本示例以创建 ArkTS 工程为例。

在工程目录下，打开任意一个 .ets 文件(JS 工程请打开 .hml/.css/.js 页面)，这里打开 Index.ets。

可以通过以下任意一种方式打开预览器开关，显示效果如图 3.4 所示。

(1) 通过菜单栏，单击 View→Tool Windows→Previewer，打开预览器。

(2) 在编辑窗口右上角的侧边工具栏，单击 Previewer，打开预览器。

图 3.4　Hello World 预览图

3.2　OpenHarmony 应用安装与调试

3.2.1　预览器使用与 log 调试

预览器支持 ArkTS/JS 的应用/服务工程中的实时预览和动态预览。

1. 实时预览

在开发 UI 代码过程中，如果添加或删除了 UI 组件，只需按下组合键 Ctrl+S 进行保存，然后预览器就会立即刷新预览结果。如果修改了组件的属性，那么预览器会实时(亚秒级)刷新预览结果，达到极速预览的效果(当前版本的极速预览仅支持 ArkTS 组件，支持部分数据绑定场景，如@State 修饰的变量)。实时预览功能默认开启，如果不需要实时预览功能，请单击预览器右上角按钮，关闭实时预览功能。

2. 动态预览

在预览器界面，可以在预览器中操作应用/服务的界面交互动作，如单击、跳转、滑动等，与应用、服务在真机设备上运行的界面交互体验一致。

3. 注意事项

(1) 预览支持手机(phone)、平板电脑(tablet)、二合一(2in1)笔记本电脑设备的 ArkTS/JS 工程，预览器功能依赖计算机显卡的 OpenGL 版本，OpenGL 版本要求为 3.2 及以上。

(2) 预览时不会运行 Ability 生命周期。

(3) 预览场景下，不支持通过相对路径或绝对路径的方式访问 resources 目录下的文件。

(4) 预览不支持进行组件拖拽。

(5) 部分 API 不支持预览，如 Ability、App、MultiMedia 等模块。

(6) Richtext、Web、Video、XComponent 组件不支持预览。

(7) 不支持调用 C++库的预览。

(8) har 模块在被应用/服务调用时与真机效果有区别，真机上应用实际效果不显示 menubar，服务显示 menubar，但预览器均不显示 menubar。

4. 环境配置

在使用预览器前，请确保已通过路径 File→Settings→SDK 下载 Previewer 资源，建议将 File→Settings→SDK 中的 SDK 更新至最新版本。

以 ArkTS 为例，使用预览器的方法如下。

创建或打开一个 ArkTS 应用/服务工程，在工程目录下打开任意一个.ets 文件(JS 工程请打开.hml/.css/.js 页面)，可以通过以下任意一种方式打开预览器窗口，显示效果如图 3.5 所示，单击菜单栏 View→Tool Windows→Previewer，打开预览器也可以。单击编辑窗口右上角的侧边工具栏 Previewer，打开预览器。

图 3.5　打开预览器

ArkUI 预览支持页面预览与组件预览，图 3.6 中图标 ◉ 为页面预览，图标 ◈ 为组件预览。

图 3.6　页面预览与组件预览

5. 页面预览

ArkTS 应用/服务支持页面预览，页面预览通过在工程的 .ets 文件头部添加 @Entry 实现。@Entry 的使用参考如下示例。

```
@Entry
@Component
struct Index {
  @State message: string = 'Hello World'
  build() {
    Row() {
      Column() {
        Text(this.message)
          .fontSize(50)
          .fontWeight(FontWeight.Bold)
      }
      .width("100%")
    }
    .height("100%")
  }
}
```

6. 组件预览

ArkTS 应用/服务支持组件预览，组件预览支持实时预览，不支持动态图和动态预览。组件预览通过在组件前添加注解@Preview 实现，在单个源文件中最多可以使用 10 个@Preview 修饰自定义组件。

@Preview 的使用参考如下示例。

```
@Preview({
```

```
  title: 'FoodImage'
})
@Component
struct FoodImageDisplayPreview {
  build() {
    Flex() {
      FoodImageDisplay({foodItem: getDefaultFoodData() })
    }
  }
}
```

组件预览默认的预览设备为 Phone，可以通过设置@Preview 的参数，指定预览设备的相关属性，如设备类型、屏幕形状、设备语言等。若不设置@Preview 的参数，默认的设备属性如下所示。

```
@Preview({
title: 'Component1', // 预览组件的名称
deviceType: 'phone', // 指定当前组件预览渲染的设备类型，默认
// 为 Phone
width: 1080, // 预览设备的宽度，单位：像素
height: 2340, // 预览设备的长度，单位：像素
colorMode: 'light', // 显示的亮暗模式，当前支持取值为 light
dpi: 480, // 预览设备的屏幕 dpi 值
locale: 'zh_CN', // 预览设备的语言，如
// zh_CN、en_US 等
orientation: 'portrait', // 预览设备
// 的横竖屏状态，取值为 portrait 或 landscape
roundScreen: false // 设备的屏幕形状是
// 否为圆形
})
```

预览界面如图 3.7 所示。

3.2.2 开发板运行程序与 HDC 使用

项目工程创建之后，运行到开发板的步骤如下。

(1) 将搭载 OpenHarmony 标准系统的开发板与计算机连接。

图 3.7 预览界面

(2) 单击 File → Project Structure → Project →

Signing Configs 界面，勾选"Automatically generate signature"，等待自动签名完成后单击 OK，如图 3.8 所示。

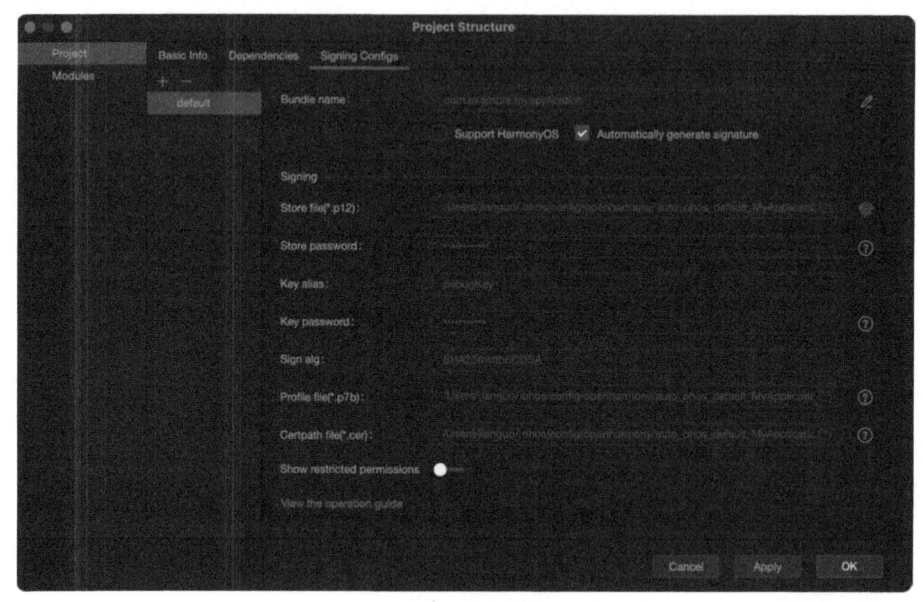

图 3.8 签名配置

在编辑窗口右上角的工具栏，单击 ▶ 按钮运行，效果如图 3.9 所示。

3.2.3 Debug 调试

首先在工具栏中选择调试的设备，并单击 Debug 按钮启动调试，如图 3.10 所示。

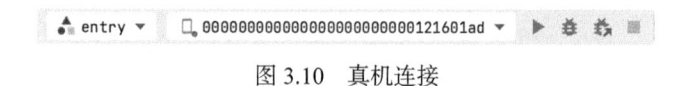

图 3.10 真机连接

如果需要设置断点进行调试，则需要选定要设置断点的有效代码，单击鼠标想要代码停止执行的行号处，即可设置断点，如图 3.11 所示。成功设置断点后，代码能够在正确的断点处中断执行，并高亮显示该行。

图 3.9 签名配置效果

```
1   @Entry
2   @Component
3   struct Index {
4     @State message: string = 'Hello World';
5   
6     build() {
7       Row() {
8         Column() {
9           Text(this.message)
10            .fontSize(50)
11            .fontWeight(FontWeight.Bold)
12        }
13        .width("100%")
14      }
15      .height("100%")
16    }
17  }
```

图 3.11　Hello World 代码示例

启动调试后，开发者可以通过调试器进行代码调试，调试器的功能说明如表 3.1 所示。

表 3.1　调试器的功能

按钮	名称	快捷键	功能
	Resume Program	F9(macOS 为 Option+Command+R)	当程序执行到断点时停止执行，单击此按钮程序继续执行
	Step Over	F8(macOS 为 F8)	在单步调试时，直接执行到下一行(如果在函数中存在子函数，不会进入子函数内单步执行，而是将子函数当作一步执行)
	Step Into	F7(macOS 为 F7)	在单步调试时，遇到子函数后，进入子函数并继续单步执行
	Force Step Into	Alt+Shift+F7(macOS 为 Option+Shift+F7)	在单步调试时，强制进入方法
	Step Out	Shift+F8(macOS 为 Shift+F8)	在单步调试执行到子函数内时，单击 Step Out 会执行完子函数剩余部分，并跳出返回到上一层函数
	Stop	Ctrl+F2(macOS 为 Command+F2)	停止调试任务
	Run To Cursor	Alt+F9(macOS 为 Option+F9)	断点执行到鼠标停留处

3.3 ArkUI 入门

3.3.1 HelloWorld 工程详解

创建项目工程之后，可以看到工程结构如图 3.12 所示。

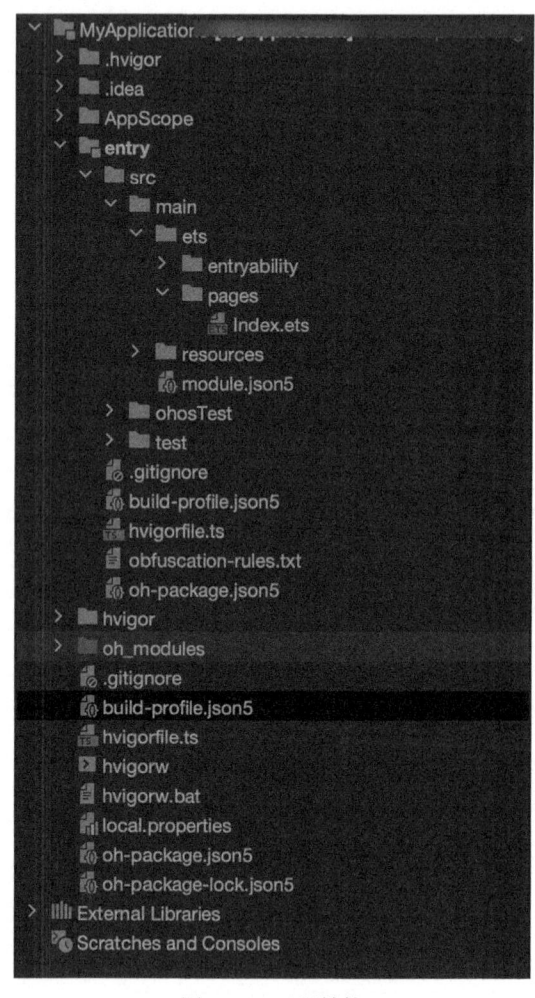

图 3.12　工程结构

工程主要包含的文件类型及用途如表 3.2 所示。Module 目录名称可以由 DevEco Studio 自动生成(如 entry、library 等)，也可以自定义，为了便于说明，表 3.2 中统一采用 Module_name 表示。

表 3.2 配置文件说明

文件类型	说明
配置文件	包括应用级配置信息，以及 Module 级配置信息。 - AppScope → app.json5：app.json5 配置文件，用于声明应用的全局配置信息，如应用 Bundle 名称、应用名称、应用图标、应用版本号等。 - Module_name → src → main → module.json5：module.json5 配置文件，用于声明 Module 基本信息、支持的设备类型、所含的组件信息、运行所需申请的权限等
ArkTS 源码文件	Module_name → src → main → ets：用于存放 Module 的 ArkTS 源码文件(.ets 文件)
资源文件	包括应用级资源文件以及 Module 级资源文件，支持图形、多媒体、字符串、布局文件等。 - AppScope → resources：用于存放应用需要用到的资源文件。 - Module_name → src → main → resources：用于存放该 Module 需要用到的资源文件
其他配置文件	用于编译构建，包括构建配置文件、混淆规则文件、依赖的共享包信息等。 - Module_name → src → build-profile.json5：工程级或 Module 级的构建配置文件，包括应用签名、产品配置等。 - Module_name → src → hvigorfile.ts：应用级或 Module 级的编译构建任务脚本，开发者可以自定义编译构建工具版本、控制构建行为的配置参数。 - Module_name → src → obfuscation-rules.txt：混淆规则文件。混淆开启后，在使用 Release 模式进行编译时，会对代码进行编译、混淆及压缩处理，保护代码资产。 - Module_name → src → oh-package.json5：用于存放依赖库的信息，包括所依赖的三方库和共享包

3.3.2 声明式 UI 描述

应用界面由多个页面组成，OpenHarmony 应用程序以 ArkUI 框架作为 UI 开发的基础，而 ArkTS 为 UI 开发提供了声明式语法的拓展。通过声明式 UI 构建页面其实是组合组件的过程，在开发过程中通过组合基础组件形成自定义组件，进而组成页面来描述应用界面应该呈现的结果。声明式 UI 的思想，主要体现在两个方面。

(1) 描述 UI 的呈现结果，而不关心过程。
(2) 状态驱动视图更新。

ArkTS 通过 struct 声明组件名，并通过@Component 来构成一个自定义组件。

使用@Entry 和@Component 修饰的自定义组件作为页面的入口，会在页面加载时首先进行渲染，具体代码如下。

```
@Entry
@Component
struct ListPage {...}
```

在自定义组件内需要使用 build 方法进行 UI 描述，具体代码如下。

```
@Entry
```

```
@Component
struct ListPage {
build()
{
// ...
}
}
```

build 方法内可以容纳内置组件和其他自定义组件，例如 Column 和 Text 都是内置组件，由 ArkUI 框架提供。ToDoItem 为自定义组件，需要开发者使用 ArkTS 自行声明，具体代码如下。

```
@Entry
@Component
struct ListPage {
  build() {
    Column(...) {
      Text(...)
      // ...
      ForEach(..., (item: string) => {
        ToDoItem(...)
      }, ...)
    }
    // ...
  }
}
```

3.3.3 UI 数据渲染

ArkUI 通过自定义组件的 build()函数和@builder 装饰器中的声明式 UI 描述语句构建相应的 UI。在声明式描述语句中开发者除使用系统组件外，还可以使用渲染控制语句来辅助 UI 的构建。这些渲染控制语句包括：控制组件是否显示的条件渲染语句 if/else，基于数组数据快速生成组件的循环渲染语句 ForEach，以及针对大数据量场景的数据懒加载语句 LazyForEach。

1. 条件渲染

条件渲染可根据应用的不同状态，使用 if、else 和 else if 渲染对应状态下的

UI内容。

使用条件渲染需要满足以下规则。

(1) 支持if、else和else if语句。

(2) if、else if后跟随的条件语句可以使用状态变量。

(3) 允许在容器组件内使用，通过条件渲染语句构建不同的子组件。

(4) 条件渲染语句在涉及组件的父子关系时是"透明"的，当父组件和子组件之间存在一个或多个if语句时，必须遵守父组件关于子组件使用的规则。

(5) 每个分支内部的构建函数必须遵循构建函数的规则并创建一个或多个组件，无法创建组件的空构建函数会产生语法错误。

(6) 某些容器组件限制子组件的类型或数量，将条件渲染语句用于这些组件时，这些限制将同样应用于条件渲染语句内创建的组件。例如，Grid容器组件的子组件仅支持GridItem组件，在Grid内使用条件渲染语句时，条件渲染语句内仅允许使用GridItem组件。

(7) 在了解条件渲染的使用规则后，还需要对其更新机制有明确的认识，当if、else if后跟随的状态判断中使用的状态变量值变化时，条件渲染语句会进行更新，更新步骤如下。

① 评估if和else if的状态判断条件，若分支没有变化，则无须执行以下步骤，若分支存在变化，则执行以下步骤。

② 删除此前构建的所有子组件。

③ 执行新分支的构造函数，将获取到的组件添加到if父容器中，若无else分支，则不构建任何内容。

清楚条件渲染的使用规则和更新机制后，接下来带大家了解一下条件渲染的使用场景。

定义"登录"按钮状态，单击"登录"后，"登录"按钮变为不可点击状态，其实现的程序如下。

```
@Entry
@Component
struct Login {
  // "登录"按钮状态
  @State isLogin: boolean = true;
  build() {
    Column() {
      Button('登录')
        .width(128).height(48)
        .enabled(this.isLogin)
```

```
    .onClick(() => {
      this.isLogin = !this.isLogin;
      // 延迟 5 秒后恢复状态
      setTimeout(() => {
        this.isLogin = !this.isLogin;
      }, 5000)
    })
  }
  .width("100%")
  .height("100%")
  .justifyContent(FlexAlign.Center)
  }
}
```

登录预览效果图如图 3.13 所示。

图 3.13　登录预览效果

2. 循环渲染

ForEach 接口基于数组类型数据进行循环渲染，需要与容器组件配合使用，且接口返回的组件应当是允许包含在 ForEach 父容器组件中的子组件，具体接口说明见表 3.3。例如，ListItem 组件要求 ForEach 的父容器组件必须为 List 组件。接口描述如下。

ForEach(arr: Array, itemGenerator:(item: any, index?: number) => void, keyGenerator?:(item: any, index?: number) => string)

表 3.3 ForEach 接口说明

参数名	参数类型	是否必填	参数描述
arr	Array	是	数据源为 Array 类型的数组。 说明： (1) 可以设置为空数组，此时不会创建子组件。 (2) 可以设置返回值为数组类型的函数，如 arr.slice(1,3)，但设置的函数不应改变包括数组本身在内的任何状态变量，例如不应该使用 Array.splice(),Array.reverse()这些会改变原有数组的函数
itemGenerator	(item: any, index?: number) => void	是	组件生成函数。 (1) 为数组中的每个元素创建对应的组件。 (2) item 参数：arr 数组中的数据项。 (3) index 参数(可选)：arr 数组中的数据项索引。 说明： 组件的类型必须是 ForEach 的父容器所允许的，例如 ListItem 组件要求 ForEach 的父容器组件必须为 List 组件
keyGenerator	(item: any, index?: number) => string	是	键值生成函数。 (1) 为数据源 arr 的每个数组生成唯一且持久的键值。函数返回值为开发者自定义的键值生成规则。 (2) item 参数：arr 数组中的数据项。 (3) index 参数(可选)：arr 数组中的数据项索引。 说明： (1) 若函数缺省，框架默认的键值生成函数为(item: T, index: number) => {return index + '_' + JSON.stringify(item);}。 (2) 键值生成函数不应改变任何组件状态

说明如下。

(1) ForEach 的 itemGenerator 函数可以包含 if/else 条件渲染逻辑。另外，也可以在 if/else 条件渲染语句中使用 ForEach 组件。

(2) 在初始化渲染时，ForEach 会加载数据源的所有数据，并为每个数据项创建对应的组件，然后将其挂载到渲染树上。如果数据源非常大或有特定的性能需求，建议使用 LazyForEach 组件。

接下来将使用 ForEach 循环渲染呈现 1～10 的数字卡片，程序如下。

```
@Entry
@Component
struct DigitCard {
  private arr: Array<number> = [1, 2, 3, 4, 5, 6, 7, 8, 9, 10];
  build() {
    Column() {
      Grid() {
        ForEach(this.arr, (item: number) => {
          GridItem() {
            Text(item.toString())
              .width("100%")
              .height("100%")
              .fontSize(30)
              .backgroundColor(0xE4EBF5)
              .textAlign(TextAlign.Center)
              .borderRadius(8)
          }
          .width("20%")
          .height(100)
        })
      }
      .width("90%")
      .columnsTemplate('1fr 1fr 1fr 1fr')
      .columnsGap(10)
      .rowsGap(10)
    }
    .width("100%")
    .height("100%")
    .padding({ top: 20 })
  }
}
```

数字卡片预览效果如图 3.14 所示。

图 3.14　数字卡片预览效果

3.3.4　常用 UI 组件和布局

在 OpenHarmony 应用开发中，会用到布局容器组件和常用组件来构建 UI。

1. 线性布局

线性布局(LinearLayout)是开发中最常用的布局，通过线性容器 Row 和 Column 构建。线性布局是其他布局的基础，其子元素在线性方向上(水平方向和垂直方向)依次排列。线性布局的排列方向由所选容器组件决定，Column 容器内子元素按照垂直方向排列，Row 容器内子元素按照水平方向排列。

1) 基本概念

(1) 布局容器，即具有布局能力的容器组件，可以承载其他元素作为其子元素，布局容器会对其子元素进行尺寸计算和布局排列。

(2) 布局子元素，即布局容器内部的元素。

(3) 主轴，即线性布局容器在布局方向上的轴线，子元素默认沿主轴排列。

Row 容器主轴为水平方向，Column 容器主轴为垂直方向。

(4) 交叉轴，即垂直于主轴方向的轴线。Row 容器交叉轴为垂直方向，Column 容器交叉轴为水平方向。

(5) 间距，即布局子元素的间距。

2) 常用属性

(1) space 为布局子元素在排列方向上的间距。

(2) alignItems 为布局子元素在交叉轴上的对齐方式。

(3) justifyContent 为布局子元素在主轴上的排列方式。

2. 弹性布局

弹性布局(Flex)提供更加有效的方式对容器中的子元素进行排列、对齐和分配剩余空间，常用于页面头部导航栏的均匀分布、页面框架的搭建、多行数据的排列等。容器默认存在主轴与交叉轴，子元素默认沿主轴排列，子元素在主轴方向的尺寸称为主轴尺寸，在交叉轴方向的尺寸称为交叉轴尺寸。

1) 基本概念

(1) 主轴，即 Flex 组件布局方向的轴线，子元素默认沿着主轴排列。主轴开始的位置称为主轴起始点，结束位置称为主轴结束点。

(2) 交叉轴，即垂直于主轴方向的轴线，交叉轴开始的位置称为交叉轴起始点，结束位置称为交叉轴结束点。

2) 常用属性

(1) direction 可设置子元素的排列方向。

(2) wrap 可设置子元素单行/多行排列方式。

(3) justifyContent 可设置子元素主轴对齐方式。

(4) alignItems 可设置子元素交叉轴对齐方式。

3. 创建网格

网格布局由行和列分割的单元格所组成，通过指定项目所在的单元格做出各种各样的布局。网格布局具有较强的页面均分能力、子组件占比控制能力，是一种重要的自适应布局，其使用场景有九宫格图片展示、日历、计算器等。

ArkUI 提供了 Grid 容器组件和子组件 GridItem 用于构建网格布局。Grid 用于设置网格布局相关参数，GridItem 用于定义子组件相关特征。Grid 组件支持使用条件渲染、循环渲染、懒加载等方式生成子组件。

Grid 组件支持自定义行列数、每行每列尺寸占比、子组件横跨几行或者几列，同时提供了垂直和水平布局能力。当网格容器组件尺寸发生变化时，所有子组件以及间距会等比例调整，从而实现网格布局的自适应能力。根据 Grid 的这些布局能力，可以构建出不同样式的网格布局，如图 3.15 所示。

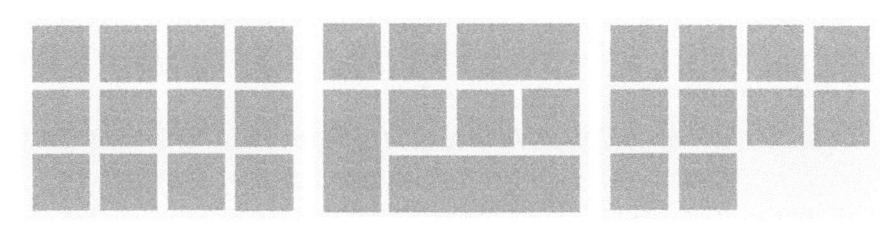

图 3.15 网格布局

1) 常用属性

(1) 设置行列数量与占比。rowsTemplate 和 columnsTemplate 属性值是多个空格和"数字+fr"间隔拼接的字符串，fr 的个数为网格布局的行数或列数，fr 前面的数值用于计算该行或列在网格布局宽度上的占比，最终决定该行或列的宽度。

(2) 设置子组件所占行列数。除了大小相同的等比例网格布局，由不同大小的网格组成不均匀分布的网格布局场景在实际应用中十分常见，如图 3.15 所示。在 Grid 组件中，通过设置 GridItem 的 rowStart、rowEnd、columnStart 和 columnEnd 可以实现如图 3.15 所示的单个网格横跨多行或多列的场景，rowStart/rowEnd 合理取值范围为 0～总行数-1，columnStart/columnEnd 合理取值范围为 0～总列数-1，更多起始行号、终点行号、起始列号、终点列号的生效规则请参见 GridItem。

(3) 设置主轴方向。使用 Grid 构建网格布局时，若没有设置行列数量与占比，可以通过 layoutDirection 设置网格布局的主轴方向，决定子组件的排列方式。此时可以结合 minCount 和 maxCount 属性来约束主轴方向上的网格数量。

2) 文本显示

Text 是文本组件，通常用于展示用户视图，如显示文章的文字。常用样式属性如下。

(1) 通过 textAlign 属性设置文本对齐样式。

(2) 通过 textOverflow 属性控制文本超长处理，需配合 maxLines 一起使用。

(3) 通过 lineHeight 属性设置文本行高。

(4) 通过 decoration 属性设置文本装饰线样式及其颜色。

(5) 通过 baselineOffset 属性设置文本基线的偏移量。

(6) 通过 letterSpacing 属性设置文本字符间距。

(7) 通过 fontSize 属性设置文本字体大小。

(8) 通过 fontColor 属性设置文本字体颜色。

(9) 通过 fontWeight 属性设置文本粗细程度。

3) 按钮

Button 是按钮组件，通常用于响应用户的单击操作，其类型包括胶囊按钮、圆形按钮、普通按钮。Button 作为容器使用时可以通过添加子组件实现包含文字、图片等元素的按钮。常用样式属性如下。

(1) 通过指定 type 类型设置按钮类型为胶囊(capsule)、圆形(circle)和普通(normal)。

(2) 通过 borderRadius 属性设置按钮的边框弧度。

按钮事件：Button 组件通常用于触发某些操作，可以绑定 onClick 事件来响应单击操作后的自定义行为。

3.3.5 页面路由与组件导航

Navigation 组件一般作为页面的根容器，包含单页面、分栏和自适应三种显示模式。Navigation 组件适用于模块内页面切换以及一次开发多端部署等场景。通过组件级路由能力实现更加自然流畅的转场体验，并提供多种标题栏样式来呈现更好的标题和内容联动效果。一次开发多端部署场景下，Navigation 组件能够自动适配窗口显示大小，在窗口尺寸较大的场景下，自动切换至分栏展示效果。

Navigation 组件的页面包含主页和内容页。主页由标题栏、内容区和工具栏组成，可在内容区中使用 NavRouter 子组件实现导航栏功能。内容页主要显示 NavDestination 子组件中的内容。

NavRouter 是专为配合 Navigation 设计的特殊子组件，它默认处理单击响应，无需开发者自行编写单击事件逻辑。NavRouter 有且仅有两个子组件，其中第二个子组件必须是 NavDestination。NavDestination 是配合 NavRouter 使用的特殊子组件，用于显示 Navigation 组件的内容页。当开发者单击 NavRouter 组件时，会跳转到对应的 NavDestination 内容区。

Navigation 组件利用 mode 属性设置页面的显示模式。Navigation 组件默认为自适应模式，此时 mode 属性为 NavigationMode.Auto，程序如下。

```
Navigation() {
  ...
}
.mode(NavigationMode.Auto)
```

自适应模式下，当设备宽度大于 520vp(virtual pixel, 虚拟像素)时，Navigation 组件采用分栏模式，反之采用单页面模式。将 mode 属性设置为 NavigationMode.Stack，Navigation 组件即可设置为单页面模式，如图 3.16 所示。

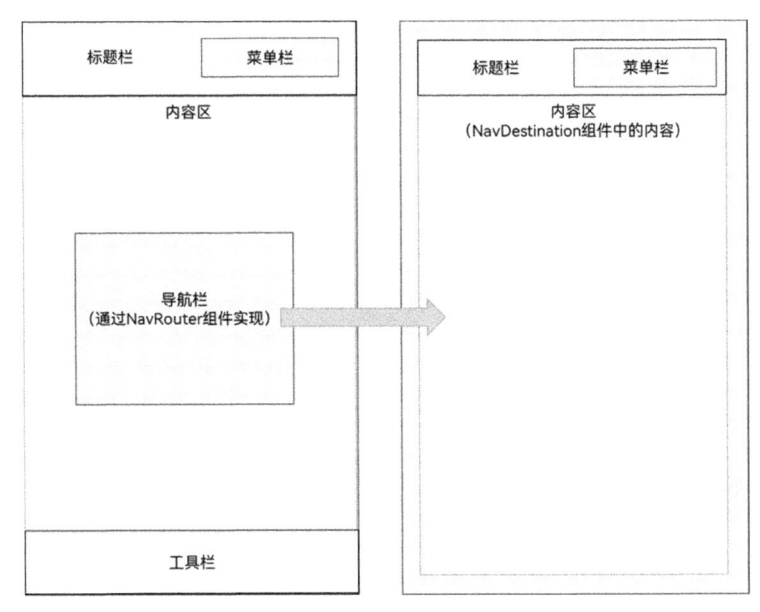

图 3.16　单页面布局示意图

3.3.6　案例：直播平台首页

接下来通过一个案例，来对本章的内容进行总结，以直播平台的首页为例，要实现的效果如图 3.17 所示。实现步骤如下。

图 3.17　直播平台的首页

(1) 使用 DevEco Studio 创建工程 LiveSample。

(2) 使用容器布局和常用组件构建直播平台首页 UI，程序如下。

```
@Entry
@Component
struct Index {
  // 假定有10个直播间
  private liveArr: Array<number> = [1, 2, 3, 4, 5];
  build() {
    Column() {
      Flex({ direction: FlexDirection.Row, wrap: FlexWrap.Wrap }) {
        ForEach(this.liveArr, (item: number) => {
          Column() {
            Row() {
              Text('直播间封面')
                .fontSize(16)
                .fontColor(Color.Grey)
            }
            .width("96%")
            .height(128)
            .justifyContent(FlexAlign.Center)
            .backgroundColor(0xE4EBF5)
            .borderRadius({
              topLeft: 8,
              topRight: 8
            })
            Column({ space: 4 }) {
              Text('${item}直播间')
                .width("100%")
                .height(48)
                .fontSize(16)
                .fontWeight(FontWeight.Bolder)
                .padding({ left: 8, right: 8 })
              Row() {
                Row({ space: 4 }) {
```

```
              Image($r('app.media.icon'))
                .width(24).height(24)
                .borderRadius(12)
              Text('昵称：${item}')
                .fontSize(12)
                .fontColor(Color.Gray)
            }
            .height("100%")
            Text('开播${item}')
              .fontSize(12)
              .fontColor(Color.Gray)
          }
          .width("100%")
          .height(40)
          .justifyContent(FlexAlign.SpaceBetween)
          .padding({ left: 8, right: 8 })
        }
        .width("96%")
        .backgroundColor(0xF4F4F5)
        .borderRadius({
          bottomLeft: 8,
          bottomRight: 8
        })
      }
      .width('50%')
      .margin({ top: 10 })
    })
  }
  .width("96%")
  .height("100%")
 }
 .width("100%")
 .height("100%")
 }
}
```

3.4 本章小结

本章主要讲述了 OpenHarmony 应用开发环境的搭建，创建第一个工程 HelloWorld，并通过 HelloWorld 工程讲述 OpenHarmony 应用工程目录结构，以及工程运行调试方法。此外，以一个简单的示例让开发者进一步掌握 OpenHarmony 应用程序开发。

第 4 章 OpenHarmony 多媒体应用开发

4.1 OpenHarmony 图形开发

4.1.1 Image 组件使用

Image 为图片组件，在应用中用于显示图片。在 OpenHarmony 应用开发中 Image 支持加载 PixelMap、ResourceStr 和 DrawableDescriptor 类型的数据源，支持 png、jpg、jpeg、bmp、svg、webp 和 gif 等类型的图片格式。当从网络中加载图片时，需要申请 ohos.permission.INTERNET 网络访问权限。该组件的 API 如下。

```
interface ImageInterface {
   (src: PixelMap | ResourceStr | DrawableDescriptor): ImageAttribute;
}
```

通过图片数据源获取图片，用于后续渲染展示。Image 组件支持图像像素类 PixelMap、字符串类型 ResourceStr 以及传入图片资源 id 或 name 并生成 DrawableDescriptor 对象三种数据源。

(1) PixelMap 格式为像素图，常用于图片编辑的场景。

(2) ResourceStr 包含资源引用类型 Resource 和字符串类型 string 两种格式。

Resource 格式可以跨包/跨模块访问项目资源文件，是访问本地图片的推荐方式。

string 格式用于加载网络图片和本地图片。当使用相对路径引用本地图片时，如 Image("common/test.jpg")，不支持跨包/跨模块调用该 Image 组件，建议使用资源引用类型 Resource 来管理需要全局使用的图片资源。

① string 格式支持 Base64 字符串。格式为 data:image/[png|jpeg|bmp|webp];base64,[base64data]，其中[base64 data]为 Base64 字符串数据。

② string 格式支持 file://路径前缀的字符串，可使用沙箱 URI：file://<bundleName>/<sandboxPath>读取本应用安装目录下 files 文件夹下的图片资源，但需要保证目录包路径下的文件有可读权限。Image 的实现程序如下。

```
@Entry
@Component
```

```
struct ImagePage {
  build() {
    Column() {
      Image($r("app.media.test"))
    }.width("100%").height("100%").justifyContent(FlexAlign.Center)
  }
}
```

Image 运行效果如图 4.1 所示。

图 4.1 Image 运行效果

Image 属性程序代码如下。

```
declare class ImageAttribute extends CommonMethod<ImageAttribute> {
    alt(value: string | Resource): ImageAttribute;
    matchTextDirection(value: boolean): ImageAttribute;
    fitOriginalSize(value: boolean): ImageAttribute;
    fillColor(value: ResourceColor): ImageAttribute;
    objectFit(value: ImageFit): ImageAttribute;
    objectRepeat(value: ImageRepeat): ImageAttribute;
    autoResize(value: boolean): ImageAttribute;
    sourceSize(value: { width: number; height: number }): ImageAttribute;
    syncLoad(value: boolean): ImageAttribute;
    colorFilter(value: ColorFilter): ImageAttribute;
    copyOption(value: CopyOptions): ImageAttribute;
    draggable(value: boolean): ImageAttribute;
    onComplete(
      callback: (event?: {
        width: number;
```

```
        height: number;
        componentWidth: number;
        componentHeight: number;
        loadingStatus: number;
        contentWidth: number;
        contentHeight: number;
        contentOffsetX: number;
        contentOffsetY: number;
    }) => void,
): ImageAttribute;
onError(callback: (event: {
    componentWidth: number;
    componentHeight: number
}) => void): ImageAttribute;
onError(callback: (event: {
    componentWidth: number;
    componentHeight: number;
    message: string
}) => void): ImageAttribute;
onFinish(event: () => void): ImageAttribute;
}
```

上面程序代码的具体介绍如下。

alt：设置占位图。图片显示之前先显示占位图，比如在加载网络图片或者图片加载失败的场景下设置占位图。

matchTextDirection：设置图片是否跟随系统语言方向。在寄存器传输语言(register transfer language, RTL)环境下呈镜像翻转显示效果。

fitOriginalSize：图片组件尺寸未设置时，该参数可设置显示尺寸是否跟随图源尺寸变化，默认值为 false。

fillColor：设置填充颜色，设置后填充颜色会覆盖在图片上。

autoResize：设置图片解码过程中是否对图源自动缩放。该参数设置为 true 时，组件会根据显示区域的尺寸决定用于绘制的图源尺寸，有利于减少内存占用，例如原图大小为 1920×1080，而显示区域大小为 200×200，则图片会将采样解码到 200×200 的尺寸，大幅度节省图片占用的内存。

syncLoad：设置是否同步加载图片，默认是异步加载。同步加载时会阻塞 UI 线程，不会显示占位图，默认值为 false。

copyOption：设置图片是否可复制。当 copyOption 设置为非 CopyOptions.None 时，支持使用长按、鼠标右击、快捷组合键 Ctrl+C 等方式进行复制。

colorFilter：给图像设置颜色滤镜效果，输入参数为一个 4×5 的 RGBA 转换矩阵。

矩阵第一行表示 R(红色)的向量值，第二行表示 G(绿色)的向量值，第三行表示 B(蓝色)的向量值，第四行表示 A(透明度)的向量值，4 行分别代表不同的 RGBA 向量值。

当矩阵对角线值为 1，其余值为 0 时，保持图片原有色彩。

Image 事件描述如下。

```
onComplete(
  callback: (event?: {
    width: number;
    height: number;
    componentWidth: number;
    componentHeight: number;
    loadingStatus: number;
    contentWidth: number;
    contentHeight: number;
    contentOffsetX: number;
    contentOffsetY: number;
  }) => void,
): ImageAttribute;
onError(callback: (event: {
  componentWidth: number;
  componentHeight: number
}) => void): ImageAttribute;
onError(callback: (event: {
  componentWidth: number;
  componentHeight: number;
  message: string
}) => void): ImageAttribute;
onFinish(event: () => void): ImageAttribute;
```

上面程序代码的具体介绍如下。

onComplete：图片成功加载时的回调，返回图片原始尺寸信息。

onError：图片加载出现异常时触发的回调。

onFinish：当加载的源文件为带动画特效的 svg 格式图片时触发的回调。

接下来通过示例来学习 Image 的使用。首先复制一张图片 test.png 到工程的 resources/main/base/media 目录下，然后直接使用系统的资源访问符$()或者从本地文件加载图片。代码程序如下。

```
@Entry
@Component
struct ImagePage {
  build() {
    Column() {
      Image($r("app.media.test"))
    }.width("100%").height("100%").justifyContent(FlexAlign.Center)
  }
}
```

4.1.2 绘制几何图形

绘制组件用于在页面中绘制图形，Shape 组件是绘制组件的父组件，父组件中会描述所有绘制组件均支持的通用属性。绘制组件由以下两种形式创建。

(1) 绘制组件使用 Shape 作为父组件实现类似可缩放矢量图形(scalable vector graphics, SVG)的效果，如图 4.2 所示。接口调用为以下形式。

```
Shape(value?: PixelMap)
```

该接口用于创建带有父组件的绘制组件，其中 value 用于设置绘制目标，可将图形绘制在指定的 PixelMap 对象中，若未设置，则在当前绘制目标中进行绘制。具体代码如下。

```
Shape() {
  Rect().width(300).height(50)
}
```

(2) 绘制组件单独使用时，可用于在页面上绘制指定的图形。该组件有 7 种绘制类型，分别为 Circle(圆形)、Ellipse(椭圆形)、Line(直线)、Polyline(折线)、Polygon(多边形)、Path(路径)、Rect(矩形)。以 Circle 的接口调用为例。

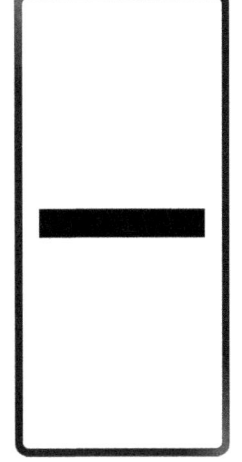

图 4.2　几何图形预览效果

Circle(options?: {width?: string | number, height?: string | number}

该接口用于在页面中绘制圆形,如图 4.3 所示。其中 width 用于设置圆形的宽度,height 用于设置圆形的高度,取宽度、高度中的最小值作为圆形直径,具体代码如下。

Circle({ width: 150, height: 150 })

自定义绘制圆形组件 Circle 样式如图 4.4 所示。使用 fill 属性设置填充区域颜色,支持颜色类型 ResourceColor,参数格式有颜色枚举值 Color、HEX 格式颜色的 number 类型(如 0xFFFFFF,支持 rgb)、rgb 或 rgba 格式的字符串(如#FFFFFF、#FF00000、rgb(255, 100, 255)、rgba(255, 100, 255, 0.5))以及使用引入资源的方式,引入系统资源或者应用资源中的颜色,默认值为 Color.Black。具体代码如下。

// 设置填充区域颜色

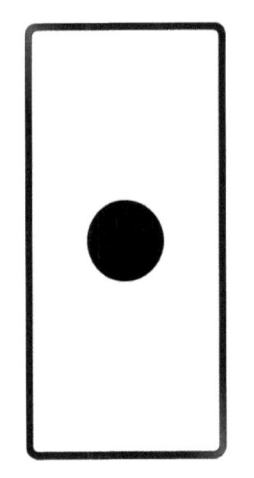

图 4.3 Circle 预览效果

Circle({ width: 50, height: 50 })
// 颜色枚举值Color
Circle({ width: 50, height: 50 }).fill(Color.Blue)
// HEX 格式颜色
Circle({ width: 50, height: 50 }).fill(0x1CB5FA)
// rgb 或者 rgba 格式颜色
Circle({ width: 50, height: 50 }).fill('#FF6C37')
Circle({ width: 50, height: 50 }).fill('rgba(255, 108, 55, 0.5)')
// 使用引入资源的方式,引入系统资源或者应用资源中的颜色
Circle({ width: 50, height: 50 }).fill($r('sys.color.ohos_id_color_warning'))

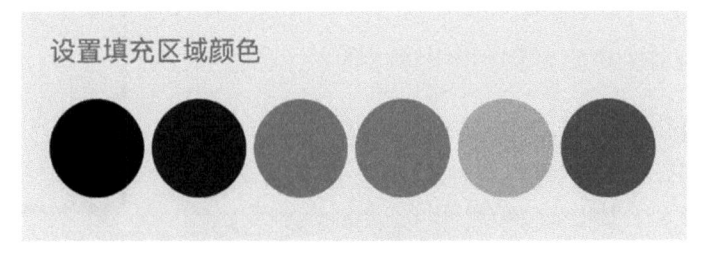

图 4.4 自定义绘制圆形效果

第 4 章　OpenHarmony 多媒体应用开发

使用 fillOpacity 属性设置填充区域透明度，如图 4.5 所示。取值范围是[0.0, 1.0]，若给定值小于 0.0，则取值 0.0；若给定值大于 1.0，则取值为 1.0，其余异常值按 1.0 处理。具体代码如下。

```
// 设置填充区域透明度
Circle({ width: 50, height: 50 }).fillOpacity(0.4)
```

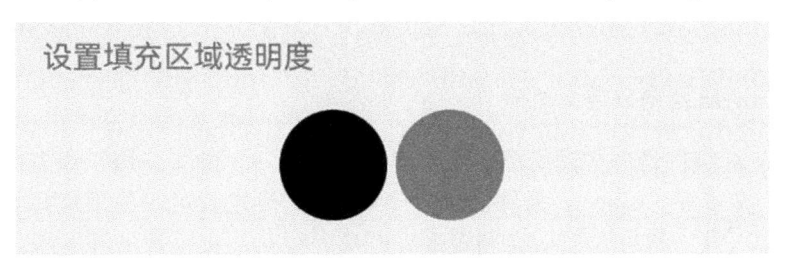

图 4.5　透明度设置效果

设置边框属性，如图 4.6 所示。使用 stroke 设置边框颜色，不设置时默认没有边框，具体代码如下。

```
// 设置边框颜色
Circle({ width: 50, height: 50 }).fill(Color.White).stroke(Color.Green)
```

图 4.6　边框设置效果

使用 strokeWidth 设置边框宽度，如图 4.7 所示，该属性若为字符串类型，则不支持百分比单位，任何百分比值都会被当做像素值处理，具体代码如下。

```
// 设置边框宽度
Circle({ width: 50, height: 50 })
  .fill(Color.White)
  .strokeWidth(4)
  .stroke(Color.Green)
```

图 4.7　边框宽度设置效果

4.1.3　Canvas 绘制自定义图形

Canvas 组件是一种图像渲染组件，它提供了一个画布，用于在上面绘制各种图像、文本等。Canvas 组件提供了多个 API，开发者可以使用这些 API 进行绘制操作。常用的 API 包括绘制矩形、圆形、线条、文字等。开发者可以设置绘制的填充色、绘制线条的宽度、线条的颜色、文本字体样式、文本字体对齐方式等。

使用 Canvas 绘制自定义图形如图 4.8 所示。先要创建 CanvasRenderingContext2D 对象，通过在 Canvas 中调用 CanvasRenderingContext2D 对象来绘制，具体代码如下。

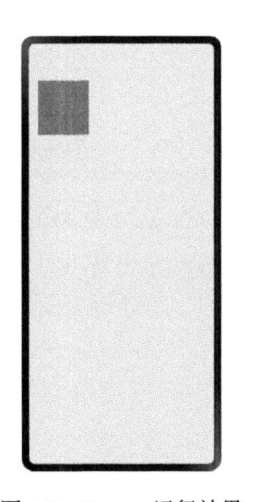

图 4.8　Canvas 运行效果

```
@Entry
@Component
struct CanvasSample {
  // 用来配置CanvasRenderingContext2D
  // 对象的参数，包括是否开启抗锯齿，true 表示
  // 开启抗锯齿
    private settings: RenderingContextSettings = new RenderingContextSettings(true);
  // 用来创建CanvasRenderingContext2D 对象，通过在 Canvas 中
  // 调用CanvasRenderingContext2D 对象来绘制图形
    private context: CanvasRenderingContext2D = new CanvasRenderingContext2D(this.settings);
    build() {
      Column() {
        // 在 Canvas 中调用 CanvasRenderingContext2D 对象
        Canvas(this.context)
          .width("90%")
```

```
            .height("90%")
    }
    .width("100%")
    .height("100%")
    .justifyContent(FlexAlign.Center)
    .backgroundColor(0xE4EBF5)
  }
}
```

Canvas 组件除支持通用事件外还提供了 onReady 事件方法，用于在 Canvas 初始化完毕后进行绘制时调用图形，代码如下。

```
Canvas(this.context)
  .width("90%")
  .height("90%")
  .onReady(() => {
    // 指定绘制填充色
    this.context.fillStyle = '#FF6C37';
    // 填充一个矩形
    this.context.fillRect(0, 30, 100, 100);
  })
```

CanvasRenderingContext2D 对象提供了大量的属性和方法，可以用来绘制文本、图形、处理像素等，是 Canvas 组件的核心。常用接口有 beginPath(创建一个新的绘制路径)、fill(对封闭路径进行填充)、closePath(结束当前路径形成一个封闭的路径)等，同时提供 fillStyle(指定绘制的填充色)、strokeStyle(设置线条的颜色)、textAlign(设置文本绘制中的文本对齐方式)等属性用于修改绘制内容的样式。接下来将介绍画布组件常见的使用方法。

(1) 基础形状绘制。可以通过 arc(绘制弧线路径)、ellipse(绘制一个椭圆)、rect(创建矩形路径)等接口绘制基础形状，如图 4.9 所示。具体代码如下。

```
Canvas(this.context)
  .width("90%")
  .height("90%")
  .onReady(() => {
    // 绘制矩形
    this.context.beginPath();
    this.context.rect(0, 0, 100, 100);
    this.context.stroke();
```

```
  // 绘制圆形
  this.context.beginPath();
  this.context.arc(160, 50, 50, 0, 6.28);
  this.context.stroke();
  // 绘制椭圆
  this.context.beginPath();
  this.context.ellipse(260, 50, 20, 50, Math.PI * 0.1,
Math.PI * 0, Math.PI * 2);
  this.context.stroke();
})
```

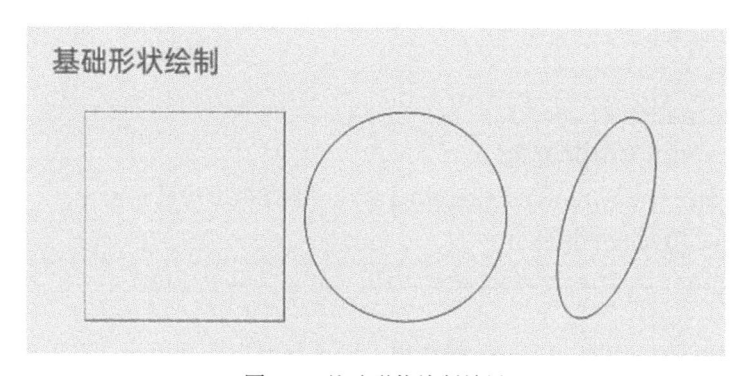

图 4.9　基础形状绘制效果

(2) 文本绘制。可以通过 fillText(绘制填充类文本)、strokeText(绘制描边类文本)等接口进行文本绘制，如图 4.10 所示。具体代码如下。

```
Canvas(this.context)
  .width("90%")
  .height("90%")
  .onReady(() => {
    // 绘制填充类文本
    this.context.font = '60px sans-serif';
    this.context.fillText("Hello OpenHarmony!", 50, 50);
    // 绘制描边类文本
    this.context.font = '60px sans-serif';
    this.context.strokeText("Hello OpenHarmony!", 50, 80);
})
```

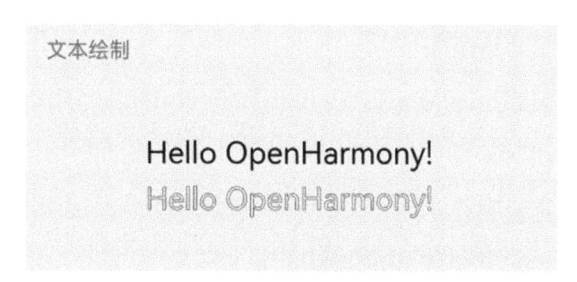

图 4.10　文本绘制效果

4.1.4　案例：绘制一个仪表盘

4.1.3 节对 Canvas 画布组件进行了简单的介绍后，本节以绘制仪表盘为例，使大家更容易掌握 Canvas 画布组件，如图 4.11 所示。

图 4.11　仪表盘

具体代码如下。

```
Canvas(this.context)
  .width("90%")
  .height(300)
  .backgroundColor(0x000000)
  .onReady(() => {
    // 圆环参数
    const x = this.context.width / 2;
    const y = this.context.height / 2;
    const radius = 100;
    const lineWidth = 2;
    let startAngle = Math.PI / 2;
```

```
// 绘制圆环进度条
// 清除画布
this.context.clearRect(0, 0, this.context.width, this.context.height);
// 绘制背景圆环
this.context.beginPath();
this.context.arc(x, y, radius, startAngle, -Math.PI * 6);
this.context.lineWidth = lineWidth;
this.context.strokeStyle = Color.White;
this.context.stroke();
// 绘制刻度条
const numTicks = 40;
// 刻度长度
const tickLen = 8;
// 刻度颜色
const tickColor = Color.White;
// 刻度宽度
let tickWidth = 1;
let tickStartAngle = Math.PI / 2;
let tickEndAngle = -Math.PI * 0.99;
// 每个刻度之间的角度差
let stepAngle = -((tickEndAngle - tickStartAngle) / numTicks);
this.context.save();
// 将原点移动到圆心处
this.context.translate(x, y);
// 绘制刻度
for (let i = 0; i <= numTicks; i++) {
  let angle = tickStartAngle + (i * stepAngle) + 0.01;
  if (i % 5 == 0) {
    tickWidth = 2;
  } else {
    tickWidth = 1;
  }
```

```
      this.context.beginPath();
      this.context.lineWidth = tickWidth;
      if (i >= 30) {
        this.context.strokeStyle = Color.Red;
      } else {
        this.context.strokeStyle = tickColor;
      }
      // 计算刻度起点和终点的坐标
      let startX = (radius - tickLen - 4) * Math.cos(angle);
      let startY = (radius - tickLen - 4) * Math.sin(angle);
      let endX = (radius - 4) * Math.cos(angle);
      let endY = (radius - 4) * Math.sin(angle);
      // 绘制刻度线
      this.context.moveTo(startX, startY);
      this.context.lineTo(endX, endY);
      this.context.stroke();
      // 绘制数字
      let text = i % 5 === 0 ? '${ i * 2 / 10 }' : '';
      let textX = (radius - tickLen - 20) * Math.cos(angle);
      let textY = (radius - tickLen - 20) * Math.sin(angle);
      this.context.font = "60px 700 Arial";
      if (Number(text) >= 6) {
        this.context.fillStyle = Color.Red;
      } else {
        this.context.fillStyle = Color.White;
      }
      this.context.textAlign = "center";
      this.context.textBaseline = "middle";
      this.context.fillText(text, textX, textY);
    }
    this.context.restore();
  })
```

4.2 OpenHarmony 动画开发

4.2.1 属性动画

在 ArkUI 中通过配置属性接口来控制组件的表现和行为，其中部分属性参数(如位置、尺寸属性)的变化会引起 UI 的变化。属性动画就是指让这些属性参数从起点逐渐变化到终点，参数变化引起 UI 变化，从而在视觉上产生连贯的过渡动画效果。属性参数的渐变不仅避免了属性一瞬间完成变化的突兀感，还能显著提升用户体验。

然而，并非所有属性都适合进行动画化处理。根据属性变化对 UI 的影响及其是否适合通过动画进行过渡，属性接口可以被归类为可动画属性和不可动画属性。

可动画属性是指属性变化能够引起 UI 的变化，或者属性在变化时适合添加动画作为过渡。具体分为以下两类。

(1) 系统可动画属性，即组件固有的、能改变 UI 的属性接口，主要包括的种类如表 4.1 所示。

表 4.1 系统可动画属性种类

种类	描述
布局属性	位置、大小、内边距、外边距、对齐方式、权重等
仿射变换	平移、旋转、缩放、锚点等
背景	背景颜色、背景模糊等
内容	文字大小、文字颜色、图片对齐方式、模糊等
前景	前景颜色等
浮层	浮层属性等
外观	透明度、圆角、边框、阴影等

(2) 自定义可动画属性，即使用@AnimatableExtend 装饰器自定义可动画属性，从自定义绘制的内容中抽象出可动画属性，用于控制每帧绘制的内容，可以为 ArkUI 中部分原本不支持动画的属性添加动画。

不可动画属性是指属性变化对 UI 无影响，或者属性在变化时不适合添加过渡动画。例如，enable 属性控制组件是否可以响应单击事件，它的变化并不会引起 UI 变化；focusable 属性决定当前组件是否可以获得焦点，它发生变化时应立即切换到终点值以响应用户行为，不应该加入动画效果，所以不适合作为可动画属性。

在 ArkUI 框架中，可以通过 animateTo 接口和 animation 接口实现针对系统可动画属性的动画效果。这两种接口允许组件的属性按照设定的动画曲线等参数进行连续变化，从而产生流畅的动画效果。animateTo 接口的调用形式如下。

```
animateTo(value: AnimateParam, event: () => void): void
```

value 指动画参数(动画时长、动画曲线等，AnimateParam 对象具体说明见显式动画)，event 为动画的闭包函数，可在函数内改变多个状态变量，达到多个可动画属性配置相同动画参数的效果，实现动画的统一性。同时 AnimateTo 函数支持嵌套。示例代码如下。

```
@Component
export struct attributeAnimations1 {
  @State animate: boolean = false;
  // 声明状态变量控制可动画属性
  @State rotateValue: number = 0; // 组件一旋转
  @State opacityValue: number = 1; // 组件二变透明
  @State translateY: number = 0; // 两组件反向位移
  build() {
    Column() {
      // 组件一
      Column() { }
      .width(150)
      .height(150)
      .backgroundColor(Color.Blue)
      // 将状态变量设置到可动画属性接口
      .rotate({ angle: this.rotateValue })
      .translate({ y: -this.translateY })
      // 组件二
      Column() { }
      ...
      // 将状态变量设置到可动画属性接口
      .opacity(this.opacityValue)
      .translate({ y: this.translateY })
```

```
      Button('Click')
        .margin({ top: 120 })
        .onClick(() => {
          this.animate = !this.animate;
          // 通过属性动画接口开启属性动画
          animateTo({ curve: curves.springMotion() }, () => {
            // 闭包内修改状态变量即属性值,影响 UI,实现动画
            this.rotateValue = this.animate ? 60 : 0;
            this.opacityValue = this.animate ? 0.3 : 1;
            this.translateY = this.animate ? 100 : 0;
          })
        })
    }
  }
}
```

animation 接口的调用形式为 animation(value: AnimateParam),将 animation 接口加在可动画属性代码后面,就会与该属性绑定。animation 检测到该属性值发生变化,就会自动添加属性动画,相较于 animateTo 接口,animation 接口无须在闭包函数内改变可动画属性的值。需要注意的是,由于组件的接口调用是从上往下执行的,animation 接口只会作用于在其之上的属性调用。同时,组件可以根据调用顺序对多个属性设置不同的 animation,实现对多个可动画属性配置不同动画参数的场景。示例代码如下。

```
@Component
export struct attributeAnimations2 {
  @State animate: boolean = false; // 控制动画运动方向
  // 声明状态变量控制可动画属性
  @State translateY: number = 0; // 组件一先向上位移,组件
// 二延时 3s 反向位移
  @State rotateValue: number = 0; // 组件一延时 2s 旋转
  @State opacityValue: number = 1; // 组件二延时 3s 变透明
  build() {
    Column() {
      Column() {}
      ...
        .translate({ y: -this.translateY })
```

第4章 OpenHarmony 多媒体应用开发

```
.animation({ curve: Curve.Friction }) // 开启属性动画
.rotate({ angle: this.rotateValue })
.animation({ delay: 2000 }) // 开启属性动画
Column() {}
...
.opacity(this.opacityValue)
.translate({ y: this.translateY })
.animation({ delay: 3000 }) // 开启属性动画
Button('Click')
  .margin({ top: 120 })
  .onClick(() => {
    this.animate = !this.animate;
    // 修改可动画属性值，会自动添加动画
    this.rotateValue = this.animate ? 90 : 0;
    this.opacityValue = this.animate ? 0.3 : 1;
    this.translateY = this.animate ? 100 : 0;
  })
}
}
}
```

除了以上两种接口，ArkUI 还提供了@AnimatableExtend 装饰器，装饰器使用语法如下。

```
@AnimatableExtend(UIComponentName) function
functionName(value: typeName) {
  .propertyName(value)
}
```

UIComponentName 为指定的组件，@AnimatableExtend 仅支持在全局定义，不支持在组件内部定义。functionName(value)为自定义可动画属性接口，value 参数类型必须为 number 或实现 AnimtableArithmetic<T>接口的自定义类型。propertyName(value)为系统属性接口。

定义完成后，再将 functionName(value)设置到 UIComponentName 组件上，并使用 animateTo 或 animation 执行动画，逐帧回调函数修改 propertyName 属性值，最终实现对不可动画属性的动画效果。示例如下。

```
// 自定义可动画属性接口
@AnimatableExtend(Column)
```

```
function animatableFontSize(width: number) {
  .borderWidth(width) // 调用系统属性接口
}
@Component
export struct attributeAnimations3 {
  @State animate: boolean = false;
  @State widthValue: number = 0; // 组件边框厚度
  build() {
    Column() {
      Column() {
      }
      …
      .animatableFontSize(this.widthValue)
      .animation({ curve: Curve.Friction }) // 开启属性动画
      Button('Click')
        .margin({ top: 120 })
        .onClick(() => {
          this.animate = !this.animate;
          this.widthValue = this.animate ? 30 : 0; // 修
// 改可动画属性值，会自动添加动画
        })
    }
  }
}
```

4.2.2 显式动画

　　animateTo 接口是一个全局的显式动画接口，接口形式为 animateTo(value: AnimateParam, event: () => void): void。在 event 闭包函数中发生的状态变化系统会自动插入过渡动画。AnimateParam 对象是用来设置动画效果相关参数的，具体参数介绍如下。

　　duration：动画持续时间(单位：ms)。

　　tempo：动画播放速度。值越大，动画播放越快；值越小，动画播放越慢；值为 0 时，无动画效果。

　　cure：动画曲线。这里可以采用官方封装的 Curve 曲线，包含 Curve.FastOutSlowIn 标准曲线、Curve.Friction 阻尼曲线等多种曲线。

delay：动画延迟播放时间(单位：ms)。

iterations：动画播放次数，设为–1 时为无限次播放。

onFinish：动画播放完成时的回调函数。

playMode：动画播放模式选择。如果取值为 PlayMode.Normal，动画正向正常播放一次。如果取值为 PlayMode.Alternate，动画在第奇数次(1, 3, …)播放时正向，在第偶数次(2, 4, …)播放时逆向，使用时需确保状态变量和动画最终状态值一致，可设置 iterations 参数为奇数来实现。取值为 PlayMode.Reverse 或 PlayMode.AlternateReverse 时，动画第一轮是逆向播放的，即在动画刚开始时跳变到最终状态，然后逆向播放动画。单独使用 PlayMode.Reverse 会导致状态变量和动画最终值不同，建议使用 PlayMode.AlternateReverse 逆向播放，并设置 iterations 为偶数，达到和 PlayMode.Alternate 模式完全反向的动画播放。

设置 Button 动画效果为无限循环旋转 90° 时，如图 4.12 所示，代码如下。

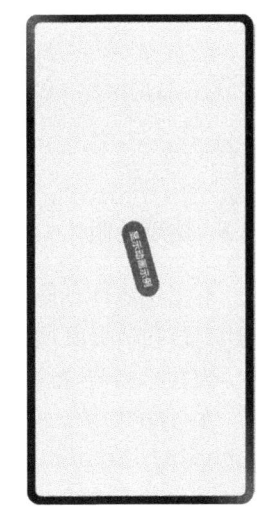

图 4.12 显式动画效果

```
@Entry
@Component
struct DisplayAnimationSample {
  @State angle: number = 0;
  build() {
    Column() {
      Button('显式动画示例')
        .rotate({ x: 0, y: 0, z: 1, angle: this.angle })
        .onAppear(() => {
          animateTo({
            duration: 1000,
            curve: Curve.Friction,
            delay: 500,
            iterations: -1,
            playMode: PlayMode.Alternate
          }, () => {
            this.angle = 90;
          })
```

```
      })
    }
    .width("100%")
    .height("100%")
    .justifyContent(FlexAlign.Center)
    .backgroundColor(0xE4EBF5)
  }
}
```

4.2.3 转场动画

不同于属性动画展示始终出现组件的 UI 状态变化，转场动画是为组件或页面的出现和消失添加动画。转场动画通常应用于整个视图或大范围的界面布局变化，旨在平滑界面之间的过渡，引导用户从一个任务流程过渡到另一个任务流程。在 ArkUI 中，转场动画分为基础转场和高级模板化转场，具体类别和实现方式如下。

1. 出现/消失转场

接口 transition 的调用形式为 transition(value: TransitionEffect)，该接口用于实现组件出现或消失时的过渡动画，常用于某容器组件中子组件插入或删除时的转场。通过配置参数 TransitionEffect 对象的函数接口，来实现指定的多种转场效果。TransitionEffect 对象接口如下。

opacity(value: number)：设置透明度转场效果，value 为组件插入时的起点值，也是组件删除时的终点值(接下来设置属性值的函数都是此效果)，取值范围为[0，1]。

translate()：设置横纵竖向的平移转场效果。scale()：设置横纵竖向的缩放效果和缩放中心。rotate()：设置横纵竖向的旋转向量分量和旋转中心。

Move(value: TransitionEdge)：设置封装的平移效果，使得组件转场时从窗口的上、下、左、右边缘滑入或滑出。

asymmetric(appear: TransitionEffect, disappear: TransitionEffect)：appear 为组件出现时的转场效果，disappear 为组件消失时的转场效果。

以上接口都是 TransitionEffect 类的静态函数，用于构造 TransitionEffect 对象。接下来介绍非静态函数，作用于构造好的 TransitionEffect 对象，以实现转场效果的组合搭配和动画参数设置。

animation(value: AnimateParam)：使用方法已于 4.2.1 节中介绍。在这里该参

数只用来指定 TransitionEffect 对象的动画参数(AnimateParam 的 onFinish 回调函数无效)。

combine(value: TransitionEffect)：用于链式组合 TransitionEffect 对象，形成复合的转场效果。若有 TransitionEffect 对象 A 和 B，使用 A.combine(B)语句就可实现两种转场效果的组合，组合之后，前一 TransitionEffect 的动画参数也可用于后一 TransitionEffect。

在 transition(value: TransitionEffect)接口中，使用 TransitionEffect 类的静态函数构造 TransitionEffect 对象，设置组件的转场效果；使用 combine()接口链接多个 TransitionEffect 对象，形成组合的转场效果；最后设置 TransitionEffect 的 animation()参数或者使用 animateTo()接口触发转场动画(两者皆无，则转场效果无效)。

TransitionEffect 对象可能存在多个动画参数，生效的顺序为：本 TransitionEffect 指定的 animation 参数 → 前面的 TransitionEffect 指定的 animation 参数 → 触发该组件出现消失的 animateTo 中的动画参数。示例代码如下。

```
@Component
export struct transitionAnimations1 {
  @State flag: boolean = true;
  build() {
    Column() {
      Button("show").margin(70)
        .onClick(() => {
          this.flag = !this.flag;
        })
      if (this.flag) {
        Column() {
        }.width(150).height(150).backgroundColor(Color.Pink)
        .transition(
          // 构造透明度转场效果，并设置动画延迟 2s 执行
          TransitionEffect.opacity(0.3).animation({ delay:
          2000 })
            // 使用上一 TransitionEffect 的动画参数
            .combine(TransitionEffect.rotate({ z: 1,
            angle: 180 }))
            .combine(
```

```
    TransitionEffect.asymmetric(
// 组件在 x 轴+200 位置出现
      TransitionEffect.translate({ x: 200 }).
       ({ duration: 2000 }),
// 组件在 y 轴-200 位置消失
      TransitionEffect.translate({ y: -200 }).
       animation ({ duration: 2000 })))
    )
  }
}}}
```

2. 页面转场动画

页面转场动画用于两个页面之间发生切换的情况，例如 A 页面出现，B 页面消失，这时可以通过配置它们的转场动画参数和转场效果属性来实现自定义页面转场效果。

页面转场动画可以在 pageTransition():void 函数中实现，在函数中添加 PageTransitionEnter(value:PageTransitionOptions)页面进入动画接口，或者添加 PageTransitionExit(value:PageTransitionOptions)页面退出动画接口。在这两个接口后可以添加属性接口来增加页面的转场效果。例如，tranlate()实现页面平移效果；scale()实现页面缩放效果；opacity()实现页面透明度效果；slide()实现页面滑入滑出效果。

这两个接口中的 PageTransitionOptions 对象参数，是用来设置页面转场动画的参数，具体字段包括：duration(动画时长)、curve(动画曲线)、delay(动画延迟执行时间)。除此之外还有 type 字段，该字段的参数可选 RouteType.Pop，对应页面路由返回操作(如 router.back)，RouteType.Push 对应页面路由跳转操作(如 router.pushUrl)，RouteType.None 表示页面未重定向。结合 type 字段，可以完全定义所有类型的页面转场效果。因为对于 B 页面的 PageTransitionEnter()页面进入接口的触发，可能是由于在 A 页面 push 跳转到 B 页面，也可能是由于 C 页面 back 返回 B 页面。所以一个页面的转场效果可以有四种分类。示例代码如下。

```
@Entry
@Component
struct PageTransitionA { // 页面 A
  build() {
    Column() {
```

第4章 OpenHarmony 多媒体应用开发

```
    Button("PushToPageB").margin(30)
      .onClick(() => {
        // 路由跳转,push 操作
        router.pushUrl({ url: "pages/pageTransitionB" })
      })
    Button("PopBack").margin(30)
      .onClick(() => {
        // 路由返回,pop 操作
        router.back()
      })
  }.width("100%").height("100%")
  .backgroundColor(Color.Gray)
  .justifyContent(FlexAlign.Center)
}
pageTransition() {
  // push 操作引发的页面进入效果,从上侧滑入,时长为1000ms
  PageTransitionEnter({ type: RouteType.Push, duration: 1000 })
    .slide(SlideEffect.Top)
  // pop 操作引发的页面进入效果,从下侧滑入
  PageTransitionEnter({ type: RouteType.Pop, duration: 1000 })
    .slide(SlideEffect.Bottom)
  // push 操作引发的页面退出效果,向下侧滑出
  PageTransitionExit({ type: RouteType.Push, duration: 1000 })
    .slide(SlideEffect.Bottom)
  // pop 操作引发的页面退出效果,向上侧滑出
  PageTransitionExit({ type: RouteType.Pop, duration: 1000 })
    .slide(SlideEffect.Top)
}
}
```

为了保持转场效果的协调性,页面 A 与页面 B 的转场效果是一致的。当发生页面 A push 操作跳转页面 B 时,页面 A 会从下侧滑出,页面 B 会从上侧滑

入。此时从页面 B pop 操作返回页面 A 时，页面 A 会从下侧滑入，页面 B 会从上侧滑出。反之页面 B 跳转页面 A，页面 A 再返回页面 B 也是一样的效果。示例代码如下。

```
@Entry
@Component
struct PageTransitionB {  // 页面 B
  build() {
    Column() {
      Button("PushToPageA").margin(30)
        .onClick(() => {
          router.pushUrl({ url: "pages/pageTransitionA" })
        })
      Button("popBack").margin(30)
        .onClick(() => {
          router.back()
        })
    }.width("100%").height("100%")
    .backgroundColor(Color.Pink)
    .justifyContent(FlexAlign.Center)
  }
  pageTransition() {
    // push 操作引发的页面进入效果，从上侧滑入，时长为 1000ms
    PageTransitionEnter({ type: RouteType.Push, duration: 1000 })
      .slide(SlideEffect.Top)
    // pop 操作引发的页面进入效果，从下侧滑入
    PageTransitionEnter({ type: RouteType.Pop, duration: 1000 })
      .slide(SlideEffect.Bottom)
    // push 操作引发的页面退出效果，向下侧滑出
    PageTransitionExit({ type: RouteType.Push, duration: 1000 })
      .slide(SlideEffect.Bottom)
    // pop 操作引发的页面退出效果，向上侧滑出
    PageTransitionExit({ type: RouteType.Pop, duration:
```

```
      1000 })
      .slide(SlideEffect.Top)
  }
}
```

3. 模态转场

模态转场是新的界面覆盖在旧的界面上，旧的界面不消失的一种转场方式。模态转场接口有全屏模态转场、半模态转场和弹出式小窗口(菜单和 Popup 控制)。这里介绍前两种转场设置。

全屏模态转场提供了上下内容转换的效果，能够让用户更好地集中在某个特定的任务或功能中，同时还限制了用户的操作范围，使用户只能与转场中的界面交互。具体实现接口如下。

bindContentCover(isShow: boolean, builder: CustomBuilder, options?: ContentCoverOptions)

其中，参数 isShow 通常是状态变量，用于控制全屏模态页面是否显示；参数 builder 是一个自定义构建函数，在其内部实现全屏模态页面内容；参数 options 可以配置全屏模态页面的转场方式，可以设置参数 ModalTransition，该参数为 ModalTransition 枚举类型，可选参数 NONE 表示无转场动画，DEFAULT 表示上下切换动画，表示 ALPHA 透明渐变动画。同时，可以为全屏模态页面添加 transition(value: TransitionEffect)接口或者搭配属性动画，实现更好的自定义转场动画效果。由于 ContentCoverOptions 是继承 BindOptions 的，参数 options 还可选择 backgroundColor: ResourceColor 背板颜色、onAppear: ()=>void 显示回调函数和 onDisappear: ()=>void 退出回调函数三种参数。示例代码如下。

```
@Entry
@Component
struct BindContentCoverDemo {
  // 控制模态页面显示的状态变量
  @State isPresent: boolean = false;
  // 通过@Builder 构建全屏模态页面
  @Builder
  MyBuilder() {
    Column() {
      Text('back')
```

```
            .width(100).height(100).backgroundColor(Color.Green)
            .fontSize(24).textAlign(TextAlign.Center).fontColor
            (Color.White)
            .onClick(() => {
              this.isPresent = false; // 单击返回之前界面
            })
      }
      .height("100%").width("100%").backgroundColor(Color.Gray)
      .justifyContent(FlexAlign.Center)
      // 为全屏模态页面的转场添加转场动画，呈现出弹性动画曲线
      .transition(TransitionEffect.translate({ y: 6000 })
      .animation({ curve: curves.springMotion(0.5, 0.8) }))
    }
    build() {
      Column() {
        Text('Click Me').width(100).height(100). backg roundColor
        (Color.Pink)
          .fontSize(24).textAlign(TextAlign.Center).fontColor
          (Color.White)
          .onClick(() => {
              this.isPresent = !this.isPresent; // 单击显示全
// 屏模态页面
          })
          // 绑定全屏模态页面，并设置转场方式为上下切换
          .bindContentCover(this.isPresent, this. MyBuilder
(), ModalTransition.DEFAULT)
      }
      .width("100%")
      .height("100%")
      .justifyContent(FlexAlign.Center)
    }
  }
```

半模态转场相比于全屏模态转场，保留了部分上下文内容，有助于用户完成模态框中的任务，提高了操作效率，同时保持了流畅的界面转换，可以迅速返回原页面。具体实现接口如下。

```
bindSheet(isShow: boolean, builder: CustomBuilder,
options?: SheetOptions)
```

该接口的使用方法基本与 bindContentCover()接口相同。这里介绍 SheetOptions 类的成员：①height 参数，该参数为 SheetSize | Length 类型，用于设定半模态页面的高度，参数可选 SheetSize.MEDIUM(屏幕高度一半)、SheetSize.LARGE(几乎为屏幕高度或者自定义 Length 高度)两种；②dragBar 参数，该参数为 Boolean 类型，可控制进度条的显示；③maskColor 参数，该参数为 ResourceColor 类型，可设置态页面背景(即原页面)蒙层颜色。此外 SheetOptions 类也是继承 BindOptions。示例代码如下。

```
@Entry
@Component
struct BindSheetDemo {
  // 控制半模态页面的显示
  @State isPresent: boolean = false;
  // 通过@Builder 构建半模态页面
  @Builder
  myBuilder() {
    Column() {
      Text('back').width(100).height(100).backgroundColor
      (Color.Green)
        .fontSize(24).textAlign(TextAlign.Center).fontColor
        (Color.White)
        .onClick(() => {
          this.isPresent = false; // 单击返回
        })
    }.width("100%").height("100%")
  }
  build() {
    Column() {
      Text('show').width(100).height(100).backgroundColor
      (Color.Pink)
        .fontSize(24).textAlign(TextAlign.Center).fontColor
        (Color.White)
        .onClick(() => {
          this.isPresent = !this.isPresent;
```

```
      })
      // 绑定半模态页面，设置高度为屏幕的一半，显示控制条，背
      // 景颜色为灰色，在出现和退出回调函数中打印日志
      // @ts-ignore
      .bindSheet($$this.isPresent, this.myBuilder(),
      {
        height: SheetSize.MEDIUM,
        dragBar: true,
        backgroundColor: Color.Gray,
        onAppear: () => {
          console.log("appear!")
        },
        onDisappear: () => {
          console.log("disappear");
        }
      })
    }.width("100%").height("100%").justifyContent(FlexA
    lign.Center)
  }
}
```

这里使用了$$双向绑定 isPresent 状态变量，因为半模态页面可以通过拖拽返回原页面，这时没有通过单击 back 返回，若不进行双向绑定，那么 isPresent 的值不会发生改变。除此之外，在使用返回键返回原页面时也存在这样的问题(对于全屏模态页面同样适用)，推荐使用$$进行双向绑定。

4. 共享元素转场

当两个界面之间存在相同或相似元素的时候，采用共享元素转场可以创造视觉上的连贯性，引导用户关注界面元素的变化而不是整个页面的切换，减少切换时的突兀感。通过选择共享元素，可以引导用户关注重点的信息，从而强调应用中的关键内容。具体实现接口如下。

```
sharedTransition(id: string,{ duration?: number,
curve?: Curve|string| ICurve, delay?: number, motionPath?:
MotionPathOptions,zIndex?: number, type?:
SharedTransitionEffe})
```

具体代码如下。
```
// SharedTransitionSample.ets
@Entry
@Component
struct SharedTransitionSample {
  build() {
    Column() {
      Navigator({ target: "pages/SharedTransitionAchieve
      Sample", type: NavigationType.Push}) {
        Image($r('app.media.icon'))
          .width(50)
          .height(50)
          .sharedTransition('sharedImage', {
            duration: 800,
            curve: Curve.Linear,
            delay: 100
          })
      }
    }
    .width("100%")
    .height("100%")
    .backgroundColor(0xE4EBF5)
    .padding({ top: 10 })
  }
}
```
共享元素效果如图 4.13 所示。

共享元素效果具体代码如下。

```
// SharedTransitionAchieveSample.ets
@Entry
@Component
struct SharedTransitionAchieveSample {
  build() {
    Stack() {
      Image($r('app.media.icon'))
        .width(150)
```

图 4.13 共享元素效果

```
          .height(150)
          .sharedTransition('sharedImage',
          {
            duration: 800,
            curve: Curve.Linear,
            delay: 100
          })
      }
      .width("100%")
      .height("100%")
    }
  }
```

共享元素运行效果如图 4.14 所示。

图 4.14　共享元素运行效果

4.2.4　路径动画

　　除以上动画之外，OpenHarmony 还提供设置组件进行位移动画时的运动路径 motionPath 接口，但需要结合显式动画 animateTo 使用，motionPath 接口需要传入设置组件的运动路径对象 MotionPathOptions，该对象具有以下属性。

　　path：即位移动画的运动路径，使用 svg 路径字符串。path 中支持使用 start 和 end 进行起点和终点的代替，如"Mstart.x start.y L50 50 Lend.x end.y Z"。若设置为空字符串则相当于不设置路径动画。

　　from：运动路径的起点，取值范围[0，1]。

　　to：运动路径的终点，取值范围[0, 1]。

　　rotatable：是否跟随路径进行旋转。

　　具体代码如下。

```
@Entry
@Component
struct MotionPathSample {
  @State locationStatus: boolean = true;
  build() {
    Column() {
      Button('路径动画')
          // 执行动画：从起点移动到(300,200)，再到(300,500)，再
// 到终点
```

```
      .motionPath({
        path: 'Mstart.x start.y L300 200 L300 500 Lend
        .x end.y',
        from: 0,
        to: 1,
        rotatable: true
      })
      .onAppear(() => {
        animateTo({
          duration: 4000,
          curve: Curve.Linear,
          iterations: -1
        }, () => {
          // 通过 locationStatus 变化组件的位置
          this.locationStatus = !this.locationStatus;
        })
      })
    }
    .width("100%")
    .height("100%")
    .justifyContent(this.locationStatus ?
FlexAlign.Start : FlexAlign.Center)
    .alignItems(this.locationStatus ?
HorizontalAlign.Start : HorizontalAlign.Center)
    .backgroundColor(0xE4EBF5)
    .padding(20)
  }
}
```

路径动画运行效果如图 4.15 所示。

图 4.15 路径动画运行效果

4.2.5 案例：星空特效

粒子动画是在一定范围内随机生成的大量粒子产生运动而组成的动画。动画元素是一个个粒子，这些粒子可以是圆点、图片。可以对粒子设置颜色、透明度、大小、速度、加速度、自旋角度等参数实现动画效果，来营造一种氛围感，例如本节案例实战的星空特效就是使用粒子动画实现的，如图 4.16 所示。

图 4.16 星空特效

粒子动画的效果通过 Particle 组件实现，接口需要传入粒子动画的集合，每一个粒子动画(ParticleOptions)包含粒子发射，同时可设置粒子的颜色、透明度、大小、速度、加速度与旋转速度，实现效果如图 4.16 所示。具体代码如下。

```
interface ParticleInterface {
    <PARTICLE extends ParticleType, COLOR_UPDATER extends ParticleUpdater, OPACITY_UPDATER extends ParticleUpdater, SCALE_UPDATER extends ParticleUpdater, ACC_SPEED_UPDATER extends ParticleUpdater, ACC_ANGLE_UPDATER extends ParticleUpdater, SPIN_UPDATER extends ParticleUpdater>(value:
{
        particles: Array<ParticleOptions<PARTICLE, COLOR_UPDATER, OPACITY_UPDATER, SCALE_UPDATER, ACC_SPEED_UPDATER, ACC_ANGLE_UPDATER, SPIN_UPDATER>>;
    }): ParticleAttribute;
}
// 星空特效
Particle({ particles: [
```

```
    {
      emitter: {                             // 粒子发射器配置
        particle: {
          type: ParticleType.IMAGE,          // 粒子类型 POINT 点状粒子
// IMAGE 图片粒子
          config: {
            src: $r('app.media.ic_xingxing'),
            size: [32, 32],
            objectFit: ImageFit.Fill
          },
          count: 500,                        // 粒子总数
          lifetime: 10000                    // 粒子生命周期,单位: ms
        },
        emitRate: 10,                        // 每秒发射粒子数
        position: [0, 0],                    // 发射器位置(距离组件左上角位置)
        shape: ParticleEmitterShape.RECTANGLE, // 发射器形状:
// RECTANGLE 矩形、CIRCLE 圆形、ELLIPSE 椭圆形
        size: ["100%", "100%"]               // 发射窗口大小(宽高)
      },
      color: {
        range: [Color.White, Color.White],   // 初始颜色范围
      },
      opacity: {
        range: [0.0, 1.0],                   // 粒子透明度的初始值从[0.0, 1.0]
// 随机产生
        updater: {
          type: ParticleUpdater.CURVE,       // 透明度的变化方式是
// 随机变化
          config: [
            {
              from: 0.0,
              to: 1.0,
              startMillis: 0,
              endMillis: 6000,
              curve: Curve.EaseIn
```

```
            },
            {
              from: 1.0,
              to: 0.0,
              startMillis: 6000,
              endMillis: 10000,
              curve: Curve.EaseIn
            }
          ]
        }
      },
      scale: {
        range: [0.0, 0.0],
        updater: {
          type: ParticleUpdater.CURVE,
          config: [
            {
              from: 0.0,
              to: 1.5,
              startMillis: 0,
              endMillis: 8000,
              curve: Curve.EaseIn
            }
          ]
        }
      },
      acceleration: { // 加速度的配置，从大小和方向两个维度变化，
// speed 加速度大小，angle 加速度方向
        speed: {
          range: [3, 9],
          updater: {
            type: ParticleUpdater.RANDOM,
            config: [1, 20]
          }
```

```
      },
      angle: {
        range: [0, 180]
      }
    }
  },
  {
    emitter: {    // 粒子发射器配置
      particle: {
        type: ParticleType.IMAGE, // 粒子类型 POINT 点状粒子
// IMAGE 图片粒子
        config: {
          src: $r('app.media.ic_xingxing2'),
          size: [32, 32],
          objectFit: ImageFit.Fill
        },
        count: 500, // 粒子总数
        lifetime: 10000 // 粒子生命周期, 单位: ms
      },
      emitRate: 10, // 每秒发射粒子数
      position: [0, 0], // 发射器位置(距离组件左上角位置)
      shape: ParticleEmitterShape.RECTANGLE, // 发射器形状:
// RECTANGLE 矩形、CIRCLE 圆形、ELLIPSE 椭圆形
      size: ["100%", "100%"] // 发射窗口大小(宽高)
    },
    color: {
      range: [Color.White, Color.White], // 初始颜色范围
    },
    opacity: {
      range: [0.0, 1.0], // 粒子透明度的初始值从[0.0, 1.0]
// 随机产生
      updater: {
        type: ParticleUpdater.CURVE, // 透明度的变化方式是
// 随机变化
        config: [
```

```
          {
            from: 0.0,
            to: 1.0,
            startMillis: 0,
            endMillis: 6000,
            curve: Curve.EaseIn
          },
          {
            from: 1.0,
            to: 0.0,
            startMillis: 6000,
            endMillis: 10000,
            curve: Curve.EaseIn
          }
        ]
      }
    },
    scale: {
      range: [0.0, 0.0],
      updater: {
        type: ParticleUpdater.CURVE,
        config: [
          {
            from: 0.0,
            to: 1.5,
            startMillis: 0,
            endMillis: 8000,
            curve: Curve.EaseIn
          }
        ]
      }
    },
    acceleration: { // 加速度的配置,从大小和方向两个维度变化,
// speed 加速度大小, angle 加速度方向
      speed: {
```

```
        range: [3, 9],
        updater: {
          type: ParticleUpdater.RANDOM,
          config: [1, 20]
        }
      },
      angle: {
        range: [0, 180]
      }
    }
  }
]})
  .width("100%")
  .height("100%")
```

4.3 OpenHarmony 音视频录制

4.3.1 权限申请

当应用需要访问用户的隐私信息或使用系统能力时，例如获取位置信息、访问日历、使用相机拍摄照片或录制视频等，应该向用户请求授权，这需要使用 user_grant 类型权限。在此之前，应用需要进行权限校验，以判断当前调用者是否具备所需的权限。如果权限校验结果表明当前应用尚未被授权该权限，则应使用动态弹框授权方式，为用户提供手动授权的入口。日历权限申请效果如图 4.17 所示。

每次访问受目标权限保护的接口之前，都需要使用 requestPermissionsFromUser() 接口请求相应的权限。用户可能在动态授予权限后通过系统设置来取消应用的权限，因此不能将之前授予的授权状态持久化。

图 4.17 日历权限申请效果

接下来以允许应用向用户申请权限"ohos.permission.MICROPHONE"调用麦克风录制音频为例进行说明。

(1) 在 module.json5 配置文件中申请"ohos.permission.MICROPHONE"权限，该类型权限授权方式为 user_grant，表示动态向用户申请授权。

(2) 在进行权限申请之前，需要先检查当前应用程序是否已经被授予了权限。可以通过调用 checkAccessToken()方法来校验当前是否已经授权。如果已经授权，则可以直接访问目标操作，否则需要进行下一步操作，即向用户申请授权。

具体代码如下。

```
Button('校验是否授予麦克风权限')
  .onClick(() => {
    let grantStatus: abilityAccessCtrl.GrantStatus = abilityAccessCtrl.GrantStatus.PERMISSION_DENIED;
    // 获取应用程序accessTokenID
    let tokenId: number = 0;
    let bundleInfo: bundleManager.BundleInfo = bundleManager
      .getBundleInfoForSelfSync(bundleManager.BundleFlag.GET_BUNDLE_INFO_WITH_APPLICATION);
    let appInfo: bundleManager.ApplicationInfo = bundleInfo.appInfo;
    tokenId = appInfo.accessTokenId;
    atManager.checkAccessToken(tokenId, this.permissions[0]).then((ret) => {
      if (ret === abilityAccessCtrl.GrantStatus.PERMISSION_DENIED) {
        promptAction.showToast({
          message: "未授予麦克风权限"
        })
      }
      if (ret === abilityAccessCtrl.GrantStatus.PERMISSION_GRANTED) {
        promptAction.showToast({
          message: "已授予麦克风权限"
        })
      }
```

        })
    })}
麦克风权限申请效果如图 4.18 所示。

(3) 动态向用户申请权限是指在应用程序运行时向用户请求授权的过程,可以通过调用 requestPermissionsFromUser()方法来实现。该方法接收一个权限列表参数,如位置、日历、相机、麦克风等,用户可以选择授予权限或者拒绝授权。可以在 UIAbility 的 onWindowStageCreate() 回调中调用 requestPermissionsFromUser()方法来动态申请权限,也可以根据业务需要在 UI 中向用户申请授权。具体代码如下。

```
Button('向用户申请麦克风权限')
    .onClick(() => {
        atManager.requestPermissionsFromUser(getContext (this),
this.permissions).then((ret) => {
            for (const result of ret.authResults) {
                if (result === 0) {
                    promptAction.showToast({
                        message: '向用户取得${JSON.stringify
(ret.permissions)}权
                    })
                } else {
                    const msg = result === -1 ? "权限已设置,无须弹窗,需要用户在设置中修改."
                        : (result === 2 ? "请求授权无效,未声明目标权限或权限非法":
                            "其他原因,请上报!");
                    promptAction.showToast({
                        message: "授权失败,原因是${msg}"
                    })
                }
            }
        })
    })
```

麦克风权限申请弹窗运行效果如图 4.19 所示。

图 4.18　麦克风权限申请效果　　图 4.19　麦克风权限申请弹窗运行效果

4.3.2　音视频录制实现流程与相关接口

使用 AVRecorder 可以实现音视频录制功能，本节将以"开始录制→暂停录制→恢复录制→停止录制"的一次流程为示例，向开发者讲解 AVRecorder 音视频录制相关功能，如图 4.20 所示。

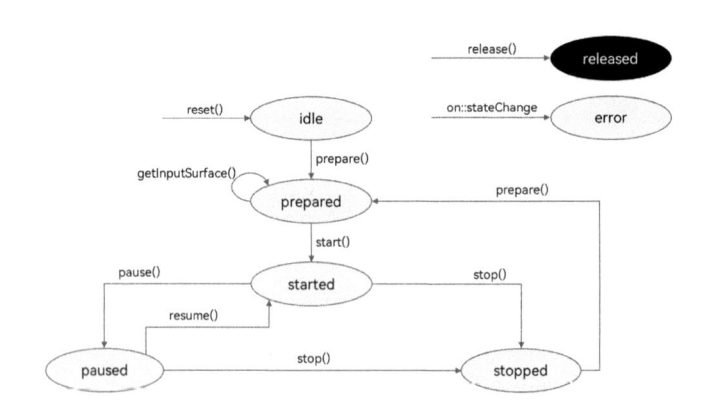

图 4.20　音视频录制实现流程

在进行应用开发的过程中，开发者可以通过 AVRecorder 的 state 属性主动获取当前状态，或使用 on('stateChange')方法监听状态变化。开发过程中应该严格遵循状态机要求,例如只能在 started 状态下调用 pause()接口,只能在 paused 状态下调用 resume()接口。

音视频录制功能实现步骤如下。

(1) 创建 AVRecorder 实例,可用于录制音视频媒体,实例创建完成后进入 idle 状态。创建实例时需注意两点:①可创建的音视频录制实例不能超过 2 个;②由于设备共用音视频通路,一个设备仅能有一个实例进行音视频录制,创建第二个实例录制音视频时,由音视频通路冲突导致创建失败,具体接口如下。

```
media.createAVRecorder();
```

(2) 设置业务需要的监听事件,监听状态变化及错误并上报,具体接口如下。

```
on(type: 'stateChange', callback: (state: AVRecorderState, reason: StateChangeReason) => void): void
```

订阅录制状态机 AVRecorderState 切换的事件,当 AVRecorderState 状态机发生变化时,会通过订阅的回调方法通知用户。用户只能订阅一个状态机切换事件的回调方法,当用户重复订阅时,以最后一次订阅的回调函数为准,具体接口如下:

```
// 状态机变化回调函数
this.AVRecorder.on('stateChange', (state: media.AVRecorderState) => {
    console.log('AudioRecorder current state is ${state}');
})
on(type: 'error', callback: ErrorCallback): void
```

订阅 AVRecorder 的错误事件,该事件仅用于错误提示,不需要用户停止播控动作。如果此时 AVRecorderState 也切至 error 状态,用户需要通过 reset()或者 release()退出录制操作。

用户只能订阅一个错误事件的回调方法,当用户重复订阅时,以最后一次订阅的回调函数为准,具体接口如下。

```
// 错误上报回调函数
this.AVRecorder.on('error', (err: BusinessError) => {
    console.error(('AudioRecorder failed, cause: ${JSON.stringify(err)}'));
})
```

(3) 配置音视频录制参数,调用 prepare()接口,此时进入 prepared 状态。具体接口如下。

```
prepare(config: AVRecorderConfig, callback: AsyncCallback
```

<void>): void

采用异步方式进行音视频录制的参数设置，通过注册回调函数获取返回值。

通过 audioSourceType 和 videoSourceType 区分纯音频录制、纯视频录制或音视频录制。纯音频录制时，仅需要设置 audioSourceType；纯视频录制时，仅需要设置 videoSourceType；音视频录制时，audioSourceType 和 videoSourceType 均需要设置(该操作需要申请 ohos.permission.MICROPHONE 权限)。

说明：

(1) prepare 接口的输入参数 avConfig 中仅设置音频相关的配置参数。

(2) 需要使用支持的录制规格。

(3) 录制输出的 url 地址(即示例里 avConfig 中的 url)，形式为 fd://xx (fd number)，需要基础文件操作接口(ohos.file.fs)实现应用文件访问能力。

具体代码如下。

```
// 配置音频录制参数
private avProfile: media.AVRecorderProfile = {
  audioBitrate: 100000, // 音频比特率
  audioChannels: 2, // 音频声道数
  audioCodec: media.CodecMimeType.AUDIO_AAC, // 音频编码格式
  audioSampleRate: 48000, // 音频采样率
  fileFormat: media.ContainerFormatType.CFT_MPEG_4A, // 封
// 装格式
};
private avConfig: media.AVRecorderConfig = {
  audioSourceType: media.AudioSourceType.AUDIO_SOURCE_TYPE_MIC, // 音频输入源
  profile: this.avProfile,
  url: ""
}
// 配置录制参数完成准备工作
this.AVRecorder.prepare(this.avConfig);
```

(4) 开始录制，调用 start()接口，此时进入 started 状态，start()接口如下。

start(callback: AsyncCallback<void>): void

采用异步方式开始视频录制，通过注册回调函数并获取返回值。

纯音频录制需在 prepare()事件成功触发后，才能调用 start()接口。纯视频录制、音视频录制需在 getInputSurface()事件成功触发后，才能调用 start()接口，具体接口如下。

// 开始录制
this.AVRecorder.start();

(5) 暂停录制，调用 pause()方法，此时进入 paused 状态，仅在 started 状态下调用 pause()方法为合理状态切换，具体接口如下。

```
pause(callback: AsyncCallback<void>): void
```
采用异步方式暂停视频录制。通过注册回调函数获取返回值。

需要 start()事件成功触发后，才能调用 pause()方法，可以通过调用 resume()接口来恢复录制，具体接口如下。

```
AVRecorder.pause();
```

(6) 恢复录制，调用 resume()接口，此时进入 started 状态，仅在 paused 状态下调用 resume()方法为合理状态切换，具体接口如下。

```
resume(callback: AsyncCallback<void>): void
```
异步方式恢复视频录制，通过注册回调函数获取返回值。

需要在 pause()事件成功触发后，才能调用 resume()方法，resume()方法如下。

```
AVRecorder.resume();
```

(7) 停止录制，调用 stop()接口，此时进入 stopped 状态，仅在 started 或者 paused 状态下调用 stop()方法为合理状态切换，具体接口如下。

```
stop(callback: AsyncCallback<void>): void
```
采用异步方式停止视频录制。通过注册回调函数获取返回值。

需要在 start()或 pause()事件成功触发后，才能调用 stop()方法。

暂停录制，调用 pause()接口，此时 AVRecorder 进入 paused 状态，同时暂停输入源输入数据恢复录制，调用 resume()接口，此时再次进入 started 状态。停止录制，调用 stop()接口，此时进入 stopped 状态，同时停止相机录制。重置资源，调用 reset()重新进入 idle 状态，允许重新配置录制参数。具体接口如下。

```
AVRecorder.stop();
```

(8) 重置资源，调用 reset()接口重新进入 idle 状态，允许重新配置录制参数，具体接口如下。

```
reset(callback: AsyncCallback<void>): void
```
采用异步方式重置音视频录制。通过注册回调函数获取返回值。

纯音频录制时，需要重新调用 prepare()接口才能重新录制。纯视频录制、音视频录制时，需要重新调用 prepare()和 getInputSurface()接口才能重新录制，具体接口如下。

```
AVRecorder.reset();
```

(9) 销毁实例，调用 release( )进入 released 状态，退出录制，具体接口如下。

```
release(callback: AsyncCallback<void>): void
```

采用异步方式释放音视频录制资源。通过注册回调函数获取返回值。

释放音视频录制资源之后，该 AVRecorder 实例不能再进行任何操作。具体接口如下。

```
AVRecorder.release();
```

4.3.3 相机拍照实现流程与相关接口

拍照是相机的最重要功能之一，由于相机复杂的逻辑，为了保证用户拍出的照片质量，在中间步骤可以设置分辨率、闪光灯、焦距、照片质量及旋转角度等信息。开发步骤如下。

(1) 导入 image 接口，提供图片处理效果，包括通过属性创建 PixelMap、读取图像像素数据、读取区域内的图片数据等。创建拍照输出流的 SurfaceId 以及拍照输出的数据，都需要用到系统提供的 image 接口能力，具体代码如下。

```
import image from '@ohos.multimedia.image';
```

(2) 获取 ImageReceiver 对象，具体接口如下。

```
createImageReceiver(width: number, height: number, format: number, capacity: number): ImageReceiver
```

通过设置宽、高、图片格式、容量等参数创建 ImageReceiver 实例。其中图像格式取值为 ImageFormat 常量(目前仅支持 ImageFormat:JPEG)，具体代码如下。

```
// 设置宽度
const width = 720;
// 设置高度
const height = 1280;
// 设置图像格式
const format = image.ImageFormat.JPEG;
// 设置同时访问的最大图像数
const capacity = 8;
// 创建 ImageReceiver 实例
let receiver: image.ImageReceiver = image.createImageReceiver(width, height, format, capacity);
```

(3) 设置拍照 imageArrival 的回调，并将拍照的 buffer 保存为图片。该步骤需要先调用 getPhotoAccessHelper 接口，获取相册管理模块实例，用于访问和修改相册中的媒体数据信息。同时需要在 module.json5 中配置 ohos.permission.READ_IMAGEVIDEO 和 ohos.permission.WRITE_IMAGEVIDEO 的权限，这两个权限都需要动态向用户申请。动态获取权限代码如下。

```
  "requestPermissions": [
    {
      "name": "ohos.permission.READ_IMAGEVIDEO"
    },
    {
      "name": "ohos.permission.WRITE_IMAGEVIDEO"
    }
  ]
  // 权限列表
  let permissions: Array<Permissions> = ['ohos.permission.READ_IMAGEVIDEO', 'ohos.permission.WRITE_IMAGEVIDEO'];
  let atManager = abilityAccessCtrl.createAtManager();
  atManager.requestPermissionsFromUser(getContext(this), permissions).then((ret) => {
  })
```

接收图片时注册回调具体代码如下。

```
  on(type: 'imageArrival', callback: AsyncCallback <void>): void
  // 设置回调之后,调用 photoOutput 的 capture 方法,就会将拍照的
  // buffer 回传到回调中
  setImageArrivalCb(receiver: image.ImageReceiver) {
    receiver.on('imageArrival', () => {
      receiver.readNextImage((err: BusinessError, imageObj: image.Image) => {
        if (err || imageObj === undefined) {
          return;
        }
        imageObj.getComponent(image.ComponentType.JPEG, (errCode: BusinessError, component: image. Component) => {
          if (errCode || component === undefined) {
            return;
          }
          let buffer: ArrayBuffer;
          if (component.byteBuffer) {
            buffer = component.byteBuffer;
```

```
      } else {
        return;
      }
      this.savePicture(buffer, imageObj);
    })
  })
})
}
```

保存图片具体代码如下。

```
// 保存图片
async savePicture(buffer: ArrayBuffer, img: image.Image)
{
   let photoAccessHelper = PhotoAccessHelper.getPhotoAccessHelper(getContext(this));
   let fileName = "file_" + Date.now() + ".jpg";
   let photoAsset = await photoAccessHelper.createAsset(fileName);
   const fd = await photoAsset.open('rw');
   fs.write(fd, buffer);
   await photoAsset.close(fd);
   img.release();
}
```

(4) 通过 image 的 createImageReceiver 方法创建 ImageReceiver 实例，再通过实例的 getReceivingSurfaceId 方法获取 SurfaceId，与拍照输出流相关联，获取拍照输出流的数据，具体代码如下。

```
async getImageReceiverSurfaceId(receiver: image.ImageReceiver): Promise<string | undefined> {
    let photoSurfaceId: string | undefined = undefined;
    if (receiver !== undefined) {
      this.setImageArrivalCb(receiver);
      photoSurfaceId = await receiver.getReceivingSurfaceId();
    }
    return photoSurfaceId;
}
```

(5) 通过 CameraOutputCapability 类中的 photoProfiles()方法，可获取当前设备支持的拍照输出流，通过 createPhotoOutput()方法传入支持的某一个输出流及步骤(1)获取的 SurfaceId 来创建拍照输出流，具体代码如下。

```
// 创建拍照输出流
getPhotoOutput(cameraManager: camera.cameraManager,
cameraOutputCapability: camera.CameraOutputCapability,
photoSurfaceId: string): camera.PhotoOutput | undefined {
    let photoProfilesArray: Array<camera.Profile> = cameraOutputCapability.photoProfiles;
    if (!photoProfilesArray) {
       console.error("createOutput photoProfilesArray == null || undefined.");
    }
    let photoOutput: camera.PhotoOutput | undefined = undefined;
    try {
       photoOutput = cameraManager.createPhotoOutput(photoProfilesArray[0], photoSurfaceId);
    } catch (error) {
       console.error('Failed to createPhotoOutput. cause: ${JSON.stringify(error)}');
    }
    return photoOutput;
}
```

(6) 配置相机的参数可以调整拍照的一些功能，包括闪光灯、变焦、焦距等，具体代码如下。

```
configuringSession(captureSession: camera.CaptureSession) {
    // 判断设置是否支持闪光灯
    let flashStatus: boolean = false;
    try {
       flashStatus = captureSession.hasFlash();
    } catch (error) {
       console.error('Failed to hasFlash. Cause: ${JSON.stringify(error)}');
    }
    if (flashStatus) {
```

```
    // 判断是否支持自动闪光灯模式
    let flashModeStatus: boolean = false;
    try {
      let status: boolean = captureSession.
isFlashModeSupported(camera.FlashMode.FLASH_MODE_AUTO);
      flashModeStatus = status;
    } catch (error) {
      // 检查异常处理
    }
    if (flashModeStatus) {
      // 设置自动闪光灯模式
      try {
        captureSession.setFlashMode(camera.FlashMode.
FLASH_MODE_AUTO);
      } catch (error) {
        // 设置异常处理
      }
    }
  }
    // 判断是否支持连续自动变焦模式
    let focusModeStatus: boolean = false;
    try {
      let focusStatus: boolean = captureSession.
 isFocusModeSupported(camera.FocusMode.FOCUS_MODE_AUTO);
      focusModeStatus = focusStatus;
    } catch (error) {
      // 检查异常处理
    }
    if (focusModeStatus) {
      // 设置连续自动变焦模式
      try {
        captureSession.setFocusMode(camera.FocusMode.
FOCUS_MODE_AUTO);
      } catch (error) {
        // 设置异常处理
```

```
  }
}
// 获取相机支持的可变焦距比范围
let zoomRatioRange: Array<number> = [];
try {
  zoomRatioRange = captureSession.getZoomRatioRange();
} catch (error) {
  // 获取异常处理
}
if (zoomRatioRange.length <= 0) {
  return;
}
  // 设置可变焦距比
try {
  captureSession.setZoomRatio(zoomRatioRange[0]);
} catch (error) {
  // 设置异常
}
}
```

(7) 调用 photoOutput 类的 capture()方法可以执行拍照任务。该方法有两个参数，第一个参数为拍照设置参数的 setting，setting 中可以设置照片的质量和旋转角度，第二个参数为回调函数。具体代码如下。

```
// 触发拍照
capture(captureLocation: camera.Location, photoOutput: camera.PhotoOutput) {
  let settings: camera.PhotoCaptureSetting = {
    quality: camera.QualityLevel.QUALITY_LEVEL_HIGH,
    // 设置图片质量高
    rotation: camera.ImageRotation.ROTATION_0,  // 设置图
// 片旋转角度为 0
    location: captureLocation,  // 设置图片地理位置
    mirror: false // 设置镜像使能开关
  };
  photoOutput.capture(settings, (error: BusinessError)
=> {
```

```
    if (error) {
      // 异常处理
      return;
    }
  // 拍照成功
  })
}
```

4.3.4 相机录制视频实现流程与相关接口

录像也是相机应用的最重要功能之一，录像是循环帧的捕获。对于录像的流畅度可以参考 4.3.3 节中的步骤(4)，设置分辨率、闪光灯、焦距、照片质量及旋转角度等信息。与拍照有所不同的是，录制视频需要创建一个录像 AVRecorder 实例，通过该实例的 getInputSurface 方法获取 SurfaceId，SurfaceId 与录像输出流进行关联。处理录像输出流输出的数据，需要用到系统提供的 media 接口，具体代码如下。

```
async getVideoSurfaceId(AVRecorderConfig:
media.AVRecorderConfig): Promise<string | undefined> {
    let AVRecorder: media.AVRecorder | undefined =
undefined;
    try {
      AVRecorder = await media.createAVRecorder();
    } catch (error) {
      // 创建录像 AVRecorder 实例异常处理
    }
    if (AVRecorder === undefined) {
      return undefined;
    }
    AVRecorder.prepare(AVRecorderConfig);
    let videoSurfaceId = await AVRecorder. getInputSurface();
    return videoSurfaceId;
}
```

通过 CameraOutputCapability 类中的 videoProfiles，可获取当前设备支持的录像输出流。然后定义创建录像的参数，通过 createVideoOutput 方法创建录像输出流，具体代码如下。

```
async getVideoOutput(cameraManager: camera. cameraManager,
```

```
videoSurfaceId: string, cameraOutputCapability:
camera.CameraOutputCapability):
Promise<camera.VideoOutput | undefined> {
    let videoProfilesArray: Array<camera.VideoProfile> =
cameraOutputCapability.videoProfiles;
    if (!videoProfilesArray) {
      console.error("createOutput  videoProfilesArray  ==
null || undefined");
      return undefined;
    }
    // AVRecorderProfile
    let AVRecorderProfile: media.AVRecorderProfile = {
      fileFormat: media.ContainerFormatType.CFT_MPEG_4,
      // 视频文件封装格式，只支持 MP4
      videoBitrate: 100000, // 视频比特率
      videoCodec: media.CodecMimeType.VIDEO_MPEG4, // 视频
// 文件编码格式，支持 mpeg4 和 avc 两种格式
      videoFrameWidth: 640, // 视频分辨率的宽
      videoFrameHeight: 480, // 视频分辨率的高
      videoFrameRate: 30 // 视频帧率
    };
    // 创建视频录制的参数，预览流与录像输出流的分辨率的宽
// (videoFrameWidth)高(videoFrameHeight)比要保持一致
    let AVRecorderConfig: media.AVRecorderConfig = {
      videoSourceType:
media.VideoSourceType.VIDEO_SOURCE_TYPE_SURFACE_YUV,
      profile: AVRecorderProfile,
      url: 'fd://35',
   rotation: 90 // 90°为默认竖屏显示角度，如果需要使用其他方式显示
// 等，请根据实际情况调整该参数
    };
    // 创建 AVRecorder
    let AVRecorder: media.AVRecorder | undefined = undefined;
    try {
      AVRecorder = await media.createAVRecorder();
```

```
    } catch (error) {
      let err = error as BusinessError;
      console.error('createAVRecorder call failed. error
code: ${err.code}');
    }
    if (AVRecorder === undefined) {
      return undefined;
    }
    // 设置视频录制的参数
    AVRecorder.prepare(AVRecorderConfig);
    // 创建VideoOutput对象
    let videoOutput: camera.VideoOutput | undefined = undefined;
    try {
      videoOutput =
cameraManager.createVideoOutput(videoProfilesArray[0],
videoSurfaceId);
    } catch (error) {
      let err = error as BusinessError;
      console.error('Failed to create the videoOutput
instance. errorCode = ' + err.code);
    }
    return videoOutput;
  }
```

需要注意的是，预览流与录像输出流分辨率的宽高比要保持一致，比如示例代码中宽高比为 640∶480 = 4∶3，则需要预览流中分辨率的宽高比也为 4∶3，分辨率选择 640∶480，或 960∶720，或 1440∶1080，依此类推。

开始录像：需要先通过 videoOutput 的 start()方法启动录像输出流，再通过 AVRecorder 的 start()方法开始录像，具体代码如下。

```
  async startVideo(videoOutput: camera.VideoOutput, AVRecorder:
media.AVRecorder): Promise<void> {
    videoOutput.start(async (err: BusinessError) => {
      if (err) {
        console.error('Failed to start the video output
${err.message}');
```

```
      return;
    }
    console.info('Callback invoked to indicate the
video output start success.');
  });
  try {
    await AVRecorder.start();
  } catch (error) {
    let err = error as BusinessError;
    console.error('AVRecorder start error: ${JSON.
stringify(err)}');
  }
}
```

停止录像：需要先通过 AVRecorder 的 stop()方法停止录像，再通过 videoOutput 的 stop()方法停止录像输出流，具体代码如下。

```
async stopVideo(videoOutput: camera.VideoOutput,
  AVRecorder: media.AVRecorder): Promise<void> {
  try {
    await AVRecorder.stop();
  } catch (error) {
    let err = error as BusinessError;
    console.error('AVRecorder stop error:
${JSON.stringify(err)}');
  }
  videoOutput.stop((err: BusinessError) => {
    if (err) {
      console.error('Failed to stop the video output
${err.message}');
      return;
    }
    console.info('Callback invoked to indicate the
video output stop success.');
  });
}
```

4.3.5 案例：音视频录制

对音视频录制流程和相机录制视频流程有简单的了解后，接下来以实战项目音视频录制总结本章知识要点，具体代码如下。

```
// 音频录制
import media from '@ohos.multimedia.media'
import common from '@ohos.app.ability.common';
import fs, { Filter } from '@ohos.file.fs';
import abilityAccessCtrl, { Permissions } from '@ohos.abilityAccessCtrl';
import camera from '@ohos.multimedia.camera';
import { BusinessError } from '@ohos.base';
import promptAction from '@ohos.promptAction';

// 获取应用文件路径
let context = getContext(this) as common.UIAbilityContext;
let filesDir = context.filesDir;

@Entry
@Component
struct AudioRecorderSample {
  @State fd: number = 0;
  @State isRecording: boolean = false;
  @State intervalId: number = -123456789;
  @State timer: number = 10;
  private mXComponentController: XComponentController = new XComponentController();
  private surfaceId: string = "-1";

  private AVRecorder: media.AVRecorder | undefined = undefined;
  private cameraManager: camera.cameraManager | undefined = undefined;
  private captureSession: camera.CaptureSession | undefined = undefined;
```

```
    private cameraInput: camera.CameraInput | undefined =
undefined;
    private previewOutput: camera.PreviewOutput |
undefined = undefined;
    private videoOutput: camera.VideoOutput | undefined =
undefined;
    private videoOutSurfaceId: string = "";

    // 注册AVRecorder回调函数
    setAVRecorderCallback() {
      if (this.AVRecorder != undefined) {
        // 状态机变化回调函数
        this.AVRecorder.on('stateChange', (state: media.
AVRecorderState, reason: media.StateChangeReason)=> {
          console.log('AVRecorderLog ---> ${state}');
          console.log('AVRecorderLog ---> ${reason}');
        })
        // 错误上报回调函数
        this.AVRecorder.on('error', (error: BusinessError) => {
          console.error('AVRecorderLog ---> error
          ocConstantSourceNode, error message is
${JSON.stringify(error)}')
        })
      }
    }

    // 开始录制对应的流程
    async startRecordingProcess() {
      // 创建录制实例
      this.AVRecorder = await media.createAVRecorder();
      this.setAVRecorderCallback();
      // 获取录制文件fd
      // 获取文件fd
      let fileName = "VIDEO_" + Date.now();
      let file = fs.openSync(filesDir + '/' + fileName +
```

```
".mp4", fs.OpenMode.READ_WRITE | fs.OpenMode.CREATE);
    this.fd = file.fd;
    // 配置录制参数完成准备工作
    let AVRecorderProfile: media.AVRecorderProfile = {
      audioBitrate: 48000,
      audioChannels: 2,
      audioCodec: media.CodecMimeType.AUDIO_AAC,
      audioSampleRate: 48000,
      fileFormat: media.ContainerFormatType.CFT_MPEG_4,
      videoBitrate: 2000000,
      videoCodec: media.CodecMimeType.VIDEO_MPEG4,
      videoFrameWidth: 640,
      videoFrameHeight: 480,
      videoFrameRate: 30
    };
    let AVRecorderConfig: media.AVRecorderConfig = {
      audioSourceType:
      media.AudioSourceType.AUDIO_SOURCE_TYPE_MIC,
      videoSourceType:
       media.VideoSourceType.VIDEO_SOURCE_TYPE_SURFACE_YUV,
      profile: AVRecorderProfile,
      url: 'fd://${this.fd}',
      rotation: 0,
      location: { latitude: 30, longitude: 130 }
    };
    await this.AVRecorder.prepare(AVRecorderConfig);
    this.videoOutSurfaceId = await
    this.AVRecorder.getInputSurface();
    // 启动相机出流
    await this.prepareCamera();
    // 启动录制
    await this.AVRecorder.start();
  }

  // 启动相机
```

```
async prepareCamera() {
    // 获取 cameraManager 对象
    this.cameraManager =
    camera.getcameraManager(getContext(this));
    // 监听相机
    this.cameraManager.on('cameraStatus', (err:
BusinessError, cameraStatusInfo: camera.CameraStatusInfo)
=> {
        console.info('AVRecorderLog ---> camera:
${JSON.stringify(cameraStatusInfo)}');
    })
    // 获取当前设备支持的相机列表
    let cameraArray: Array<camera.CameraDevice> =
this.cameraManager.getSupportedCameras();
    if (cameraArray != undefined && cameraArray.length
<= 0) {
        console.error('AVRecorderLog --->
cameraManager.getSupportedCameras error.');
        return;
    }
    for (let i = 0; i < cameraArray.length; i++) {
        console.info('AVReocrderLog ---> cameraId:
${cameraArray[i].cameraId}');
        console.info('AVReocrderLog ---> cameraPosition:
${cameraArray[i].cameraPosition}');
        console.info('AVReocrderLog ---> cameraType:
${cameraArray[i].cameraType}');
        console.info('AVReocrderLog ---> connectionType:
${cameraArray[i].connectionType}');
    }

    // 获取相机设备支持的输出流能力
    let cameraOutputCapability:
camera.CameraOutputCapability = this.cameraManager.
getSupportedOutputCapability(cameraArray[1]);
```

```
        if (!cameraOutputCapability) {
          console.error('AVRecorderLog ---> 
cameraManager.getSupportedOutputCapability error.');
            promptAction.showToast({
          message: "获取相机设备支持的输出流能力失败！"
            })
          return;
        }
        console.info('AVRecorderLog ---> outputCapability:
${JSON.stringify(cameraOutputCapability.previewProfiles)}');
        console.info('AVRecorderLog ---> outputCapability:
${JSON.stringify(cameraOutputCapability.photoProfiles)}');
        console.info('AVRecorderLog ---> outputCapability:
${JSON.stringify(cameraOutputCapability.videoProfiles)}');
        console.info('AVRecorderLog ---> outputCapability:
${JSON.stringify(cameraOutputCapability.
supportedMetadataObjectTypes)}');

        let previewProfilesArray: Array<camera.Profile> =
cameraOutputCapability.previewProfiles;
        if (!previewProfilesArray) {
           console.error("AVRecorderLog ---> createOutput
previewProfilesArray == null || undefined.");
        }

        let photoProfilesArray: Array<camera.Profile> =
cameraOutputCapability.photoProfiles;
        if (!photoProfilesArray) {
           console.error('AVRecorderLog ---> createOutput
photoProfilesArray == null || undefined.');
        }

        let videoProfilesArray: Array<camera.VideoProfile>
= cameraOutputCapability.videoProfiles;
        if (!videoProfilesArray) {
```

```
      console.error('AVRecorderLog ---> createOutput
videoProfilesArray == null || undefined.');
    }

    // 创建 VideoOutput 对象
    try {
      this.videoOutput = this.cameraManager.
createVideoOutput(videoProfilesArray[0], this.videoOutSurfaceId);
    } catch (error) {
      console.error('AVRecorderLog ---> Failed to create
the videoOutput instance. Cause: ${JSON.stringify(error)}');
    }
    if (this.videoOutput === undefined) {
      promptAction.showToast({
        message: "创建 VideoOutput 对象失败！"
      })
      return;
    }

    // 监听录像开始
    this.videoOutput.on('frameStart', () => {
      console.info('AVRecorderLog ---> 录像开始');
    })

    // 监听录像结束
    this.videoOutput.on('frameEnd', () => {
      console.info('AVRecorderLog ---> 录像结束');
    })

    // 监听视频输出错误信息
    this.videoOutput.on('error', (error: BusinessError)
    => {
      console.info('AVRecorderLog ---> Preview output
error. Cause: ${JSON.stringify(error)}');
    })
```

```
    // 创建会话
    try {
      this.captureSession = 
this.cameraManager.createCaptureSession();
    } catch (error) {
      console.error('AVRecorderLog ---> Failed to create the 
CaptureSession instance. Cause: ${JSON.stringify(error)}');
    }
    if (this.captureSession === undefined) {
      promptAction.showToast({
        message: "创建会话失败！"
      })
      return;
    }
    // 监听 Session 错误信息
    this.captureSession.on('error', (error: BusinessError) 
=> {
      console.info('AVRecorderLog ---> Capture Session 
error. Cause: ${JSON.stringify(error)}');
    })

    // 开始配置会话
    try {
      this.captureSession.beginConfig();
    } catch (error) {
      console.error('AVRecorderLog ---> Failed to 
beginConfig. Cause: ${JSON.stringify(error)}');
    }

    // 创建相机输入流
    try {
      this.cameraInput = 
this.cameraManager. createCameraInput(cameraArray[1]);
    } catch (error) {
```

```
        console.error('AVRecorderLog ---> Failed to
createCameraInput. Cause: ${JSON.stringify(error)}');
      }
      if (this.cameraInput === undefined) {
        promptAction.showToast({
          message: "创建相机输入流失败！"
        })
        return;
      }
      // 监听 cameraInput 错误信息
      this.cameraInput.on('error', cameraArray[1],
(error: BusinessError) => {
        console.info('AVRecorderLog ---> Camera input
error. Cause: ${JSON.stringify(error)}');
      })
      // 打开相机
      try {
        await this.cameraInput.open();
      } catch (error) {
        console.error('AVRecorderLog ---> Failed to open
cameraInput. Cause: ${JSON.stringify(error)}');
      }

      // 向会话添加相机输入流
      try {
        this.captureSession.addInput(this.cameraInput);
      } catch (error) {
        console.error('AVRecorderLog ---> Failed to add
cameraInput. Cause: ${JSON.stringify(error)}');
      }

      // 创建预览输出流
      try {
        this.previewOutput = this.cameraManager.
createPreviewOutput(previewProfilesArray[0], this.surfaceId);
```

```
        } catch (error) {
            console.error('AVRecorderLog ---> Failed to
create the PreviewOutput instance. Cause: ${JSON.stringify(error)}');
        }

        if (this.previewOutput === undefined) {
            promptAction.showToast({
                message: "创建预览输出流失败"
            })
            return;
        }

        // 向会话中添加预览输入流
        try {
            this.captureSession.addOutput(this.previewOutput);
        } catch (error) {
            console.error('AVRecorderLog ---> Failed to add
previewOutput. Cause: ${JSON.stringify(error)}');
        }

        // 向会话中添加录像输出流
        try {
            this.captureSession.addOutput(this.videoOutput);
        } catch (error) {
            console.error('AVRecorderLog ---> Failed to add
videoOutput. Cause: ${JSON.stringify(error)}');
        }

        // 提交会话配置
        try {
            await this.captureSession.commitConfig();
        } catch (error) {
            console.error('AVRecorderLog ---> captureSession
commitConfig error. Cause: ${JSON.stringify(error)}');
        }
```

```
    // 启动会话
    try {
      await this.captureSession.start();
    } catch (error) {
      console.error('AVRecorderLog ---> captureSession start error. Cuase: ${JSON.stringify(error)}');
    }

    // 启动录像输出流
    this.videoOutput.start((error: BusinessError) => {
      if (error) {
        console.error('AVRecorderLog ---> Failed to start the video output. Cause: ${JSON.stringify(error)}');
        return;
      }
      console.info('AVRecorderLog ---> Callback invoked to indicate the video output start success.');
    })
  }

  // 停止相机
  async stopCamera() {
    // 停止当前会话
    if (this.captureSession) {
      this.captureSession.stop();
    }
    // 释放相机输入流
    if (this.cameraInput) {
      this.cameraInput.close();
    }
    // 释放预览输出流
    if (this.previewOutput) {
      this.previewOutput.release();
    }
    // 释放录像输出流
```

```
      if (this.videoOutput) {
        this.videoOutput.release();
      }
      // 释放会话
      if (this.captureSession) {
        this.captureSession.release();
      }
      // 会话置空
      this.captureSession = undefined;
    }
    // 停止录制
    async stopRecordingProcess() {
      if (this.AVRecorder != undefined) {
        // 停止录制
        if (this.AVRecorder.state === 'started' || this.AVRecorder.state === 'paused') {
          await this.AVRecorder.stop();
          if (this.videoOutput) {
            await this.videoOutput.stop();
          }
        }
        // 重置
        await this.AVRecorder.reset();
        // 释放录制实例
        await this.AVRecorder.release();
        // 录制完成，关闭 fd
        fs.closeSync(this.fd);
        // 释放相机相关实例
        await this.stopCamera();
      }
    }

    countDown() {
      this.intervalId = setInterval(() => {
        this.timer--;
```

```
      if (this.timer === 0) {
        clearInterval(this.intervalId);
        this.timer = 10;
        this.isRecording = false;
        this.stopRecordingProcess();
        this.getListFile();
      }
    }, 1000)
  }

  build() {
    Column() {
      Stack({ alignContent: Alignment.Bottom }) {
        XComponent({
          id: 'componentId',
          type: 'surface',
          controller: this.mXComponentController
        })
          .width("100%")
          .height("100%")
          .borderRadius(8)
          .onLoad(() => {
            console.log('CameraLog --> onLoad is called.');
            this.mXComponentController.
setXComponentSurfaceSize({ surfaceWidth: 640,surfaceHeight: 480 });
            this.surfaceId =
this.mXComponentController.getXComponentSurfaceId();
          })

        Column() {
          Button(this.timer === 10 ? "录像" :
         '${this.timer} S', { type: ButtonType.Circle })
            .width(64)
            .height(64)
```

```
            .enabled(!this.isRecording)
            .onClick(async () => {
              this.isRecording = true;
              this.countDown();
              this.startRecordingProcess();
            })
        }
        .width("90%")
        .height(100)
      }
      .width("90%")
      .height("90%")
    }
    .width("100%")
    .height("100%")
    .justifyContent(FlexAlign.Center)
    .backgroundColor(0xE4EBF5)
  }

  aboutToAppear() {
    // 权限列表
    let permissions: Array<Permissions> = [
      'ohos.permission.CAMERA',
      'ohos.permission.MICROPHONE',
      'ohos.permission.READ_IMAGEVIDEO',
      'ohos.permission.WRITE_IMAGEVIDEO',
      'ohos.permission.MEDIA_LOCATION'
    ];
    let atManager = abilityAccessCtrl.createAtManager();
    atManager.requestPermissionsFromUser
(getContext(this), permissions);
    this.surfaceId =
this.mXComponentController.getXComponentSurfaceId();
```

```
    }

    getListFile() {
      class ListFileOption {
        public recursion: boolean = false;
        public listNum: number = 0;
        public filter:Filter = {};
      }

      let option = new ListFileOption();
      option.filter.suffix = ['.mp4'];
      let files = fs.listFileSync(filesDir, option);
      for (let i = 0; i < files.length; i++) {
        console.info("The fileName of file: ${files[i]}");
      }
    }
}
```

图 4.21 拍照预览效果

拍照预览效果如图 4.21 所示。

4.4 本章小结

本章主要介绍了 OpenHarmony 的图形开发，通过常见的 Image 组件使用、动画开发、属性动画、显式动画、路径动画等丰富的案例，以及音视频录制与相关流程，带领大家深入理解 OpenHarmony 多媒体应用开发。

第 5 章　OpenHarmony 分布式特性开发

5.1　OpenHarmony 分布式技术特性

5.1.1　硬件互助、资源共享

OpenHarmony 硬件互助、资源共享的特性主要通过下列模块达成。

1. 分布式软总线

分布式软总线是多设备终端的统一基座,为设备间的无缝互联提供了统一的分布式通信能力,能够快速发现并连接设备,高效地传输任务和数据。

2. 分布式数据管理

分布式数据管理基于分布式软总线,实现了应用程序数据和用户数据的分布式管理。用户数据不再与单一物理设备绑定,而是将业务逻辑与数据存储分离,应用跨设备运行时数据无缝衔接,为打造一致、流畅的用户体验创造了基础条件。

3. 分布式任务调度

分布式任务调度是基于分布式软总线、分布式数据管理、分布式 Profile 等技术特性,构建的统一分布式服务管理(发现、同步、注册、调用)机制。该机制支持对跨设备的应用进行远程启动、远程调用、绑定/解绑以及迁移等操作,能够根据不同设备的能力、位置、业务运行状态、资源使用情况并结合用户的习惯和意图,选择最合适的设备运行分布式任务。

4. 设备虚拟化

分布式设备虚拟化平台可以实现不同设备的资源融合、设备管理、数据处理,将周边设备作为手机能力的延伸,共同形成一个超级虚拟终端。

5.1.2　分布式软总线

分布式软总线旨在为 OpenHarmony 操作系统提供跨进程、跨设备的通信能力,主要包含软总线和进程间通信两部分。其中,软总线为应用和系统提供近场设备间分布式通信的能力,提供不区分通信方式的设备发现、连接、组网和传输功能，而进程间通信则提供了对设备内或设备间无差别的进程间通信的能力。

5.2 分布式流转开发

5.2.1 分布式流转简介

1. 场景介绍

随着全场景多设备的生活方式逐渐普及，用户拥有的设备数量越来越多，不同设备均能在适合的场景下为用户提供良好的体验，例如手表可以提供及时的信息查看能力，电视可以带来沉浸的观影体验。但是每个设备也有使用场景的局限，例如在电视上输入文本相对移动设备来说是非常糟糕的体验。如果多个设备通过分布式操作系统相互感知，进而整合成一个超级终端，设备与设备之间就可以取长补短、相互帮助，为用户提供更加自然流畅的分布式体验。

跨多设备的分布式操作统称为流转。根据使用场景的不同，流转又分为跨端迁移和多端协同两种具体场景。要实现应用跨设备流转，需使用应用组件的跨设备交互相关能力，这些能力目前仅对系统应用开放。

2. 流转的基本概念

流转泛指跨多设备的分布式操作。流转能力打破设备界限，实现多设备联动，使用户应用程序可分可合、可流转，实现如邮件跨设备编辑、多设备协同健身、多屏游戏等分布式业务。流转为开发者提供更广的使用场景和更新的产品视角，强化产品优势，实现体验升级。流转按照使用场景可分为跨端迁移和多端协同。

1) 跨端迁移

在用户使用设备的过程中，当使用情境发生变化时(例如从室内走到户外或者周围有更合适的设备等)，之前使用的设备可能已经不适合继续当前的任务，此时用户可以选择新的设备来继续当前的任务，原设备可按需决定是否退出任务，这就是跨端迁移场景。常见的跨端迁移场景实例包括：将在平板电脑上播放的视频迁移到智慧屏继续播放，平板电脑上的视频应用退出，从而获得更佳的观看体验。在应用开发层面，跨端迁移指在 A 端运行的 UIAbility 迁移到 B 端上，完成迁移后，B 端 UIAbility 继续任务而 A 端 UIAbility 可按需决定是否退出。

2) 多端协同

用户拥有的多个设备可以作为一个整体，为用户提供比单设备更加高效、沉浸的体验，这就是多端协同场景。常见的多端协同场景实例包括：①两台设备 A 和 B 打开备忘录中的同一篇笔记进行双端协同编辑，在设备 A 上可以使用本地图库中的图片资源进行内容编辑，设备 B 上进行文字内容的编辑。②设备 A 上正在和客户进行聊天，客户需要的资料在设备 B 上，此时可以通过聊天软件打开设备 B 上的文档应用，选择想要的资料并回传到设备 A 上，然后通过聊天软件发送给客户。在应用开发层面，多端协同指多端上的不同 UIAbility 与 ServiceExtensionAbility 同时运行，或者交替运行实现完整的业务；或者多端上的相同 UIAbility 与 ServiceExtensionAbility 同时运行实现完整的业务。

3. 流转架构

流转架构(图 5.1)提供了一组 API 库，可让用户应用程序更轻松、快捷地完成流转体验。流转架构有如下优势。

图 5.1　流转架构图

(1) 支持远程服务调用等能力，可轻松设计业务。
(2) 支持多个应用同时进行流转。
(3) 支持不同形态设备，如平板电脑、智慧屏、手表等。
(4) 跨端迁移任务管理，即在迁移发起端具有接受用户迁移的意图，提供迁移流转入口、迁移结果显示等能力。
(5) 多端协同任务管理，即在协同发起端具有接受用户应用程序注册，提供协同入口、状态显示、退出流转等管理能力。
(6) 分布式组件管理服务，其可以提供远程服务启动、远程服务连接、远程迁移等能力，并通过不同能力组合，支撑用户应用程序完成跨端迁移或多端协同的业务体验。
(7) 分布式安全认证，它提供端到端(end-to-end，E2E)的加密通道，为用户应用程序提供安全的跨端传输机制，保证"正确的人，通过正确的设备，正确地使用数据"。

(8) 分布式软总线,它是使用平板电脑、智能穿戴、智慧屏等分布式设备的统一通信基座,为设备之间的互联互通提供统一的分布式通信能力。

5.2.2 分布式跨端迁移开发

1. 分布式跨端迁移简介

跨端迁移的核心任务是将应用的当前状态(包括页面控件、状态变量等)无缝迁移到另一设备,从而在新设备上实现无缝接续应用体验。这意味着用户在一台设备上进行的操作可以在另一台设备的相同应用中快速切换并无缝衔接。

跨端迁移的主要功能如下。

(1) 支持用户自定义数据存储及恢复。

(2) 支持页面路由信息和页面控件状态数据的存储及恢复。

(3) 支持应用兼容性检测。

(4) 支持应用根据实际使用场景动态设置迁移状态(默认迁移状态为 ACTIVE 激活状态)。

(5) 支持应用动态选择是否进行页面栈信息恢复(默认进行页面栈信息恢复)。

(6) 支持应用动态选择迁移成功后是否退出迁移源端应用(默认迁移成功后退出迁移源端应用)。

2. 运作机制

跨端迁移的运作机制如图 5.2 所示。

(1) 在源端通过 UIAbility 的 onContinue()回调,开发者可以保存待接续的业务数据。例如,在浏览器应用中完成跨端迁移,开发者需要使用 onContinue()回调保存页面 URL 等业务内容,而系统将自动保存页面状态,如当前浏览进度。

(2) 分布式框架提供了跨设备的应用界面、页面栈以及业务数据的保存和恢复机制,它负责将数据从源端发送到对端。

(3) 在对端同一 UIAbility 可以通过 onCreate()(冷启动)和 onNewWant()(热启动)接口来恢复业务数据。

3. 约束限制

(1) 跨端迁移要求在同一个 UIAbility 之间进行,也就是需要相同的 bundleName、abilityName 和签名信息。

(2) 为了获得最佳体验,使用 wantParam 传输的数据需要控制在 100KB 以下。

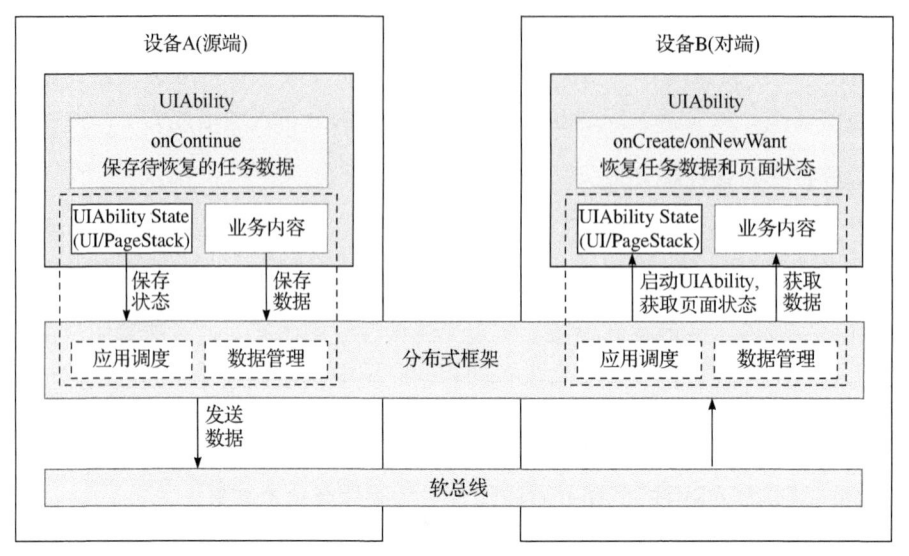

图 5.2 跨端迁移运作机制

4. 开发步骤

(1) 在 module.json5 配置文件的 abilities 标签中配置跨端迁移标签 continuable，具体代码如下。

```
{
  "module": {
    // ...
    "abilities": {
      {
        // ...
        "continuable": true, // 配置UIAbility 支持迁移
      }
    }
  }
}
```

(2) 在源端 UIAbility 中实现 onContinue()回调。当 UIAbility 实例触发迁移时，onContinue()回调在源端被调用，开发者可以在该接口中保存迁移数据，实现应用兼容性检测，以及决定是否支持此次迁移。详细的操作解释如下。

① 保存迁移数据。开发者可以将要迁移的数据通过键值对的方式保存在 wantParam 参数中。

② 应用兼容性检测。开发者可以通过从 wantParam 参数中获取对端应用的版本号与源端应用版本号，并进行兼容性校验。

③ 迁移决策。开发者可以通过 onContinue()回调的返回值决定是否支持此次迁移。

具体代码如下。

```
import AbilityConstant from '@ohos.app.ability.AbilityConstant';
    import hilog from '@ohos.hilog';
    import UIAbility from '@ohos.app.ability.UIAbility';
    const TAG: string = '[MigrationAbility]';
    const DOMAIN_NUMBER: number = 0xFF00;
    export default class MigrationAbility extends UIAbility{
      onContinue(wantParam: Record<string, Object>):
AbilityConstant.OnContinueResult {
        let version = wantParam.version;
        let targetDevice = wantParam.targetDevice;
        hilog.info(DOMAIN_NUMBER, TAG, 'onContinue version = ${version}, targetDevice: ${targetDevice}'); // 准备迁移数据
    // 获取源端版本号
    let versionSrc: number = -1; // 请填充具体获取版本号的
//代码
    // 兼容性校验
    if (version !== versionSrc) {
    // 在兼容性校验不通过时返回 MISMATCH
      return AbilityConstant.OnContinueResult.MISMATCH;
    }
    // 将要迁移的数据保存在 wantParam 的自定义字段(如 data)中
    const continueInput = '迁移的数据';
    wantParam['data'] = continueInput;
    return AbilityConstant.OnContinueResult.AGREE;
  }
}
```

源端设备 UIAbility 实例在冷启动和热启动情况下分别会调用不同的接口来恢复数据和加载 UI。在对端设备的 UIAbility 中，需要实现 onCreate()或 onNewWant()接口来恢复迁移数据。

通过在 onCreate()或 onNewWant()回调中检查 launchReason(标志位状态)，可以判断此次启动是否有迁移触发。开发者可以从 want(对象间传递信息的载体)中获取之前保存的迁移数据，并在数据恢复后调用 restoreWindowStage()来触发页面恢复，包括页面栈信息。具体代码如下。

```
import AbilityConstant from '@ohos.app.ability.AbilityConstant';
import hilog from '@ohos.hilog';
import UIAbility from '@ohos.app.ability.UIAbility';
import type Want from '@ohos.app.ability.Want';
const TAG: string = '[MigrationAbility]';
const DOMAIN_NUMBER: number = 0xFF00;
export default class MigrationAbility extends UIAbility {
  storage : LocalStorage = new LocalStorage();
  onCreate(want: Want, launchParam: AbilityConstant.LaunchParam): void {
    hilog.info(DOMAIN_NUMBER, TAG, '%{public}s', 'Ability onCreate');
    if (launchParam.launchReason === AbilityConstant.LaunchReason.CONTINUATION) {
      // 将上述保存的数据从 want.parameters 中取出恢复
      let continueInput = '';
      if (want.parameters !== undefined) {
        continueInput = JSON.stringify(want.parameters.data);
        hilog.info(DOMAIN_NUMBER, TAG, 'continue input ${continueInput}');
      }
      // 触发页面恢复
      this.context.restoreWindowStage(this.storage);
    }
  }
  onNewWant(want: Want, launchParam: AbilityConstant.LaunchParam): void {
    hilog.info(DOMAIN_NUMBER, TAG, 'onNewWant');
    if (launchParam.launchReason === AbilityConstant.
```

```
LaunchReason.CONTINUATION) {
    // 将上述保存的数据从 want.parameters 中取出恢复
    let continueInput = '';
    if (want.parameters !== undefined) {
      continueInput = JSON.stringify(want.parameters.data);
      hilog.info(DOMAIN_NUMBER, TAG, 'continue input
${continueInput}');
    }
    // 触发页面恢复
    this.context.restoreWindowStage(this.storage);
   }
  }
}
```

5.2.3 分布式多端协同开发

1. 场景介绍

多端协同主要包括如下场景。

(1) 通过跨设备启动 UIAbility 和 ServiceExtensionAbility 组件实现多端协同(无返回数据)。

(2) 通过跨设备启动 UIAbility 组件实现多端协同(获取返回数据)。

(3) 通过跨设备连接 ServiceExtensionAbility 组件实现多端协同。

(4) 通过跨设备 Call 调用实现多端协同。

2. 多端协同流程

在多端协同的场景下不同设备的协同流程如图 5.3 所示。多端协同流程主要包括协同准备、发起协同、协同结束。

3. 约束限制

(1) 由于尚未具备"多端协同任务管理"能力，开发者当前只能通过开发系统应用获取设备列表，不支持三方应用接入。

(2) 多端协同需遵循分布式跨设备组件启动规则。

(3) 为了获得最佳体验，使用 want 传输的数据建议在 100KB 以下。

通过跨设备启动 UIAbility 和 ServiceExtensionAbility 组件实现多端协同(无返回数据)。

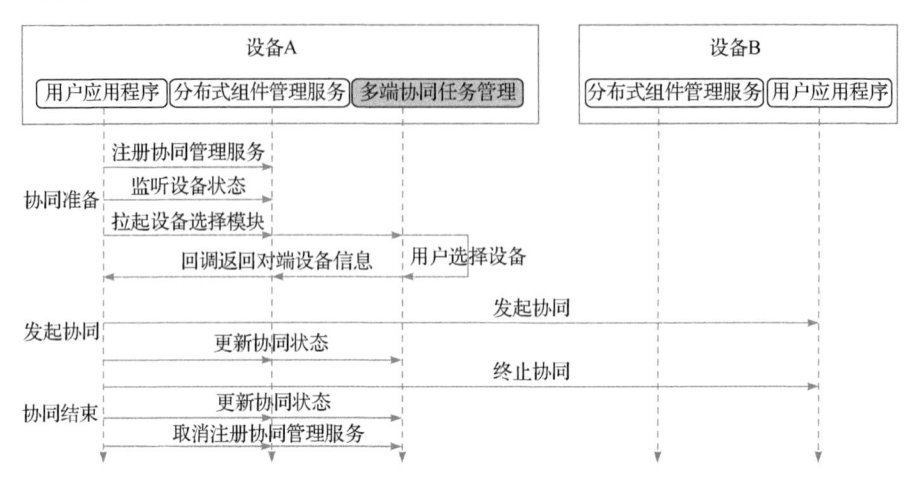

图 5.3　多端协同流程图

在设备 A 上通过发起端应用提供的启动按钮，启动设备 B 上指定的 UIAbility 与 ServiceExtensionAbility。跨设备启动所需 API 的说明如表 5.1 所示。

表 5.1　跨设备启动 API 功能介绍

接口名	描述
startAbility(want: Want, callback: AsyncCallback\<void\>): void;	启动 UIAbility 和 ServiceExtensionAbility（callback 形式）
stopServiceExtensionAbility(want: Want, callback: AsyncCallback\<void\>): void;	退出启动的 ServiceExtensionAbility（callback 形式）
stopServiceExtensionAbility(want: Want): Promise\<void\>;	退出启动的 ServiceExtensionAbility（Promise 形式）

跨设备启动开发步骤如下。
(1) 申请 ohos.permission.DISTRIBUTED_DATASYNC 权限。
(2) 在应用首次启动时弹窗向用户申请授权。
(3) 获取目标设备的设备 ID。
具体代码如下。

```
import deviceManager from '@ohos.distributedDeviceManager';
import hilog from '@ohos.hilog';
const TAG: string = '[Page_CollaborateAbility]';
const DOMAIN_NUMBER: number = 0xFF00;
let dmClass: deviceManager.DeviceManager;
function initDmClass(): void {
  // 其中 createDeviceManager 接口为系统 API
```

```
    try {
      dmClass = deviceManager.createDeviceManager('com.samples.stagemodela
bilitydevelop');
      hilog.info(DOMAIN_NUMBER, TAG, JSON.stringify (dmClass) ??
'');
    } catch (err) {
      hilog.error(DOMAIN_NUMBER, TAG, 'createDeviceManager
err: ' + JSON.stringify(err));
    };
  }
  function getRemoteDeviceId(): string | undefined {
    if (typeof dmClass === 'object' && dmClass !== null) {
      let list = dmClass.getAvailableDeviceListSync();
      hilog.info(DOMAIN_NUMBER, TAG, JSON.stringify(dmClass),
JSON.stringify(list));
      if (typeof (list) === 'undefined' || typeof (list.
length) === 'undefined') {
        hilog.info(DOMAIN_NUMBER, TAG, 'getRemoteDeviceId
err: list is null');
        return;
      }
      if (list.length === 0) {
        hilog.info(DOMAIN_NUMBER, TAG, 'getRemoteDeviceId
err: list is empty');
        return;
      }
      return list[0].networkId;
    } else {
      hilog.info(DOMAIN_NUMBER, TAG, 'getRemoteDeviceId err:
dmClass is null');
      return;
    }
  }
```

(4) 设置目标组件参数，调用 startAbility() 接口，启动 UIAbility 或

ServiceExtensionAbility。

具体代码如下。

```
import { BusinessError } from '@ohos.base';
import hilog from '@ohos.hilog';
import Want from '@ohos.app.ability.Want';
import deviceManager from '@ohos.distributedDeviceManager';
import common from '@ohos.app.ability.common';
const TAG: string = '[Page_CollaborateAbility]';
const DOMAIN_NUMBER: number = 0xFF00;
let dmClass: deviceManager.DeviceManager;
function getRemoteDeviceId(): string | undefined {
  if (typeof dmClass === 'object' && dmClass !== null) {
    let list = dmClass.getAvailableDeviceListSync();
    hilog.info(DOMAIN_NUMBER, TAG, JSON.stringify(dmClass), JSON.stringify(list));
    if (typeof (list) === 'undefined' || typeof (list.length) === 'undefined') {
      hilog.info(DOMAIN_NUMBER, TAG, 'getRemoteDeviceId err: list is null');
      return;
    }
    if (list.length === 0) {
      hilog.info(DOMAIN_NUMBER, TAG, 'getRemoteDeviceId err: list is empty');
      return;
    }
    return list[0].networkId;
  } else {
    hilog.info(DOMAIN_NUMBER, TAG, 'getRemoteDeviceId err: dmClass is null');
    return;
  }
};
@Entry
```

```
@Component
struct Page_CollaborateAbility {
  private context = getContext(this) as common.UIAbilityContext;
  build() {
    // ...
    Button('startAbility')
      .onClick(() => {
        let want: Want = {
          deviceId: getRemoteDeviceId(),
          bundleName: 'com.samples.stagemodelabilityinteraction',
          abilityName: 'CollaborateAbility',
          moduleName: 'entry' // moduleName 非必选
        }
        // context 为发起端 UIAbility 的 AbilityContext
        this.context.startAbility(want).then(() => {
          // ...
        }).catch((err: BusinessError) => {
          // ...
          hilog.error(DOMAIN_NUMBER, TAG, 'startAbility err: ' + JSON.stringify(err));
        });
      }
    )
  }
}
```

(5) 当设备 A 发起端应用不需要设备 B 上的 ServiceExtensionAbility 时，可调用 stopServiceExtensionAbility 接口退出(该接口不支持 UIAbility 的退出，UIAbility 由用户手动通过任务管理退出)。

具体代码如下。

```
import Want from '@ohos.app.ability.Want';
import hilog from '@ohos.hilog';
import { BusinessError } from '@ohos.base';
```

```
import deviceManager from '@ohos.distributedDeviceManager';
import common from '@ohos.app.ability.common';
const TAG: string = '[Page_CollaborateAbility]';
const DOMAIN_NUMBER: number = 0xFF00;
let dmClass: deviceManager.DeviceManager;
function getRemoteDeviceId(): string | undefined {
  if (typeof dmClass === 'object' && dmClass !== null) {
    let list = dmClass.getAvailableDeviceListSync();
    hilog.info(DOMAIN_NUMBER, TAG, JSON.stringify(dmClass), JSON.stringify(list));
    if (typeof (list) === 'undefined' || typeof (list.length) === 'undefined') {
        hilog.info(DOMAIN_NUMBER, TAG, 'getRemoteDeviceId err: list is null');
        return;
    }
    if (list.length === 0) {
        hilog.info(DOMAIN_NUMBER, TAG, 'getRemoteDeviceId err: list is empty');
        return;
    }
    return list[0].networkId;
  } else {
    hilog.info(DOMAIN_NUMBER, TAG, 'getRemoteDeviceId err: dmClass is null');
    return;
  }
};
@Entry
@Component
struct Page_CollaborateAbility {
  private context = getContext(this) as common.UIAbilityContext;
  build() {
    // ...
```

```
      Button('stopServiceExtensionAbility')
        .onClick(() => {
          let want: Want = {
            deviceId: getRemoteDeviceId(),
            bundleName: 'com.example.myapplication',
            abilityName: 'FuncAbility',
            moduleName: 'module1', // moduleName 非必选
          }
          // 退出由 startAbility 接口启动的 ServiceExtensionAbility
          this.context. stopServiceExtensionAbility(want).then(() => {
            console.info("stop service extension ability success")
          }).catch((err: BusinessError) => {
            console.info("stop service extension ability err is " + JSON.stringify(err))
          })
        })
    }
}
```

5.3 分布式数据同步开发

5.3.1 分布式数据同步简介

1. 场景介绍

跨设备数据同步功能(即分布式功能)，指将数据同步到一个组网环境中的其他设备，常用于用户应用程序数据内容在可信认证的不同设备间进行自由同步、修改和查询。例如，当设备 1 上的应用 A 在分布式数据库中增加、删除、修改数据后，设备 2 上的应用 A 也可以获取到该数据库的变化。可在分布式图库、备忘录、联系人、文件管理器等场景中使用该功能。

根据跨设备同步数据生命周期的不同，跨设备数据可以分为两类数据。

(1) 临时数据，其生命周期较短，通常保存到内存中，如游戏应用产生的过程数据，建议使用分布式数据对象。

(2) 持久数据，其生命周期较长，需要保存到存储的数据库中，根据数据关

系和特点，可以选择关系型数据库或者键值型数据库，如对于图库应用的各种相册、封面、图片等属性信息，建议使用关系型数据库；对于图库应用的具体图片缩略图，建议使用键值型数据库。

2. 基本概念

在分布式场景中会涉及多个设备，组网内设备之间看到的数据是否一致称为分布式数据库的一致性。分布式数据库一致性可以分为强一致性、弱一致性和最终一致性。

(1) 强一致性是指某一设备成功增、删、改数据后，组网内任意设备可立即读取数据获得更新后的值。

(2) 弱一致性是指某一设备成功增、删、改数据后，组网内设备可能读取到本次更新后的数据，也可能读取不到，不能保证在多长时间后每个设备的数据一定是一致的。

(3) 最终一致性是指某一设备成功增、删、改数据后，组网内设备可能读取不到本次更新后的数据，但在某个时间窗口之后组网内设备的数据能够达到一致状态。

强一致性对分布式数据的管理要求非常高，在服务器的分布式场景可能会遇到。因为移动终端设备的不常在线以及无中心的特性，所以同应用跨设备数据同步不支持强一致性，只支持最终一致性。

5.3.2 键值型数据库分布式开发

1. 场景介绍

键值型数据库适合不涉及过多数据关系和业务关系的业务数据存储，比SQL 数据库存储拥有更好的读写性能，同时因其在分布式场景中降低了解决数据库版本兼容问题的复杂度和数据同步过程中冲突解决的复杂度而被广泛使用。

2. 基本概念

在使用键值型数据库跨设备数据同步前，需要了解单版本数据库和多设备协同数据库。

1) 单版本数据库

单版本数据库是指数据在本地是以单个条目为单位的方式保存，当数据在本地被用户修改时，不管它是否已经被同步出去，均直接在这个条目上进行修改，如图 5.4 所示。多个设备全局只保留一份数据，多个设备的相同记录(主码相同)

设备A　　　　　设备B　　　　　设备C

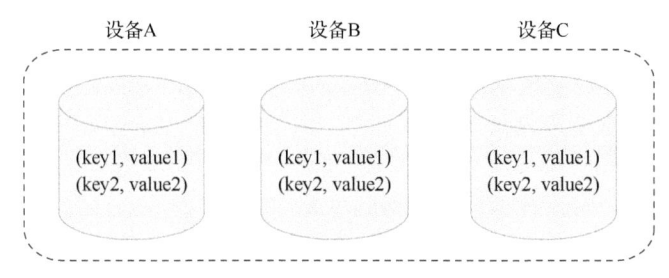

(key1, value1)　(key1, value1)　(key1, value1)
(key2, value2)　(key2, value2)　(key2, value2)

图 5.4　单版本数据库

会按时间顺序保留最新一条记录，数据不分设备，设备之间修改相同的 key 会覆盖。同步也以此为基础，按照它在本地被写入或更改的顺序将当前最新一次修改逐条同步至远端设备，常用于联系人、天气等应用存储场景。

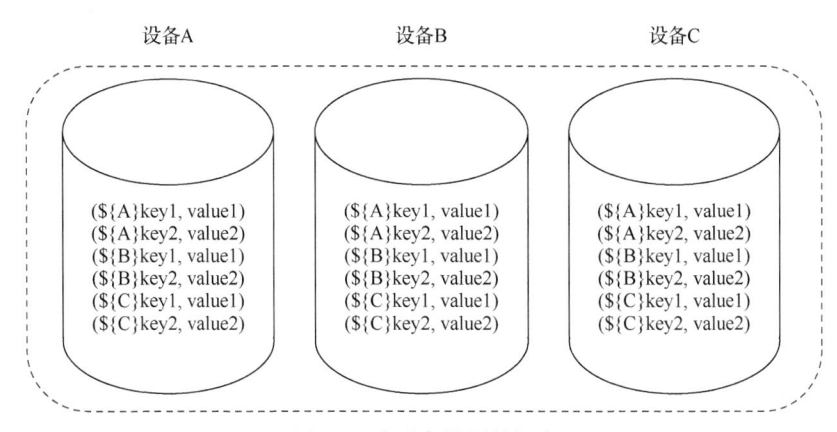

2) 多设备协同数据库

多设备协同数据库建立在单版本数据库之上，在应用程序存入的键值型数据中的 key 前面拼接了本设备的 DeviceId 标识符，这样能保证每个设备产生的数据严格隔离，如图 5.5 所示。数据以设备的维度管理，不存在冲突，支持按照设备的维度查询数据。

底层按照设备的维度管理这些数据，多设备协同数据库支持以设备的维度查询分布式数据，但是不支持修改远端设备同步过来的数据。需要分开查询各设备数据的可以使用多设备协同数据库。存储场景可以使用多设备协同数据库。

设备A　　　　　　　设备B　　　　　　　设备C

(${A}key1, value1)　(${A}key1, value1)　(${A}key1, value1)
(${A}key2, value2)　(${A}key2, value2)　(${A}key2, value2)
(${B}key1, value1)　(${B}key1, value1)　(${B}key1, value1)
(${B}key2, value2)　(${B}key2, value2)　(${B}key2, value2)
(${C}key1, value1)　(${C}key1, value1)　(${C}key1, value1)
(${C}key2, value2)　(${C}key2, value2)　(${C}key2, value2)

图 5.5　多设备协同数据库

3. 同步方式

数据管理服务提供了两种同步方式：手动同步和自动同步。键值型数据库可选择其中一种方式实现同应用跨设备数据同步。

(1) 手动同步：由应用程序调用 sync 接口来触发，需要指定同步的设备列表和同步模式。同步模式分为 PULL_ONLY(将远端数据拉取到本端)、PUSH_ONLY(将本端数据推送到远端)和 PUSH_PULL(将本端数据推送到远端的同时也将远端数据拉取到本端)。带有 Query 参数的同步接口，支持按条件过滤的方法进行同步，将符合条件的数据同步到远端。

(2) 自动同步：由分布式数据库自动将本端数据推送到远端，同时也将远端数据拉取到本端来完成数据同步，同步时机包括设备上线、应用程序更新数据等，应用不需要主动调用 sync 接口。

4. 运作机制

底层通信组件完成设备发现和认证后，会通知上层应用程序设备上线。收到设备上线的消息后数据管理服务可以在两个设备之间建立加密的数据传输通道，利用该通道在两个设备之间进行数据同步。

5. 数据跨设备同步机制

如图 5.6 所示，通过 put/delete 接口触发自动同步，将分布式数据通过通信适配层发送给对端设备，实现分布式数据的自动同步；手动同步则是手动调用 sync 接口触发同步，将分布式数据通过通信适配层发送给对端设备。

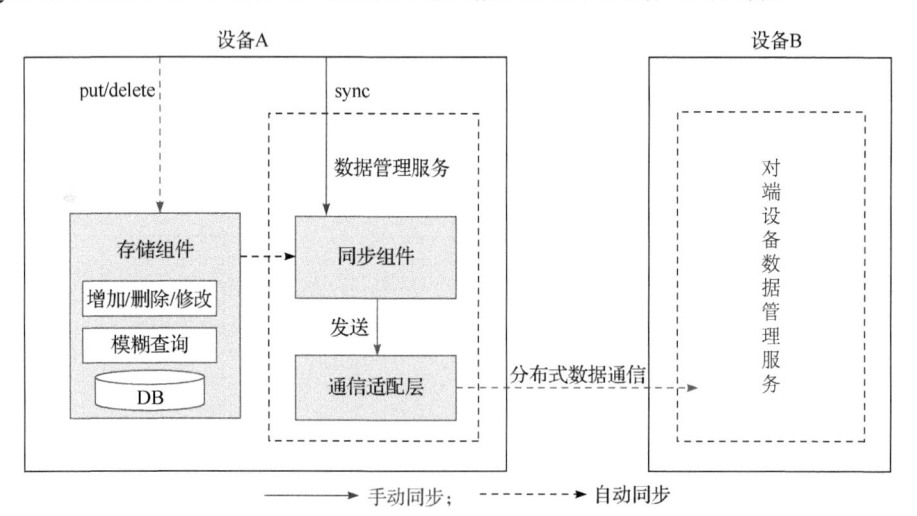

图 5.6 数据跨设备同步机制

6. 数据变化通知机制

增加、删除、修改数据库时，会给订阅者发送数据变化的通知。该通知主要分为本地数据变化通知和分布式数据变化通知。

(1) 本地数据变化通知，是指本地设备的应用内订阅数据变化的通知，数据库增加、删除、修改数据时会收到通知。

(2) 分布式数据变化通知，是指同一应用订阅组网内其他设备数据变化的通知，其他设备在删除或修改数据时本设备会收到通知。

7. 约束限制

(1) 设备协同数据库，针对每条记录，要求 key 的长度小于等于 896B，value 的长度小于 4MB。

(2) 单版本数据库，针对每条记录，要求 key 的长度小于等于 1KB，value 的长度小于 4MB。

(3) 键值型数据库不支持应用程序自定义冲突解决策略。

(4) 每个应用程序最多支持同时打开 16 个键值型分布式数据库。

(5) 单个数据库最多支持注册 8 个订阅数据变化的回调。

8. 接口说明

表 5.2 为单版本键值型分布式数据库跨设备数据同步功能的相关接口说明，大部分为异步接口。异步接口均有 callback 和 Promise 两种返回形式，表 5.2 均以 callback 形式为例，更多接口及使用方式请见键值型分布式数据库。

表 5.2 单版本键值型分布式数据库跨设备数据同步功能的相关接口说明

接口名称	描述
createKVManager(config: KVManagerConfig): KVManager	创建一个 KVManager 对象实例，用于管理数据库对象
getKVStore<T>(storeId: string, options: Options, callback: AsyncCallback<T>): void	指定 options 和 storeId，创建并得到指定类型的 KVStore 数据库
put(key: string, value: Uint8Array|string|number|boolean, callback: AsyncCallback<void>): void	插入和更新数据
on(event:'dataChange', type: SubscribeType, listener: Callback<ChangeNotification>): void	订阅数据库中数据的变化
get(key: string, callback: AsyncCallback<boolean | string | number | Uint8Array>): void	查询指定 key 的值
sync(deviceIds: string[], mode: SyncMode, delayMs?: number): void	在手动模式下，触发数据库同步

9. 开发步骤

此处以单版本键值型数据库跨设备数据同步的开发为例，图 5.7 是具体的开发流程。

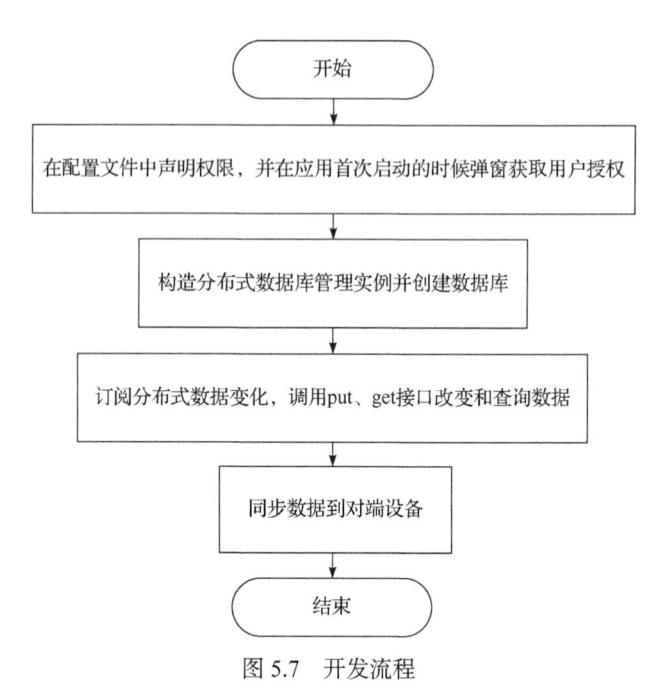

```
                    ┌─────────┐
                    │   开始  │
                    └────┬────┘
                         ↓
    ┌────────────────────────────────────────────┐
    │ 在配置文件中声明权限，并在应用首次启动的时候弹窗获取用户授权 │
    └────────────────────┬───────────────────────┘
                         ↓
         ┌──────────────────────────────┐
         │  构造分布式数据库管理实例并创建数据库  │
         └──────────────┬───────────────┘
                        ↓
       ┌─────────────────────────────────────┐
       │ 订阅分布式数据变化，调用put、get接口改变和查询数据 │
       └─────────────────┬───────────────────┘
                         ↓
              ┌────────────────────┐
              │   同步数据到对端设备  │
              └──────────┬─────────┘
                         ↓
                    ┌─────────┐
                    │   结束  │
                    └─────────┘
```

图 5.7 开发流程

说明：数据只允许向数据安全标签不高于对端设备安全等级的设备同步数据，具体规则可见跨设备同步访问控制机制。

1) 导入模块

导入代码如下。

```
import distributedKVStore from '@ohos.data.distributedKVStore';
```

2) 请求权限

(1) 需要申请 ohos.permission.DISTRIBUTED_DATASYNC 权限。

(2) 需要在应用首次启动时弹窗向用户申请授权。

3) 根据配置构造分布式数据库管理类实例

(1) 根据应用上下文创建 kvManagerConfig 对象。

(2) 创建分布式数据库管理器实例。

具体代码如下。

```
import window from '@ohos.window';
  let kvManager: distributedKVStore.KVManager | undefined = undefined;
  export default class EntryAbility extends UIAbility {
```

```
onWindowStageCreate(windowStage: window.WindowStage):
void {
    let context = this.context;
  }
}
```

4) 获取并得到指定类型的键值型数据库

(1) 声明需要创建的分布式数据库 ID 描述。

(2) 创建分布式数据库，建议关闭自动同步功能(autoSync:false)，方便后续对同步功能进行验证，需要同步时主动调用 sync 接口。具体代码如下。

```
let kvStore: distributedKVStore.SingleKVStore | undefined =
undefined;
try {
  const options: distributedKVStore.Options = {
    createIfMissing: true,
    encrypt: false,
    backup: false,
    autoSync: false,
    // kvStoreType 不填时，默认创建多设备协同数据库
    kvStoreType:
distributedKVStore.KVStoreType.SINGLE_VERSION,
    // 多设备协同数据库: kvStoreType: distributedKVStore.
//KVStoreType.DEVICE_COLLABORATION,
    securityLevel: distributedKVStore.SecurityLevel.S1
  };
  kvManager.getKVStore<distributedKVStore.SingleKVStore>
('storeId', options, (err, store: distributedKVStore.
SingleKVStore) => {
    if (err) {
      console.error('Failed to get KVStore: Code:${err.
code},message:${err.message}');
      return;
    }
    console.info('Succeeded in getting KVStore.');
```

```
    kvStore = store;
    // 请确保获取到键值型数据库实例后,再进行相关数据操作
  });
} catch (e) {
  let error = e as BusinessError;
  console.error('An unexpected error occurred. Code:${error.code},message:${error.message}');
}
if (kvStore !== undefined) {
  kvStore = kvStore as distributedKVStore.SingleKVStore;
  // 进行后续相关数据操作,包括数据的增加、删除、修改、查询、订阅
//等操作
  // ...
}
```

5) 订阅分布式数据变化

如需关闭订阅分布式数据变化,调用 off('dataChange')关闭。具体代码如下。

```
try {
  kvStore.on('dataChange', distributedKVStore.SubscribeType.SUBSCRIBE_TYPE_ALL, (data) => {
      console.info('dataChange callback call data: ${data}');
  });
} catch (e) {
  let error = e as BusinessError;
  console.error('An unexpected error occurred. code:${error.code},message:${error.message}');
}
```

6) 将数据写入分布式数据库

(1) 构造需要写入分布式数据库的 key(键)和 value(值)。

(2) 将键值数据写入分布式数据库。

具体代码如下。

```
const KEY_TEST_STRING_ELEMENT = 'key_test_string';
const VALUE_TEST_STRING_ELEMENT = 'value_test_string';
try {
   kvStore.put(KEY_TEST_STRING_ELEMENT,
VALUE_TEST_STRING_ELEMENT, (err) => {
      if (err !== undefined) {
         console.error('Failed to put data. Code:${err.code},
message:${err.message}');
         return;
      }
      console.info('Succeeded in putting data.');
   });
} catch (e) {
   let error = e as BusinessError;
   console.error('An unexpected error occurred.
Code:${error.code},message:${error.message}');
}
```

7) 查询分布式数据库数据

(1) 构造需要从单版本分布式数据库中查询的 key(键)。

(2) 从单版本分布式数据库中获取数据。

具体代码如下。

```
const KEY_TEST_STRING_ELEMENT = 'key_test_string';
const VALUE_TEST_STRING_ELEMENT = 'value_test_string';
try {
   kvStore.put(KEY_TEST_STRING_ELEMENT,
VALUE_TEST_STRING_ELEMENT, (err) => {
      if (err !== undefined) {
         console.error('Failed to put data. Code:${err.code},
message:${err.message}');
         return;
      }
      console.info('Succeeded in putting data.');
      kvStore = kvStore as distributedKVStore.SingleKVStore;
      kvStore.get(KEY_TEST_STRING_ELEMENT, (err, data) => {
```

```
        if (err != undefined) {
          console.error('Failed to get data. Code:${err.code},
message:${err.message}');
          return;
        }
        console.info('Succeeded in getting data. Data:${data}');
      });
    });
  } catch (e) {
    let error = e as BusinessError;
    console.error('Failed to get data. Code:${error.code},
message:${error.message}');
  }
```

8) 同步数据到其他设备

选择同一组网环境下的设备以及同步模式(需用户在应用首次启动的弹窗中确认选择同步模式)，进行数据同步。

需要说明的是，在手动同步的方式下，其中的 deviceIds 通过调用 devicesManager.getAvailableDeviceListSync 方法得到。

具体代码如下。

```
import deviceManager from '@ohos.distributedDeviceManager';
import common from '@ohos.app.ability.common';
let devManager: deviceManager.DeviceManager;
try {
  // 创建 deviceManager
  devManager = deviceManager.createDeviceManager(context.applicationInfo.name);
  // deviceIds 由 deviceManager 调用 getAvailableDeviceListSync
  //方法得到
    let deviceIds: string[] = [];
    if (devManager != null) {
     let devices = devicesManager.getAvailableDeviceListSync();
      for (let i = 0; i < devices.length; i++) {
        deviceIds[i] = devices[i].networkId as string;
      }
```

}
    try {
      // 1000 表示最大延迟时间为 1000ms
      kvStore.sync(deviceIds,distributedKVStore.SyncMode.PUSH_ONLY, 1000);
    } catch (e) {
      let error = e as BusinessError;
      console.error('An unexpected error occurred. Code: ${error.code},message:${error.message}');
    }
  } catch (err) {
    let error = err as BusinessError;
    console.error("createDeviceManager errCode:" + error.code + ",errMessage:" + error.message);
  }
```

### 5.3.3 关系型数据库分布式开发

1. 场景介绍

当应用程序本地存储的关系型数据存在跨设备同步的需求时，可以将需求同步的表数据迁移到新的支持跨设备的表中，当然也可以在刚完成表创建时设置其支持跨设备。

2. 基本概念

关系型数据库跨设备数据同步，支持应用在多设备间同步存储的关系型数据。

(1) 分布式列表。应用在数据库中新创建表后，可以设置其为分布式表。在查询远程设备数据库时，根据本地表名可以获取指定远程设备的分布式表名。

(2) 设备之间同步数据。数据同步有两种方式，将数据从本地设备推送到远程设备或将数据从远程设备拉至本地设备。

3. 运作机制

底层通信组件完成设备发现和认证后，会通知上层应用程序设备上线。收到设备上线的消息后数据管理服务可以在两个设备之间建立加密的数据传输通道，利用该通道在两个设备之间进行数据同步，如图 5.8 所示。
```

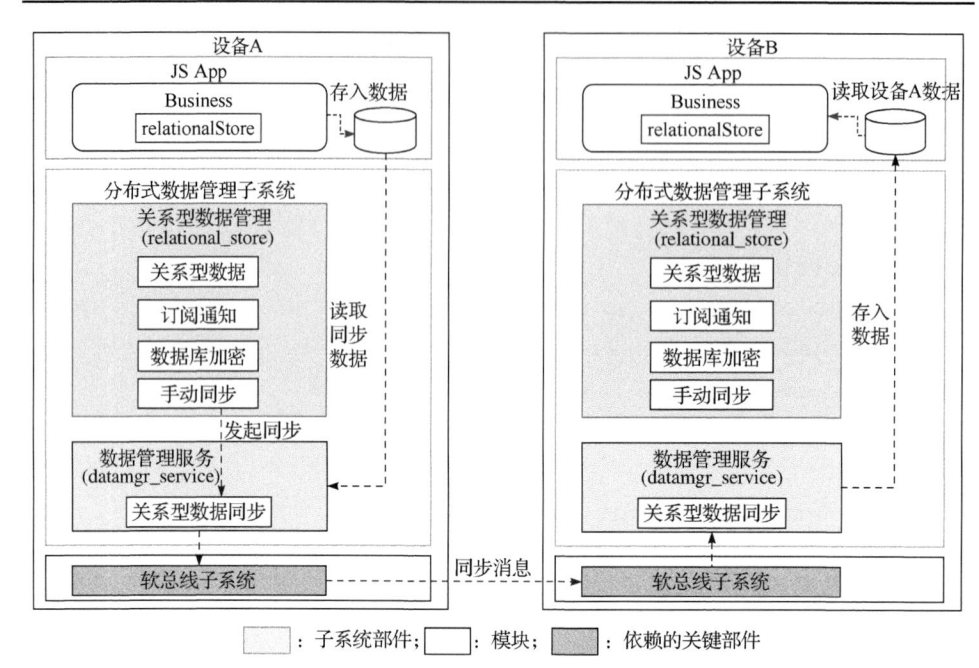

图 5.8 数据同步运作机制

业务将数据写入关系型数据库后,向数据管理服务发起同步请求。

数据管理服务从应用沙箱内读取待同步数据,根据对端设备的 deviceId 将数据发送到其他设备的数据管理服务中,再由数据管理服务将数据写入同应用的数据库内。

4. 数据变化通知机制

增加、删除、修改数据库时,会给订阅者发送数据变化的通知。该通知主要分为本地数据变化通知和分布式数据变化通知。

(1) 本地数据变化通知,是指本地设备的应用内订阅数据变化的通知,数据库增加、删除、修改数据时会收到通知。

(2) 分布式数据变化通知,是指同一应用订阅组网内其他设备数据变化的通知,其他设备增加、删除、修改数据时本设备会收到通知。

5. 约束限制

(1) 每个应用程序最多支持同时打开 16 个关系型分布式数据库。
(2) 单个数据库最多支持注册 8 个订阅数据变化的回调。

6. 接口说明

表 5.3 是关系型设备协同分布式数据库跨设备数据同步功能的相关接口说

明,大部分为异步接口。异步接口均有 callback 和 Promise 两种返回形式,表 5.3 均以 callback 形式为例,更多接口及使用方式请见关系型数据库。

表 5.3 关系型设备协同分布式数据库跨设备数据同步功能的相关接口说明

接口名称	描述
setDistributedTables(tables: Array<string>, callback: AsyncCallback<void>): void	设置分布式同步表
sync(mode: SyncMode, predicates: RdbPredicates, callback: AsyncCallback<Array<[string, number]>>): void	分布式数据同步
on(event:'dataChange', type: SubscribeType, observer: Callback<Array<string>>): void	订阅分布式数据变化
off(event:'dataChange', type: SubscribeType, observer: Callback<Array<string>>): void	取消订阅分布式数据变化
obtainDistributedTableName(device: string, table: string, callback: AsyncCallback<string>): void	根据本地数据库表名获取指定设备上的表名
remoteQuery(device: string, table: string, predicates: RdbPredicates, columns: Array<string> , callback: AsyncCallback<ResultSet>): void	根据指定条件查询远程设备数据库中的数据

7. 开发步骤

数据只允许向数据安全标签不高于对端设备安全等级的设备同步数据,具体规则可见跨设备同步访问控制机制。

1) 导入模块

具体代码如下。

```
import relationalStore from '@ohos.data.relationalStore';
```

2) 请求权限

(1) 申请 ohos.permission.DISTRIBUTED_DATASYNC 权限。

(2) 在应用首次启动时弹窗向用户申请授权。

3) 创建关系型数据库

设置将需要进行分布式同步的表。具体代码如下。

```
import UIAbility from '@ohos.app.ability.UIAbility';
import window from '@ohos.window';
import { BusinessError } from "@ohos.base";
import relationalStore from '@ohos.data. relationalStore';
onWindowStageCreate(windowStage:window.WindowStage):void {
  const STORE_CONFIG: relationalStore.StoreConfig = {
    name: "RdbTest.db",
```

```
      securityLevel: relationalStore.SecurityLevel.S1
   };
   relationalStore.getRdbStore(this.context,
STORE_CONFIG, (err: BusinessError, store: relationalStore.
RdbStore) => {
      store.executeSql('CREATE TABLE IF NOT EXISTS EMPLOYEE
(ID INTEGER PRIMARY KEY AUTOINCREMENT, NAME TEXT NOT NULL,
AGE INTEGER, SALARY REAL, CODES BLOB)', (err) => {
         // 设置分布式同步表
         store.setDistributedTables(['EMPLOYEE']);
         // 进行数据的相关操作
      })
   })
}
```

4) 分布式数据同步

使用 SYNC_MODE_PUSH 触发同步后，数据将从本设备向组网内的其他设备同步。具体代码如下。

```
// 构造用于同步分布式表的谓词对象
let predicates = new relationalStore.RdbPredicates
('EMPLOYEE')。
// 调用同步数据的接口
if(store != undefined)
{
   (store as relationalStore.RdbStore).sync(relationalStore.
SyncMode.SYNC_MODE_PUSH, predicates, (err, result) => {
      // 判断数据同步是否成功
      if (err) {
         console.error('Failed to sync data. Code:${err.
code}, message:${err.message}');
         return;
      }
      console.info('Succeeded in syncing data.');
      for (let i = 0; i < result.length; i++) {status:$
         console.info('device:${result[i][0]},status:
```

```
${result[i][1]}');
    }
  })
}
```

5) 分布式数据订阅

数据同步变化将触发订阅回调方法执行，回调方法的输入参数为发生变化的设备 ID。具体代码如下。

```
let devices: string | undefined = undefined;
try {
  // 调用分布式数据订阅接口，注册数据库的观察者
  // 当分布式数据库中的数据发生更改时，将调用回调
  if(store != undefined) {
    (store as relationalStore.RdbStore).on('dataChange',
relationalStore.SubscribeType.SUBSCRIBE_TYPE_REMOTE,
(storeObserver)=>{
        if(devices != undefined){
          for (let i = 0; i < devices.length; i++) {
            console.info('The data of device:${devices[i]} has been changed.');
          }
        }
    });
  }
} catch (err) {
  console.error('Failed to register observer. Code:${err.code},message:${err.message}');
}
// 当前不需要订阅数据变化时，可以将其取消
try {
  if(store != undefined) {
    (store as relationalStore. RdbStore).off('dataChange',
relationalStore.SubscribeType.SUBSCRIBE_TYPE_REMOTE,
(storeObserver)=>{
```

    });
  }
} catch (err) {
  console.error('Failed to register observer. Code: ${err.code},message:${err.message}');
}
```

6) 跨设备查询

如果数据未完成同步或未触发数据同步，应用可以使用 remoteQuery 接口从指定的设备上查询数据。通过调用 deviceManager.getAvailableDeviceListSync 方法得到 deviceIds。具体代码如下。

```
// 获取 deviceIds
import deviceManager from '@ohos.distributedDeviceManager';
import { BusinessError } from '@ohos.base'
let dmInstance: deviceManager.DeviceManager;
let deviceId: string | undefined = undefined ;
try {
  dmInstance = deviceManager.createDeviceManager("com.example.appdatamgrverify");
  let devices = dmInstance.getAvailableDeviceListSync();
  deviceId = devices[0].networkId;
  // 构造用于查询分布式表的谓词对象
  let predicates = new relationalStore.RdbPredicates('EMPLOYEE');
  // 调用跨设备查询接口，并返回查询结果
  if(store != undefined && deviceId != undefined) {
    (store as relationalStore.RdbStore).remoteQuery(deviceId, 'EMPLOYEE', predicates, ['ID', 'NAME', 'AGE', 'SALARY', 'CODES'],
      (err: BusinessError, resultSet: relationalStore.ResultSet) => {
        if (err) {
          console.error('Failed to remoteQuery data. Code:

```
${err.code},message:${err.message}');
            return;
        }
        console.info('ResultSet column names: ${resultSet.
columnNames}, column count: ${resultSet.columnCount}');
    }
  )
}
} catch (err) {
  let code = (err as BusinessError).code;
  let message = (err as BusinessError).message;
  console.error("createDeviceManager errCode:" + code +
",errMessage:" + message);
}
```

5.3.4 分布式数据对象开发

1. 场景介绍

传统方式下，设备之间的数据同步需要开发者完成消息处理逻辑，包括：建立通信链接、消息收发处理、错误重试、数据冲突解决等操作，不但工作量非常大，而且设备越多，调试复杂度越高。

设备之间的状态、消息发送进度、发送的数据等都是变量。如果这些变量支持全局访问，那么开发者跨设备访问这些变量就能像操作本地变量一样，从而能够自动高效、便捷地实现数据多端同步。

分布式数据对象实现了对变量的全局访问。它向应用开发者提供内存对象的创建、查询、删除、修改、订阅等基本数据对象的管理能力，同时具备分布式能力，为开发者在分布式应用场景下提供简单易用的 JS 接口，轻松实现多设备间同应用的数据协同，同时设备间可以监听对象的状态和数据变更情况，满足超级终端场景下相同应用多设备间的数据对象协同需求。与传统方式相比，分布式数据对象大大减少了开发者的工作量。

2. 基本概念

1) 分布式内存数据库

分布式内存数据库将数据缓存在内存中，以便应用获得更快的数据存取速度，但不会将数据进行持久化。若数据库关闭，则数据不会保留。

2) 分布式数据对象

分布式数据对象是一个 JS 对象型的封装，每一个分布式数据对象实例会创建一个内存数据库中的数据表，每个应用程序创建的内存数据库相互隔离，对分布式数据对象的读取或赋值会自动映射到对应数据库的 get/put 操作。分布式数据对象的生命周期包括以下状态。

(1) 未初始化：未实例化，或已被销毁。

(2) 本地数据对象：已创建对应的数据表，但是还无法进行数据同步。

(3) 分布式数据对象：已创建对应的数据表，设备在线且组网内设置同样 sessionId 的对象数大于等于 2，可以跨设备同步数据。若设备掉线或将 sessionId 置为空，分布式数据对象退化为本地数据对象。

3. 运作机制

分布式数据对象生长在分布式内存数据库之上，在分布式内存数据库上进行了 JS 对象型的封装，能像操作本地变量一样操作分布式数据对象，数据的跨设备同步由系统自动完成，如图 5.9 所示。表 5.4 显示了分布式数据对象和分布式数据库的对应关系。

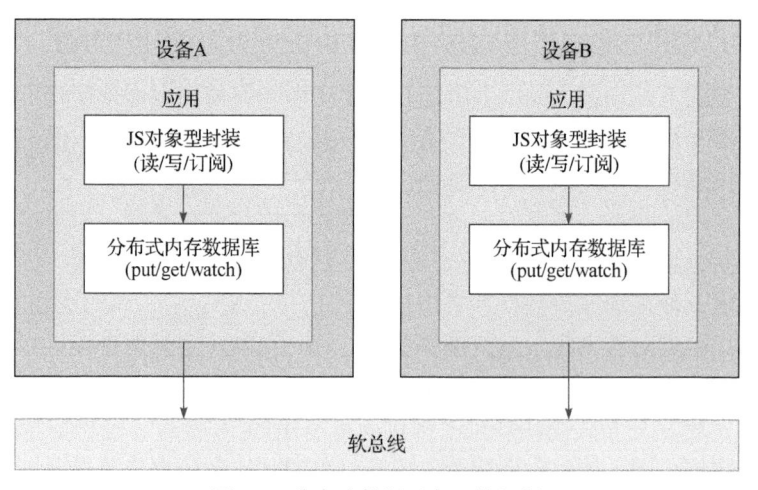

图 5.9 分布式数据对象运作机制

表 5.4 分布式数据对象和分布式数据库的对应关系

分布对象实例	对象实例	属性名称	属性值
分布式内存数据库	一个数据库(sessionId 标识)	一条数据库记录的 key	一条数据库记录的 value

1) JS 对象型存储与封装机制

(1) 为每个分布式数据对象实例创建一个内存数据库，通过 sessionId 标识，每个应用程序创建的内存数据库相互隔离。

(2) 在分布式数据对象实例化的时候，(递归)遍历对象所有属性，使用 Object.defineProperty 定义所有属性的 set 和 get 方法，set 和 get 中分别对应数据库一条记录的 put 和 get 操作，key 对应属性名，value 对应属性值。

(3) 当开发者对分布式数据对象进行读取或者赋值时，都会自动调用 set 和 get 方法，映射到对应数据库的操作。

2) 跨设备同步和数据变更通知机制

分布式数据对象最重要的功能就是对象之间的数据同步。可信组网内的设备可以在本地创建分布式数据对象，并设置 sessionId。不同设备上的分布式数据对象，可以通过设置相同的 sessionId，建立对象之间的同步关系。

如图 5.10 所示，设备 A 和设备 B 上的"分布式数据对象 1"，即 sessionId 均为 session1，这两个对象建立了 session1 的同步关系。

一个同步关系中，一个设备只能有一个对象加入。比如图 5.10 中，设备 A 的"分布式数据对象 1"已经加入了 session1 的同步关系，所以设备 A 的"分布式数据对象 2"就加入失败了。

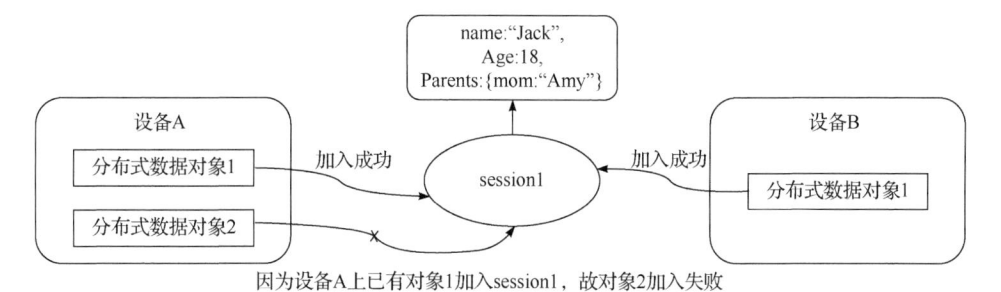

图 5.10 对象的同步关系

建立同步关系后，每个 session 有一份共享对象数据。加入了同一个 session 的对象，支持以下操作。

(1) 读取或修改 session 中的数据。

(2) 监听数据变更，感知其他设备对共享对象数据的修改。

(3) 监听状态变更，感知其他设备的加入和退出。

3) 同步的最小单位

关于分布式数据对象的数据同步，值得注意的是，同步的最小单位是属性。例如，图 5.11 中对象 1 包含三个属性：name、age 和 parents。当其中一个属性变更时，则数据只需同步此变更的属性。

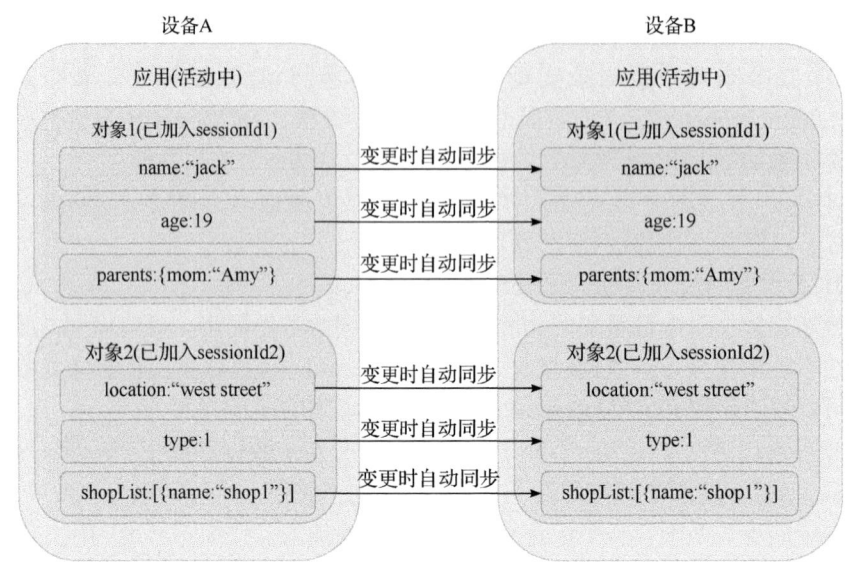

图 5.11　数据同步视图

4. 对象持久化缓存机制

分布式对象主要运行在应用程序的进程空间中，当调用分布式对象持久化接口时，通过分布式数据库对对象进行持久化和同步，进程退出后数据也不会丢失。该场景是分布式对象的扩展场景，主要用于以下情况。

(1) 在设备上创建持久化对象后 App 退出，重新打开 App，创建持久化对象，加入同一个 session，数据可以恢复到 App 退出前的数据。

(2) 在设备 A 上创建持久化对象并同步再持久化到设备 B 后，设备 A 的 App 退出，设备 B 打开 App，创建持久化对象，加入同一个 session，数据可以恢复到设备 A 退出前的数据。

5. 约束限制

(1) 不同设备间只有相同 bundleName 的应用才能直接同步。

(2) 分布式数据对象的数据同步发生在同一个应用程序下，且同 sessionId 之间。

(3) 不建议创建过多的分布式数据对象，每个分布式数据对象将占用 100～150KB 内存。

(4) 每个分布式数据对象大小不超过 500KB。

(5) 设备 A 修改 1KB 数据，在 50ms 内，设备 B 收到变更通知。

(6) 单个应用程序最多只能创建 16 个分布式数据对象实例。

(7) 考虑到性能和用户体验，允许最多不超过 3 个设备进行数据协同。

(8) 如对复杂类型的数据进行修改，仅支持修改根属性，暂不支持下级属性修改。

(9) 支持 JS 接口间的互通，与其他语言不互通。

6. 接口说明

表 5.5 是分布式对象跨设备数据同步功能的相关接口说明，大部分为异步接口。异步接口均有 callback 和 Promise 两种返回形式，表 5.5 均以 callback 形式为例。

表 5.5 分布式对象跨设备数据同步功能的相关接口说明

接口名称	描述
create(context: Context, source: object): DataObject	创建并得到一个分布式数据对象实例
genSessionId(): string	创建一个 sessionId，可作为分布式数据对象的 sessionId
setSessionId(sessionId: string, callback: AsyncCallback<void>): void	设置同步的 sessionId，当可信组网中有多个设备时，多个设备间的对象如果设置为同一个 sessionId，就能自动同步
setSessionId(callback: AsyncCallback<void>): void	退出所有已加入的 session
on(type:'change', callback: (sessionId: string, fields: Array<string>) => void): void	监听分布式数据对象的数据变更
off(type:'change', callback?: (sessionId: string, fields: Array<string>) => void): void	取消监听分布式数据对象的数据变更
on(type:'status', callback: (sessionId: string, networkId: string, status: 'online' | 'offline') => void): void	监听分布式数据对象的上下线
off(type:'status', callback?: (sessionId: string, networkId: string, status: 'online' |'offline') => void): void	取消监听分布式数据对象的上下线
save(deviceId: string, callback: AsyncCallback<SaveSuccessResponse>): void	保存分布式数据对象
revokeSave(callback: AsyncCallback<RevokeSaveSuccessResponse>): void	撤回保存的分布式数据对象

7. 开发步骤

以一次分布式数据对象同步为例，说明开发步骤。

1) 导入@ohos.data.distributedDataObject 模块

具体代码如下。

```
import distributedDataObject from '@ohos.data.
distributedDataObject';
```

2）请求权限

(1) 申请 ohos.permission.DISTRIBUTED_DATASYNC 权限。
(2) 在应用首次启动时弹窗向用户申请授权。
3）创建并得到一个分布式数据对象实例
具体代码如下。

```
// 导入模块
import distributedDataObject from '@ohos.data.
distributedDataObject';
import UIAbility from '@ohos.app.ability.UIAbility';
import { BusinessError } from '@ohos.base';
import window from '@ohos.window';
class ParentObject {
  mother: string
  father: string
  constructor(mother: string, father: string) {
    this.mother = mother
    this.father = father
  }
}
class SourceObject {
  name: string | undefined
  age: number | undefined
  isVis: boolean | undefined
  parent: Object | undefined
  constructor(name: string | undefined, age: number | undefined, isVis: boolean | undefined, parent: ParentObject | undefined) {
    this.name = name
    this.age = age
    this.isVis = isVis
    this.parent = parent
  }
```

```
}
class EntryAbility extends UIAbility {
  onWindowStageCreate(windowStage: window.WindowStage) {
    let parentSource: ParentObject = new ParentObject('jack mom', 'jack Dad');
    let source: SourceObject = new SourceObject("jack", 18, false, parentSource);
    let localObject: distributedDataObject.DataObject = distributedDataObject.create(this.context, source);
  }
}
```

4) 加入同步组网

同步组网中的数据对象分为发起方和被拉起方。

具体代码如下。

```
// 设备1加入sessionId
let sessionId: string = '123456';
localObject.setSessionId(sessionId);
// 和设备1协同的设备2加入同一个session
// 创建对象，该对象包含4个属性类型：string、number、boolean和Object
let remoteSource: SourceObject = new SourceObject(undefined, undefined, undefined, undefined);
let remoteObject: distributedDataObject.DataObject = distributedDataObject.create(this.context, remoteSource);
// 收到status上线后remoteObject同步数据，即name变成
//jack, age变成18
remoteObject.setSessionId(sessionId);
```

5) 监听对象数据变更

可监听对象数据的变更，以callback作为变更回调实例。

具体代码如下。

```
localObject.on("change", (sessionId: string, fields: Array<string>) => {
  console.info("change" + sessionId);
```

```
        if (fields != null && fields != undefined) {
            for (let index: number = 0; index < fields.length; index++) {
                console.info('The element ${localObject[fields[index]]} changed.');
            }
        }
    });
```

6) 修改对象属性

对象属性支持基本类型(数字类型、布尔类型、字符串类型)以及复杂类型(数组、基本类型嵌套等)。

具体代码如下。

```
    localObject["name"] = 'jack1';
    localObject["age"] = 19;
    localObject["isVis"] = false;
    let parentSource1: ParentObject = new ParentObject('jack1 mom', 'jack1 Dad');
    localObject["parent"] = parentSource1;
```

针对复杂类型的数据修改，目前仅支持对根属性的修改，暂不支持对下级属性的修改。

具体代码如下。

```
    // 支持的修改方式
    let parentSource1: ParentObject = new ParentObject('mom', 'Dad');
    localObject["parent"] = parentSource1;
    // 不支持的修改方式
    localObject["parent"]["mother"] = 'mom';
```

7) 访问对象

可以通过直接获取的方式访问到分布式数据对象的属性，且该数据为组网内的最新数据。

具体代码如下。

```
    console.info('name:${localObject['name']}');
```

第 5 章　OpenHarmony 分布式特性开发

8) 删除监听数据变更

可以指定删除监听的数据变更回调,也可以不指定,这将会删除该分布式数据对象的所有数据变更回调。

具体代码如下。

```
// 删除变更回调
localObject.off('change', (sessionId: string, fields: Array<string>) => {
    console.info("change" + sessionId);
    if (fields != null && fields != undefined) {
      for (let index: number = 0; index < fields.length; index++) {
          console.info("changed !" + fields[index] + " " + localObject[fields[index]]);
      }
    }
});
// 删除所有的变更回调
localObject.off('change');
```

9) 监听对端分布式数据对象的上下线

具体代码如下。

```
localObject.on('status', (sessionId: string, networkId: string, status: 'online' | 'offline') => {
    console.info("status changed " + sessionId + " " + status + " " + networkId);
    // 业务处理
});
```

10) 保存和撤回已保存的数据对象

具体代码如下。

```
// 保存数据对象,如果应用退出后组网内设备需要恢复对象数据时调用
localObject.save("local").then((result: distributedDataObject.SaveSuccessResponse) => {
    console.info('Succeeded in saving. SessionId:${result.
```

```
sessionId},version:${result.version},deviceId:${result.
deviceId}');
  }).catch((err: BusinessError) => {
    console.error('Failed to save. Code:${err.code},message:
${err.message}');
  });
  // 撤回保存的数据对象
  localObject.revokeSave().then((result:
distributedDataObject.RevokeSaveSuccessResponse) => {
    console.info('Succeeded in revokeSaving.Session:${result.
sessionId}');
  }).catch((err: BusinessError) => {
    console.error('Failed to revokeSave.Code:${err.code},
message:${err.message}');
  });
```

11) 删除监听分布式数据对象的上下线

可以指定删除监听的上下线回调，也可以不指定，这将会删除该分布式数据对象的所有上下线回调。

具体代码如下。

```
// 删除上下线回调
localObject.off('status', (sessionId: string, networkId:
string, status: 'online' | 'offline') => {
    console.info("status changed " + sessionId + " " +
status + " " + networkId);
  // 业务处理
});
// 删除所有的上下线回调
    localObject.off('status');
```

12) 退出同步组网

分布式数据对象退出组网后，本地的数据变更对端不会同步。
具体代码如下。

```
localObject.setSessionId(() => {
```

```
console.info('leave all session.');
});
```

5.4 本章小结

本章深入探讨了 OpenHarmony 如何实现同应用跨设备数据同步的功能。这一特性不仅展现了 OpenHarmony 作为开源操作系统的独特优势，还为开发者提供了构建多设备、多平台应用的有力工具。首先，介绍了同应用跨设备数据同步的核心概念，包括分布式数据管理和设备间通信。通过分布式数据管理，数据可以在不同的设备之间无缝流动，而设备间通信确保了这些数据能够准确、高效地传输。其次，介绍了 OpenHarmony 支持的数据同步机制，这些机制包括多种数据同步协议，以及两种同步方式，包含增量同步和全量同步。这些机制的设计旨在满足不同场景下的数据同步需求，同时也注重数据的安全性和隐私保护。最后，讨论了 OpenHarmony 在数据同步方面的安全性考虑，通过加密传输和访问控制等机制，OpenHarmony 确保了数据在传输和存储过程中的安全性，为用户提供了更加可靠和安心的使用体验。在实际应用中，OpenHarmony 的同应用跨设备数据同步功能具有广泛的应用场景，无论是在智能家居、可穿戴设备还是车联网等领域，它都能帮助开发者实现数据的实时同步和共享，从而提升用户体验和应用价值。随着技术的不断进步和应用需求的不断变化，OpenHarmony 将继续优化和完善这一功能，为用户提供更加高效、安全和便捷的数据同步体验。

第6章　OpenHarmony 内核图形子系统概述

6.1　Linux 图形子系统

6.1.1　Linux GUI

图形用户界面(graphical user interface, GUI)是一种通过图形化元素(如窗口、按钮、菜单等)与计算机进行交互的用户界面，相比于命令行界面(command-line interface, CLI)，GUI 更加直观和易于使用，适合非专业用户或对命令行操作不熟悉的用户。GUI 的广泛应用是当今计算机发展的重大成就之一，它极大地方便了非专业用户的使用，人们不再需要死记硬背大量的命令，而可以通过窗口、菜单方便地进行操作。

GUI 的主要特征有以下几方面。

(1) WIMP。W(window)指窗口，是用户或系统的一个工作区域，一个屏幕上可以有多个窗口。I(icon)指图符，是形象化的图形标志。M(menu)指菜单，是可供用户选择的功能提示。P(pointing device)指鼠标等，便于用户直接对屏幕对象进行操作。

(2) 用户模型。GUI 采用了不少桌面办公的隐喻，使应用者共享一个直观的界面框架。由于人们熟悉办公桌的情况，因此他们更容易理解计算机显示的图符含义，如文件夹、收件箱、画笔、工作簿、钥匙、时钟等。

(3) 直接操作。过去的界面不仅需要记忆大量命令，而且需要指定操作对象的位置，如行号、空格数、X 及 Y 的坐标等。采用 GUI 之后，用户可以直接对屏幕上的对象进行操作，如拖曳、删除、插入以及放大和旋转等。用户执行操作后，屏幕能立即给出反馈信息或结果，因而被称为所见即所得(what you see is what you get)。用视觉、点击(鼠标)代替了记忆、敲击(键盘)，为用户带来更便捷的体验。

GUI 系统一般分为如下三类。

(1) 基于操作系统内核的 GUI。这类 GUI 的绝大多数功能都与操作系统的内核融合在一起，图形用户界面与操作系统密切配合、协调工作，来实现系统管理，应用程序采用系统调用的方式来完成对窗口的各类操作。这类图形用户界面主要实现于个人机环境中，如苹果公司的 Mac。虽然图形用户接口与操作系统的紧密结合给 GUI 的开发带来了方便，但是这类图形用户界面依附于特定的操作系统与硬件支撑环境，使得 GUI 变得不易修改、难扩展、可移植性差。

(2) 基于客户端/服务器(client/server, C/S)模型的 GUI。这类 GUI 由与硬件直接相关的服务器部分和与硬件无关的客户部分共同组成，实现了 GUI 的设备独立性。当面对不同的硬件环境时，仅仅需要修改直接操作硬件的服务器部分，因而具有较好的可移植性。这一类图形用户界面的代表是 X Window System。

(3) 基于库函数的 GUI。这类 GUI 实现于操作系统的上层，可视为操作系统的扩展，它以库函数的形式提供给应用程序调用。这种图形用户界面比较容易修改、扩充和移植，但在其基础上编写的应用程序还是与操作系统强相关，并给它的移植带来了一些障碍。这类 GUI 的典型产品是 Microsoft Windows。

UNIX/Linux 刚开始的时候是没有图形界面的，随着时代的发展，排版、制图、多媒体应用越来越普遍，这些都需要用到图形用户界面。为此，麻省理工学院(Massachusetts Institute of Technology, MIT)在 1984 年开发出了 X Window System，X 在字母表中是 W(window)的下一个字母，寓意为"下一代 GUI"。目前为止，UNIX/Linux 上几乎所有的发行版都采用 X Window System 来作为自己的图形界面，它已经成为事实上的 UNIX/Linux 图形界面标准。

6.1.2 Linux 窗口系统

Linux 窗口系统是指在 Linux 操作系统中用于 GUI 的窗口管理器和桌面环境。常见的窗口管理器包括 X Window System(X11)、Wayland 等，而常见的桌面环境包括 GNOME、KDE、Xfce、Cinnamon 等。这些窗口管理器和桌面环境提供了用户与操作系统交互的图形界面，使用户能够方便地打开、管理和切换应用程序窗口以及进行其他操作。Linux 上的窗口管理器和桌面环境通常可以根据用户的喜好和需求进行定制和配置。

6.1.3 Linux X11

X Window System 又称为 X11(现在主要的 X Window System 大都基于其第 11 个版本)，是一种 C/S 架构的基于网络的分布式 GUI，是 Linux 和 UNIX 等操作系统中最常用的窗口系统之一，它可以在本地或远程服务器上运行，支持多用户同时访问，具有良好的可移植性和灵活性。

开发者在开发 X Window System 时希望这个窗口界面不要与硬件有强烈的相关性，这是因为如果与硬件的相关性高，那就等于开发一个操作系统，如此一来其应用性就要受到限制。因此，X Window System 是一套软件体系而不是操作系统中的组成部分，就像浏览器不是操作系统的组成部分一样。

X11 可以分为 X 服务器(X Server)、X 客户端(X Client)、X 协议(X Protocol)，

如图 6.1 所示。

X 服务器一方面负责和设备驱动进行交互，监听显示器、键盘和鼠标，另一方面响应 X 客户端需求，如传递键盘或鼠标事件、(通过设备驱动)绘制图形文字等。

X 客户端也叫 X 应用程序，负责实现程序逻辑，在收到设备事件后计算出绘图数据，由于本身没有绘制能力，它只能向 X 服务器发送绘制请求和绘图数据，告诉 X 服务器在哪里绘制一个什么样的图形。X 客户端可以和 X 服务器在同一个主机上，也可以通过 TCP/IP 网络连接。

X 协议负责客户端与服务器之间的通信。通信信息包含客户端向服务器发出服务请求、服务器响应某个客户端的请求、服务器转发事件给客户端以及服务器回应报告差错给客户端。

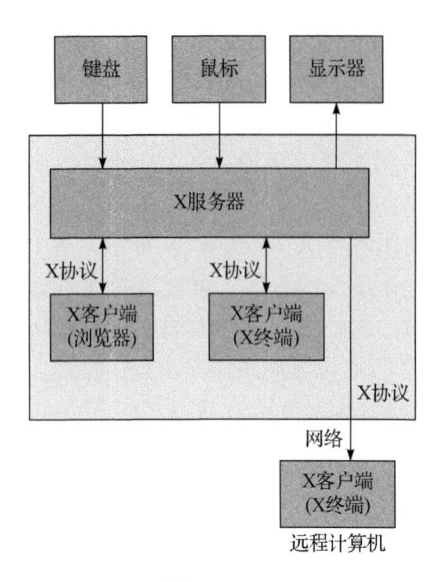

图 6.1 X11

窗口管理器(window manager, WM)，也叫合成器(compositor)。当多个 X 客户端向 X 服务器发送绘制请求时，各 X 客户端程序并不知道彼此的存在，绘制图形出现重叠、颜色干扰等大概率事件，这就需要一个管理者统一协调，即窗口管理器，它掌管各个 X 客户端的窗口视觉外观，如形状、排列、移动、重叠渲染等。窗口管理器并非 X 服务器的一部分，而是一个特殊的 X 客户端程序。

X 服务器和 X 客户端之间所使用的 X 协议对网络来说是透明的，所以服务器和客户端可以运行在相同机器上，也可以运行在不同机器上，甚至机器本身的硬件架构和操作系统也可以不一样(如 Xmanager，这一款功能强大的 PCX 服务器软件，它允许将 X 应用程序的能力带到 Windows 环境。通过使用 Xmanager，安装在基于 UNIX 的远程机器上的 X 应用程序可以与 Windows 应用程序并排无缝地运行)。

X11 渲染逻辑触发流程如图 6.2 所示。

假定多个 X 客户端程序及窗口管理器在主机 A 上，某个 X 服务器运行在主机 B 上，程序运行过程可简化为如下过程。

(1) 某个 X 客户端进程启动，向主机 B 发送链接请求，目标地址可通过命令行或配置文件指定，如果给定的地址已有 X 服务器正在监听端口，则进行下一步。

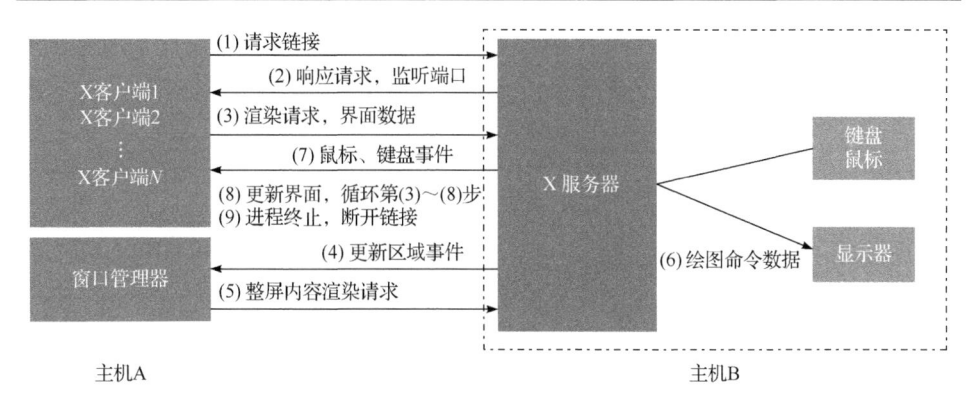

第 6 章 OpenHarmony 内核图形子系统概述

图 6.2 X11 渲染逻辑触发流程

(2) 主机 B 上的 X 服务器返回一个链接正确响应，X 服务器也可以配置接受或拒绝某些地址的请求。

(3) X 客户端向 X 服务器发送渲染请求及窗口界面数据。

(4) X 服务器一方面将窗口界面数据交给显示驱动计算渲染缓冲，另一方面综合各个 X 客户端的渲染请求，计算更新区域，但它并不知道如何将多个窗口合成到一起，于是它将更新区域事件发给窗口管理器。

(5) 窗口管理器了解到需要在屏幕上重新合成一块区域，再向 X 服务器发送整个屏幕的绘制请求和数据。

(6) X 服务器将绘图数据交给显示驱动计算所有渲染缓冲，并最终绘制图形。

(7) 运行过程中，X 服务器可能收到主机 B 上的鼠标、键盘事件，经计算后，X 服务器决定发给哪个 X 客户端(即获得焦点)。

(8) X 客户端收到鼠标、键盘事件后，回调事件处理，并计算界面该如何更新。

(9) 循环第(3)~(8)步，直至 X 客户端收到关闭事件，进程终止，链接断开。

X11 在 Linux 下的优缺点如表 6.1 所示。

表 6.1 X11 在 Linux 下的优缺点

系统	发布时间	架构	优点	缺点
X11	1984 年	C/S 架构	(1) 功能完善(多窗口应用、双屏异显、设置分辨率、旋转)； (2) 广泛支持； (3) 成熟的驱动； (4) 兼容性好	(1) 性能较差； (2) 代码冗余复杂

6.1.4 Wayland

Wayland 是一个非 C/S 架构的新的图形窗口系统方案，一套旨在取代 X11 的新规范。与 X11 最大的不同是，Wayland 将 X11 中的服务器和窗口管理器整合到一起作为服务端，称为合成器(compositor)，架构上只分了客户端和合成器两大部件。

客户端(Wayland client)直接计算各自界面的渲染缓冲数据，客户端程序需要和渲染库(如 OpenGL)连接。

合成器(Wayland compositor)，汇总所有客户端的渲染数据，实现各界面窗口合成，最后交给显示驱动绘图。

在 Linux 内核(kernel)中，内核模式设置(kernel mode-setting，KMS)驱动是负责图形显示的核心模块，它负责初始化、配置和驱动图形硬件，确保图形显示系统的正常运行。事件设备(event device，EVDEV)是 Linux 内核中处理输入设备事件的核心组件，它负责将来自输入设备(如键盘、鼠标、触摸屏等)的事件转换为统一的格式，并通过事件处理层传递给用户空间。

在 Wayland 中，合成器是显示服务器。将 KMS 和 evdev 的控制权转移给合成器，如图 6.3 所示。Wayland 协议允许合成器将输入事件直接发送到客户端，并让客户端将损坏事件直接发送到合成器。

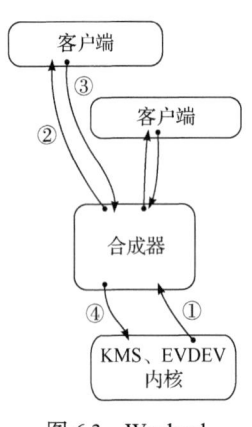

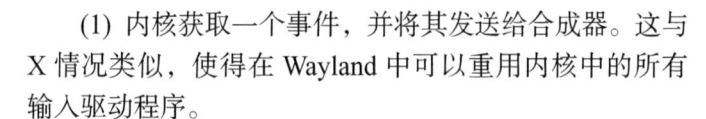

(1) 内核获取一个事件，并将其发送给合成器。这与 X 情况类似，使得在 Wayland 中可以重用内核中的所有输入驱动程序。

(2) 合成器通过其场景图进行查看，以确定是否应该接收该事件的窗口。场景图与屏幕上的内容相对应，并且合成器了解它可能已应用于场景图中元素的转换。因此，合成器可以选择右窗口，并通过应用逆变换将屏幕坐标转换为窗口局部坐标。可以应用于窗口的转换类型仅限于合成器可以执行的操作，只要它可以计算输入事件的逆转换即可。

图 6.3 Wayland

(3) 与 X 情况一样，当客户端收到事件时，它会更新 UI 作为响应。但是在 Wayland 中，渲染发生在客户端中，并且客户端只是向合成器发送请求以指示已更新的区域。

(4) 合成器从其客户端收集损坏请求，然后重新合成屏幕。然后，合成器可以直接发出 ioctl(input/output control)来调度 KMS 完成翻页。

Wayland 渲染逻辑触发流程如图 6.4 所示。

假定多个 Wayland 客户端程序在主机 A 上，某个合成器(如 Weston)运行在主机 B 上。

(1) 某个客户端进程启动后向主机 B 发送链接请求，目标地址可通过命令行或配置文件指定，如果给定的地址已有合成器正在监听端口，则进行下一步。

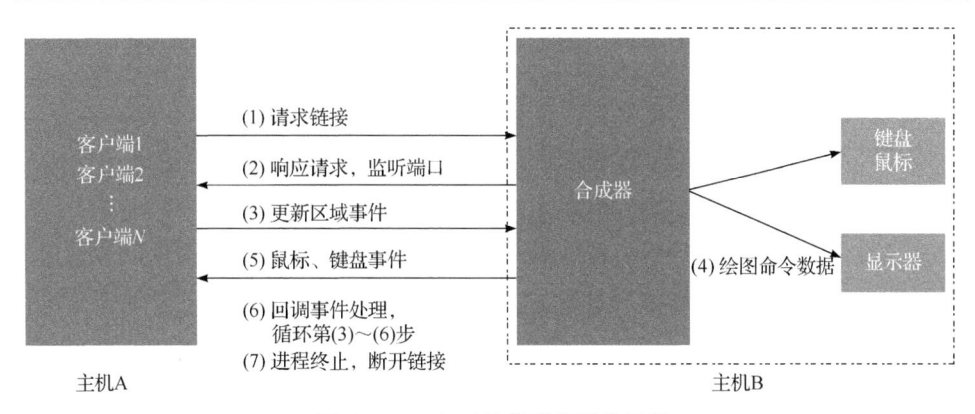

第 6 章 OpenHarmony 内核图形子系统概述 · 157 ·

图 6.4 Wayland 渲染逻辑触发流程

(2) 主机 B 上的合成器返回一个链接正确响应，合成器也可以配置接受或拒绝某些地址的请求。

(3) 客户端自行生成 UI 和渲染缓冲，不需要向合成器发送绘制请求，但需要发送更新区域事件，告知渲染缓冲中更新了哪些内容。

(4) 合成器综合各客户端的区域更新事件，重新合成整个屏幕，并交给显示器驱动绘制图形。

(5) 运行过程中，合成器可能收到主机 B 上的鼠标、键盘事件，经计算后，合成器决定发给哪个客户端(即获得焦点)。

(6) 客户端收到鼠标、键盘事件后，回调事件处理。

(7) 循环第(3)~(6)步，直至客户端收到关闭事件，进程终止，链接断开。

Wayland 在 Linux 下的优缺点如表 6.2 所示。

表 6.2 Wayland 在 Linux 下的优缺点

系统	发布时间	架构	优点	缺点
Wayland	2008 年	非 C/S 架构	(1) 更高的安全性； (2) 更少代码量、轻量化； (3) 高性能； (4) 低功耗； (5) 扩展性好(互操作性好，支持模块化，可以快速增加或删除功能组件)	(1) 兼容性差(Linux 内核强依赖)； (2) 驱动支持不足； (3) 目前还不支持 X11 的所有功能； (4) 特定的桌面环境依赖

6.1.5 3D 渲染、硬件加速和 OpenGL

1. 3D 渲染技术

3D 渲染是通过计算机计算的方式把 3D 模型转换为 2D 图像的过程。在这个过程中，3D 模型被转换成具有逼真效果的 2D 图像，以便在屏幕或其他媒体上呈现。3D 渲染技术广泛应用于电影、游戏、建筑、汽车设计等领域。

3D 渲染分为以下两类。

1) 3D 非实时渲染

3D 非实时渲染通常应用于电影或视频领域，借助计算机有限的算力，通过延长渲染时间达到更加真实的效果。光线追踪(ray tracing)和辐射度(radiosity)算法是非实时渲染常用的技术，可达到更加真实的感觉。随着技术的发展，不同种类的物质形式有了更精确的计算技巧，如粒子系统(模拟雨、烟和火)、容积取样(模拟雾、灰尘)，以及焦散性质和子面散射(subsurface scattering)。在渲染过程中，不同层的物质被分开计算后合成一个最终布景。

2) 3D 实时渲染

实时渲染主要应用在游戏领域，计算机会实时计算和展示所渲染的结果，帧率范围为 20~120fps。在实时渲染中，目标是尽可能多地显示眼睛可以在几分之一秒内处理的信息(也就是"在一帧中"：在每秒 30 帧动画的情况下，一帧包含三十分之一秒)。主要目标是以可接受的最低渲染速度(通常为每秒 24 帧，因为这是人眼成功创建运动错觉所需的最低速度)实现尽可能高的照片级真实感。事实上，人眼对动态画面的识别能力有一定的上限，最终呈现的图像不一定是真实世界的图像，而是接近人眼所能承受的图像。

在实际应用中，两类渲染方式都存在一些问题需要解决，比如光线追踪需要消耗大量计算资源，实时渲染的帧率也受到限制。因此，在设计和实现 3D 渲染技术时，需要权衡逼真效果和实时性能之间的关系，以满足不同应用场景的需求。

2. 硬件加速

为了解决 3D 实时渲染运算需要的大量计算消耗以及时间损耗，需要引入硬件加速(hardware acceleration)技术。硬件加速是指在计算机中把计算量非常大的工作分配给专门的硬件来处理以减轻中央处理器工作量的技术。

硬件加速，从直观上说就是依赖 GPU 实现图形绘制加速。软件加速和硬件加速的区别主要是图形的绘制究竟是 GPU 来处理还是 CPU 来处理，如果是 GPU，就是硬件加速，反之，则为软件加速。

3. OpenGL 介绍

OpenGL 一般被认为是一个 API，它包含了一系列可以操作图形、图像的函数。然而 OpenGL 本身并不是一个 API，它仅仅是一个由 Khronos 组织制定并维护的规范(specification)。

OpenGL 规范严格规定了每个函数该如何执行以及它们的输出值，至于内部具体每个函数是如何实现(implement)的，将由 OpenGL 库的开发者自行决定(这里开发者是指编写 OpenGL 库的人)。因为 OpenGL 规范并没有规定实现的细节,具体的 OpenGL 库允许使用不同的实现,只要其功能和结果与规范相匹配(作为用户不会感受到功能上的差异)。

实际的 OpenGL 库的开发者通常是显卡的生产商。显卡所支持的 OpenGL 版本都是为这个系列的显卡专门开发的。当使用苹果系统的时候,OpenGL 库是由苹果公司自身维护的。在 Linux 下,由显卡生产商提供的 OpenGL 库,也有一些是爱好者改编的版本。这也意味着任何时候 OpenGL 库表现的行为与规范规定得不一致时,基本都是库的开发者留下的漏洞(bug)。

OpenGL 是当前视频行业领域中用于处理 2D/3D 图形最为广泛的 API,在此基础上,为了用于计算机视觉技术的研究,诞生了各种计算机平台上的应用功能以及设备上的许多应用程序。OpenGL 是独立于视窗操作系统以及操作系统平台,可以进行多种不同领域的开发和内容创作。简而言之,OpenGL 帮助研发人员能够在个人计算机、工作站、超级计算机等硬件设备上开发出视觉要求极高的图像处理软件。

6.2 OpenHarmony Graphic 图形子系统

6.2.1 Graphic 系统架构

图形子系统主要包括 UI 组件、布局、动画、字体、输入事件、窗口管理、渲染绘制等模块(图 6.5),构建基于轻量 OS 的应用框架以满足硬件资源较小的物

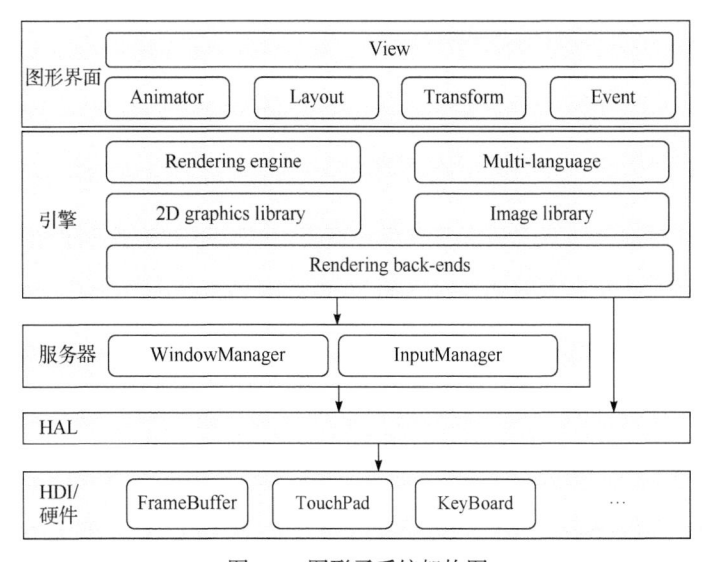

图 6.5 图形子系统架构图

HAL(hardware abstraction layer)表示硬件抽象层;HDI(hardware device interface)表示硬件设备接口

联网设备，或者构建基于标准 OS 的应用框架满足富设备的 OpenHarmony 操作系统应用开发。

6.2.2　Graphic 简介

Graphic 图形子系统包括以下主要模块。

(1) View：应用组件，包括 UIView、UIViewGroup、UIButton、UILabel、UILabelButton、UIList、UISlider 等。

(2) Animator：动画模块，开发者可以自定义动画。

(3) Layout：布局控件，包括 FlexLayout、GridLayout、ListLayout 等。

(4) Transform：图形变换模块，包括旋转、平移、缩放等。

(5) Event：事件模块，包括 click、press、drag、long press 等基础事件。

(6) Rendering engine：渲染绘制模块。

(7) 2D graphics library：2D 绘制模块，包括直线、矩形、圆、弧、图片、文字等绘制，包括软件绘制和硬件加速能力对接。

(8) Multi-language：多语言模块，用于处理不同语言文字的换行、整形等。

(9) Image library：图片处理模块，用于解析和操作不同类型和格式的图片，如 PNG、JPEG、ARGB8888、ARGB565 等。

(10) WindowManager：窗口管理模块，包括窗口创建、显示隐藏、合成等处理。

(11) InputManager：输入事件管理模块。

以下是部分主要模块的介绍。

1. View

在用户界面(user interface kit，UIKit)中提供了丰富组件，主要分为基础组件和容器组件两大类，它们的开发方式与 GUI 开发方式一致。

(1) 基础组件：仅实现组件自身单一功能，如按钮、文字、图片等。

(2) 容器组件：可将其他组件作为自己的子组件，通过组合实现复杂功能。

图形组件如图 6.6 所示。

2. WindowManager(窗口管理模块)和 InputManager(输入事件管理模块)

图形服务采用 C/S 架构，内部分为窗口管理服务(window manager service, WMS)和输入事件管理服务(input manager service, IMS)两个子服务，如图 6.7 所示。App 通过调用客户端接口完成窗口状态获取、事件处理等操作，服务端与硬件交互实现送显、输入事件分发等。

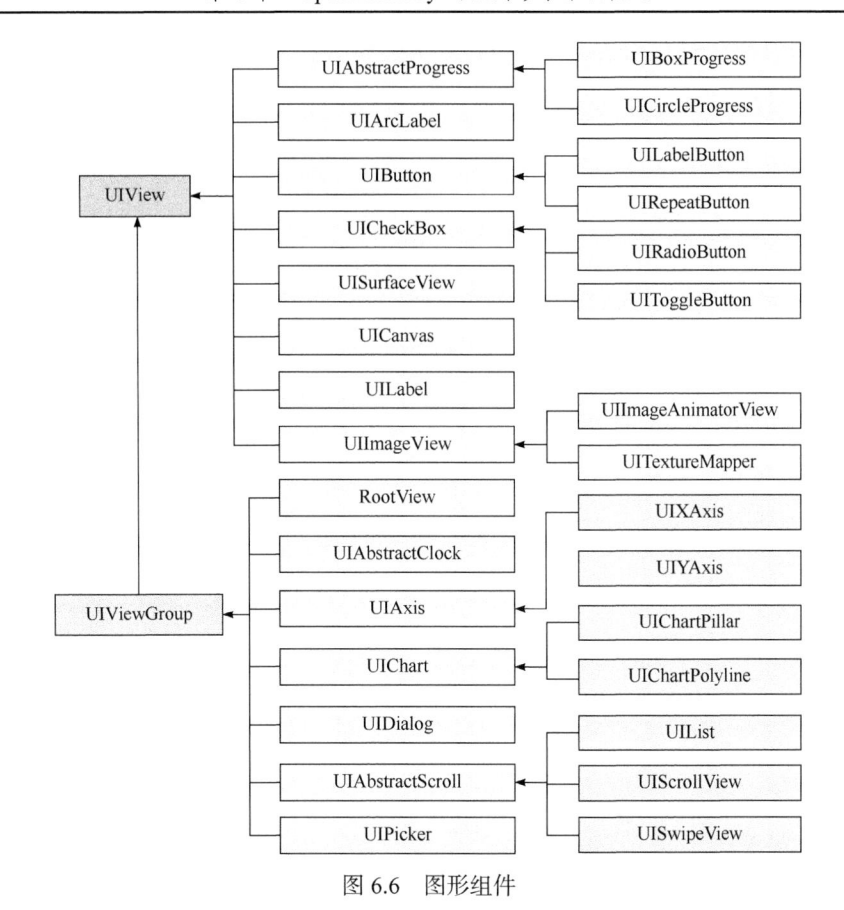

第 6 章 OpenHarmony 内核图形子系统概述

```
                    ┌── UIAbstractProgress ──┬── UIBoxProgress
                    │                         └── UICircleProgress
                    ├── UIArcLabel
                    │                         ┌── UILabelButton
                    ├── UIButton ─────────────┼── UIRepeatButton
         ┌─ UIView ─┤                         ├── UIRadioButton
         │          ├── UICheckBox ───────────┴── UIToggleButton
         │          ├── UISurfaceView
         │          ├── UICanvas
         │          ├── UILabel
         │          │                         ┌── UIImageAnimatorView
         │          └── UIImageView ──────────┴── UITextureMapper
         │
         │          ┌── RootView
         │          ├── UIAbstractClock
         │          │                         ┌── UIXAxis
         │          │                         ├── UIYAxis
         └─ UIViewGroup ── UIAxis ────────────┤
                    │                         ├── UIChartPillar
                    ├── UIChart ──────────────┴── UIChartPolyline
                    ├── UIDialog
                    │                         ┌── UIList
                    ├── UIAbstractScroll ─────┼── UIScrollView
                    │                         └── UISwipeView
                    └── UIPicker
```

图 6.6 图形组件

```
┌─────────────────────────────────────────────────────────┐
│ 用户界面                                                 │
│ ┌─────────────────────────────────────────────────────┐ │
│ │客户端   │      WMS       │    │      IMS         │   │ │
│ └─────────────────────────────────────────────────────┘ │
└─────────────────────────────────────────────────────────┘
┌─────────────────────────────────────────────────────────┐
│ 服务器                                                   │
│        ┌────────────────────┐   ┌────────────────────┐  │
│        │ Window management  │   │ InputEventDistributer│ │
│   WMS  │                    │   │ InputEventReader   │ IMS│
│        │    Compositor      │   │ InputEventHub      │  │
│        └────────────────────┘   └────────────────────┘  │
├─────────────────────────────────────────────────────────┤
│ HAL                                                      │
├─────────────────────────────────────────────────────────┤
│ HDI/                                                     │
│ 硬件   FrameBuffer    TouchPad    KeyBoard    ...       │
└─────────────────────────────────────────────────────────┘
```

图 6.7 图形服务采用 C/S 架构

WMS 对不同 App 的窗口进行统一管理、合成。

IMS 对接底层输入事件驱动框架，对输入事件进行监听和分发。

3. HALS 组件和 UTILS 组件

HALS 组件中实现了对驱动子系统和平台相关功能的适配封装，包括 FrameBuffer/GFX/SIMD 等。图形子系统组件间以及与驱动子系统的依赖关系如图 6.8 所示。UTILS 组件中定义了图形子系统中的公共数据结构，并提供了一层轻薄的操作系统适配层(如锁、线程、文件系统)。

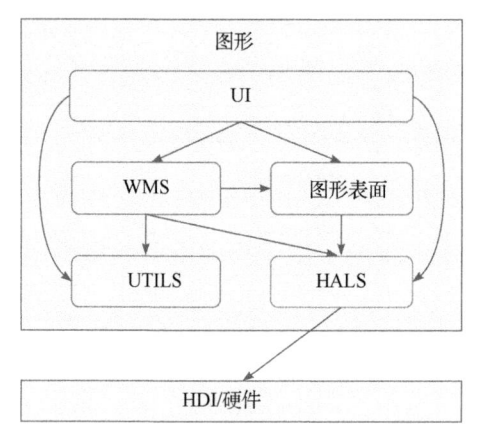

图 6.8 图形子系统组件间以及与驱动子系统的依赖关系

UTILS(utility components)表示公共基础工具库；HALS(hardwa abstraction layer subsystem)表示硬件抽象层子系统

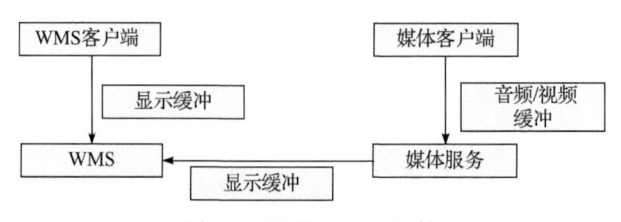

4. 图形 Surface 组件

Surface 组件用于管理和传递图形与媒体的共享内存。具体场景包括图形的送显、合成，以及媒体的播放、录制等。

Surface 的跨进程传输使用进程间通信(inter-process communication, IPC)传输句柄等控制结构(有拷贝)，使用共享内存传递图形/媒体数据(零拷贝)。

Surface(即显示缓冲)在系统架构中的位置如图 6.9 所示。

图 6.9 图形 Surface 组件

以 WMS 组件和 UI 组件交互为例，UI 为生产者，WMS 为消费者。

生产者：从 Free 队列中获取缓冲，将 UI 内容绘制到缓冲中，然后将缓冲放到 Dirty 队列。

消费者：从 Dirty 队列中获取缓冲并进行合成，然后将缓冲重新放到 Free 队列中。

图形表面轮转流程见图 6.10。

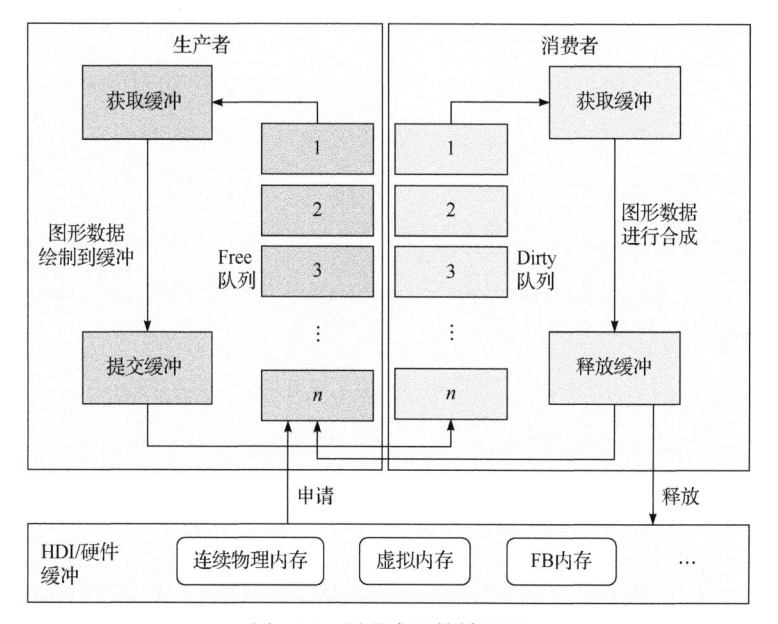

图 6.10　图形表面轮转流程

由于使用了共享内存，而共享内存的管理任务在首次创建图形表面的进程中，因此需要对该进程格外关注，如果发生进程异常且没有回收处理会发生严重的内存泄漏。

图形表面一般用作图形或媒体中大块内存的跨进程传输(如显示数据)，尤其在使用了连续物理内存的情况下，可以大幅提高传输速率。不建议将图形表面用在小内存传输的场景，容易造成内存碎片化，影响典型场景的性能。

5. OpenHarmony 图形栈

OpenHarmony 图形栈结构如图 6.11 所示，分层说明如下。

1) 接口层

接口层提供图形的 Native API 能力，包括 WebGL、Native Drawing 的绘制能力、OpenGL 指令级的绘制能力支撑等。

2) 框架层

框架层分为渲染服务、绘制、动画、效果、显示与内存管理五个模块，如

表 6.3 所示。

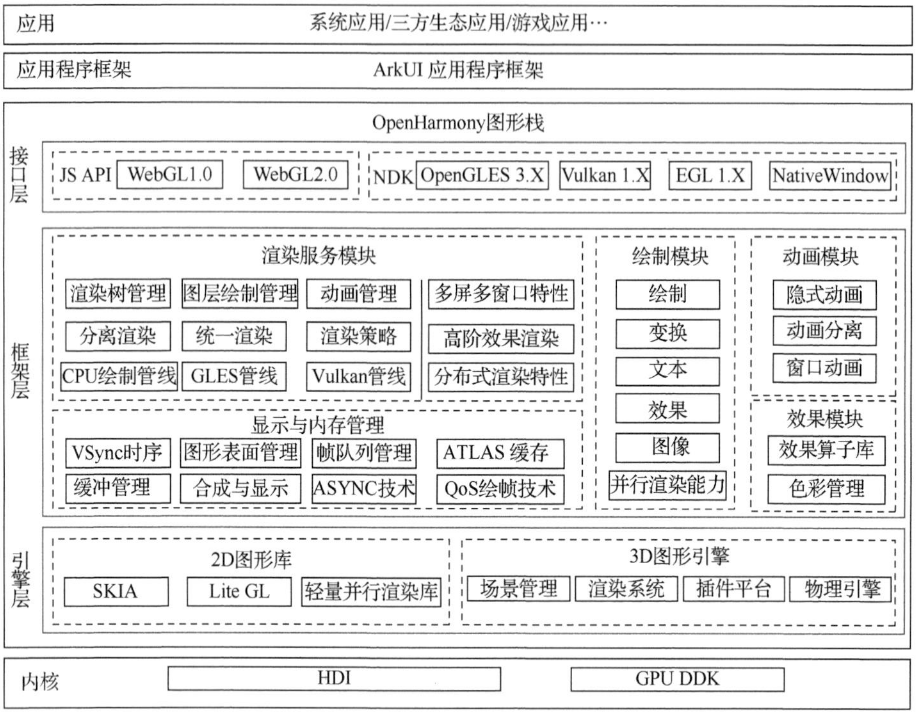

图 6.11　OpenHarmony 图形栈结构图

Vsync(vertical synchronization)表示垂直同步；DDK(device development kit)表示设备开发套件

表 6.3　框架层

模块	能力描述
渲染服务(RenderService)	提供 UI 框架的绘制能力，其核心职责是将 ArkUI 的控件描述转换成绘制树信息，根据对应的渲染策略，进行最佳路径渲染。同时，负责多窗口流畅和空间态下 UI 共享的核心底层机制
绘制(Drawing)	提供图形子系统内部的标准化接口，主要完成 2D 渲染、3D 渲染和渲染引擎的管理等基本功能
动画(Animation)	提供动画引擎的相关能力
效果(Effect)	主要完成图片效果、渲染特效等效果处理的能力，包括：多效果的串联、并联处理，在布局时加入渲染特效、控件交互特效等相关能力
显示与内存管理	此模块是图形栈与硬件解耦的主要模块，主要定义了 OpenHarmony 显示与内存管理的能力，其定义的 HDI 接口需要让不同的 OEM(原始设备制造商)完成对 OpenHarmony 图形栈的适配

RenderService 作为框架层的核心模块在图形的流畅显示上起到关键作用，

以下对该模块进行重点介绍。

OpenHarmony 在 3.1 Release 及之后的版本已经用新的 RS(RenderService)渲染框架替换了原来的 Weston。新的 RS 提供了更强的 2D/3D 绘制能力、新的动画和显示效果框架，如图 6.12 所示。

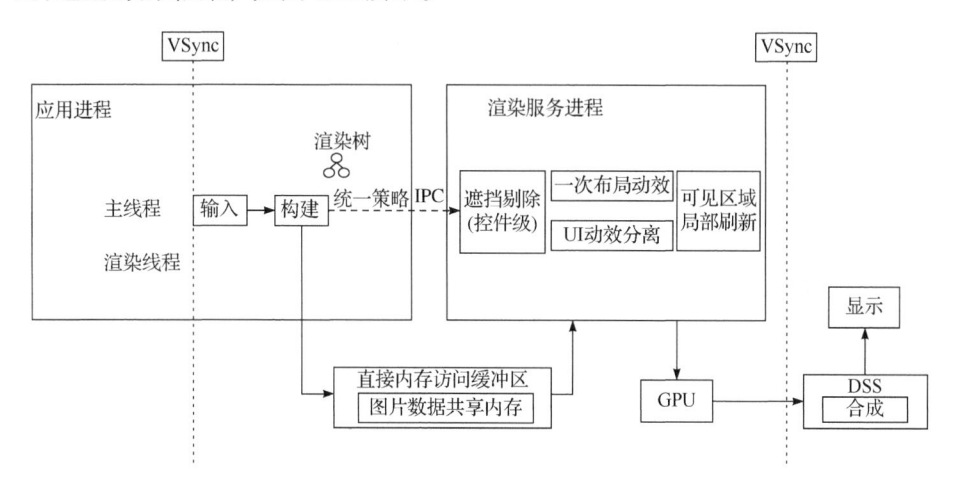

图 6.12　RenderService 架构

DSS(display subsystem service)表示显示服务子系统；IPC(inter-process communication)表示进程间通信

RenderService 的优势：①控件级遮挡剔除策略，简化渲染树的结构，结合局部刷新策略减少渲染负载开销；②AMS(activity manager service)/WMS(window manager service)解耦，动效 UI 分离，一次布局动效策略提升动效性能。

(1) 统一渲染技术。

窗口&控件级遮挡剔除、局部渲染、共享内存等关键技术，可以保障多窗口场景的稳定流畅运行，如图 6.13 所示。

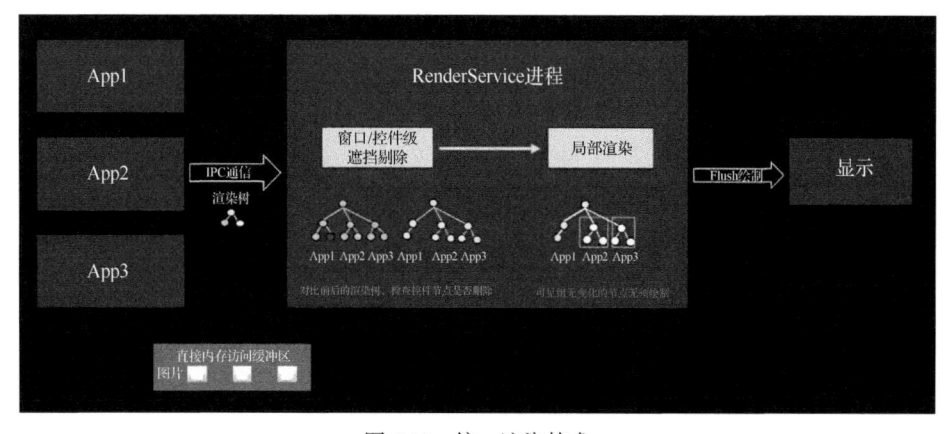

图 6.13　统一渲染技术

通常来讲，UI 显示分为两个部分：一是描述的 UI 元素在应用内部显示；二是多个应用的界面在屏幕上同时显示。对此，新图形框架从功能上做了相应的设计：控件级渲染和窗口级渲染。控件级渲染重点考虑如何与 UI 框架前端进行对接，需要将 ArkUI 框架的控件描述转换成绘制指令，并提供对应的节点管理以及渲染能力。而窗口级渲染重点考虑如何将多个应用合成显示到同一个屏幕上。

(2) 控件级渲染。

新图形框架实现了基于 RenderService 的控件级渲染功能，如图 6.14 所示。控件级渲染功能具有以下特点。

① 支持 GPU 渲染，提升渲染性能。

② 动画逻辑从主线程中剥离，提供独立的步进驱动机制。

③ 将渲染节点属性化，属性与内容分离。

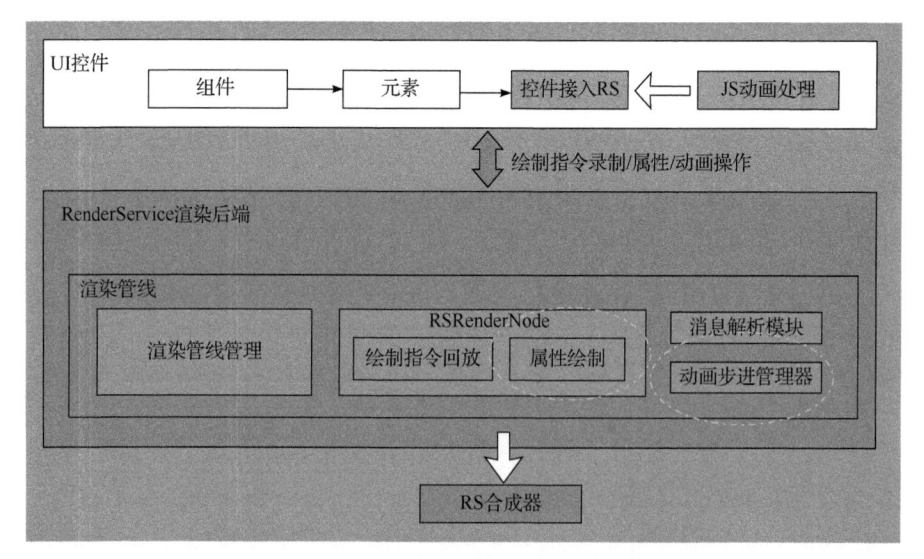

图 6.14　控件级渲染

(3) 窗口级渲染。

新图形框架实现了基于 RenderService 的窗口级渲染功能，如图 6.15 所示。窗口级渲染功能具有以下特点。

① 取代 Weston 合成框架，实现 RS 新合成框架。

② 支持硬件 VSync 和软件 VSync。

③ 支持基于 NativeWindow 接入 EGL(embedded-system graphics library)/GLES (OpenGL for embedded systems)的能力。

④ 更灵活的合成方式，支持硬件在线合成、CPU 合成、GPU 合成、混合合成。

⑤ 支持多媒体图层在线覆盖。

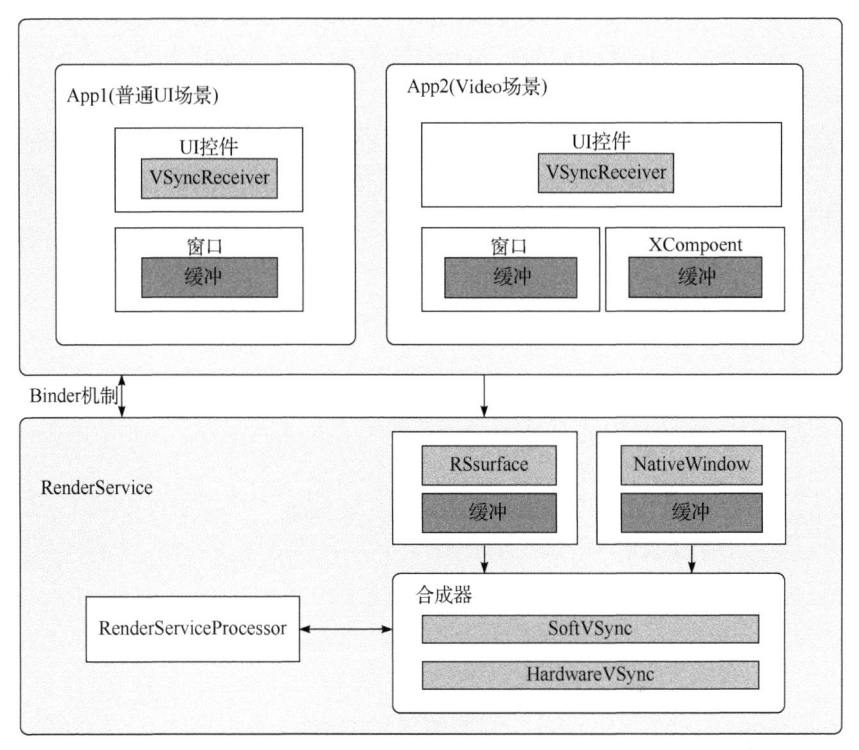

图 6.15 窗口级渲染

(4) 对外提供的接口。

图形框架提供了丰富的接口。

① SDK(software development kit)：支持 WebGL 1.0、WebGL 2.0，满足 JS 开发者的 3D 开发需求。

② NDK(native development kit)：支持 OpenGL ES3.X，可以通过 XComponent 提供的 NativeWindow 创建 EGL/OpenGL 绘制环境，满足游戏引擎等开发者对 3D 绘图能力的需求。

3) 引擎层

引擎层包括 2D 图形库和 3D 图形引擎两个模块。2D 图形库提供 2D 图形绘制底层 API，支持图形绘制与文本绘制的底层能力。3D 图形引擎提供系统的 3D 绘制能力，包含引擎的加载、自定义灯光、相机以及纹理等能力，供开发者自定义 3D 模型。

6. ArkUI 开发框架

ArkUI 框架是 OpenHarmony UI 开发框架，为开发者提供进行应用 UI 开发时所必需的能力,包括 UI 组件、动画、绘制、交互事件、布局、平台 API 通道等。ArkUI 框架提供了两种开发范式,分别是基于 ArkTS 的声明式开发范式(简称声明式开发范式)和兼容 JS 的类 Web 开发范式(简称类 Web 开发范式)。

从图 6.16 可以看出,类 Web 开发范式与声明式开发范式的 UI 后端引擎和语言运行时是共用的。其中,UI 后端引擎实现了 ArkUI 框架的六种基本能力。声明式开发范式无须 JS 框架进行页面 DOM 管理,渲染更新链路更为精简,占用内存更少,因此更推荐开发者选用声明式开发范式来搭建应用 UI。

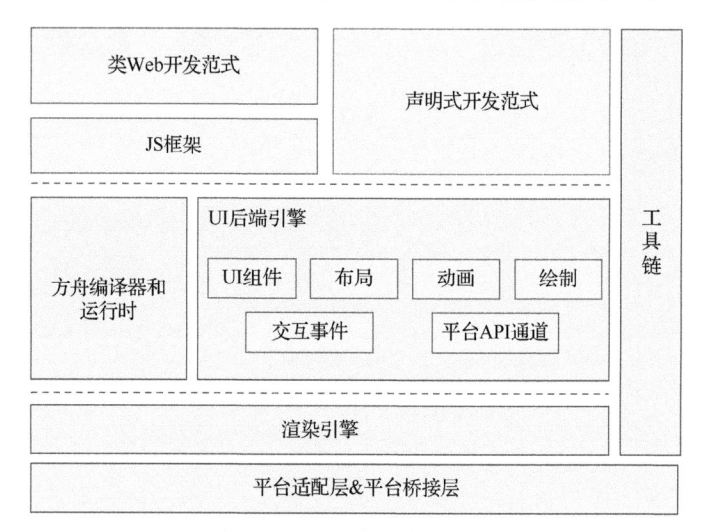

图 6.16 ArkUI 框架结构

ArkUI 框架提供了丰富的、功能强大的 UI 组件、样式定义,组件之间相互独立,随取随用,也可以在需求相同的地方重复使用。开发者还可以通过组件间合理的搭配定义满足业务需求的新组件,减少开发量。

7. AGP 3D 图形栈

AGP(Ark graphics platform)引擎是一款跨平台、高性能实时渲染的 3D 引擎,具有易用性、高画质、可扩展等特性。引擎使用先进的 ECS(entity-component-system,实体-组件-系统)架构设计,进行模块化封装(如材质定义、后处理特效等),为开发者提供了灵活易用的开发套件。AGP 引擎支持 OpenGL ES/Vulkan 后端,降低开发者对硬件资源的依赖。

AGP 引擎的主要结构如图 6.17 所示。

OpenHarmony 3D 图形栈的分层说明如下。

(1) 接口层:提供图形的 Native API 能力以及 ECS 组件系统。

(2) 引擎层:各个模块介绍见表 6.4。

第 6 章 OpenHarmony 内核图形子系统概述

```
应用            | 系统应用/三方生态应用
应用框架        | ArkUI 应用程序框架
接口层          | Native API
               | ECS 框架
引擎层          | 模型解析 | 材质定义 | 动画 | 光照&阴影&反射 | 后处理特效 | 插件系统
               | 资源管理：内存管理 | 线程管理 | GPU资源管理
               | 系统抽象：文件系统 | 窗口系统 | 调试系统
图形后端        | OpenGL ES | Vulkan
               | GPU
```

图 6.17　AGP 引擎的主要结构

表 6.4　引擎层各模块介绍

模块	能力描述
模型解析	提供解析 GLTF(GL transmission format)模型的能力
材质定义	提供了 PBR(physically based rendering，基于物理的渲染)等材质的定义
动画	提供动画引擎的相关能力，如刚体、骨骼等
光照&阴影&反射	提供定向光、点光源、聚光源等光源；提供 PCF(percentage closer filtering)等算法
后处理特效	主要完成 ToneMapping(色调映射)、Bloom(高亮溢出)、HDR(high dynamic range imaging，高动态范围成像)、FXAA(fast approximate anti-aliasing，快速近似抗锯齿)、Blur(模糊)等后处理特效功能
插件系统	提供了加载各种插件的能力，利用插件开发新功能
资源管理	提供了资源管理能力，主要包含内存管理、线程管理、GPU 资源管理等
系统抽象	主要包含了文件系统、窗口系统、调试系统等

(3) 图形后端：支持 OpenGL ES、Vulkan 后端。

6.2.3 Graphic 系统源码目录结构

1. 图形 UI 组件目录

/foundation/arkui/ui_lite

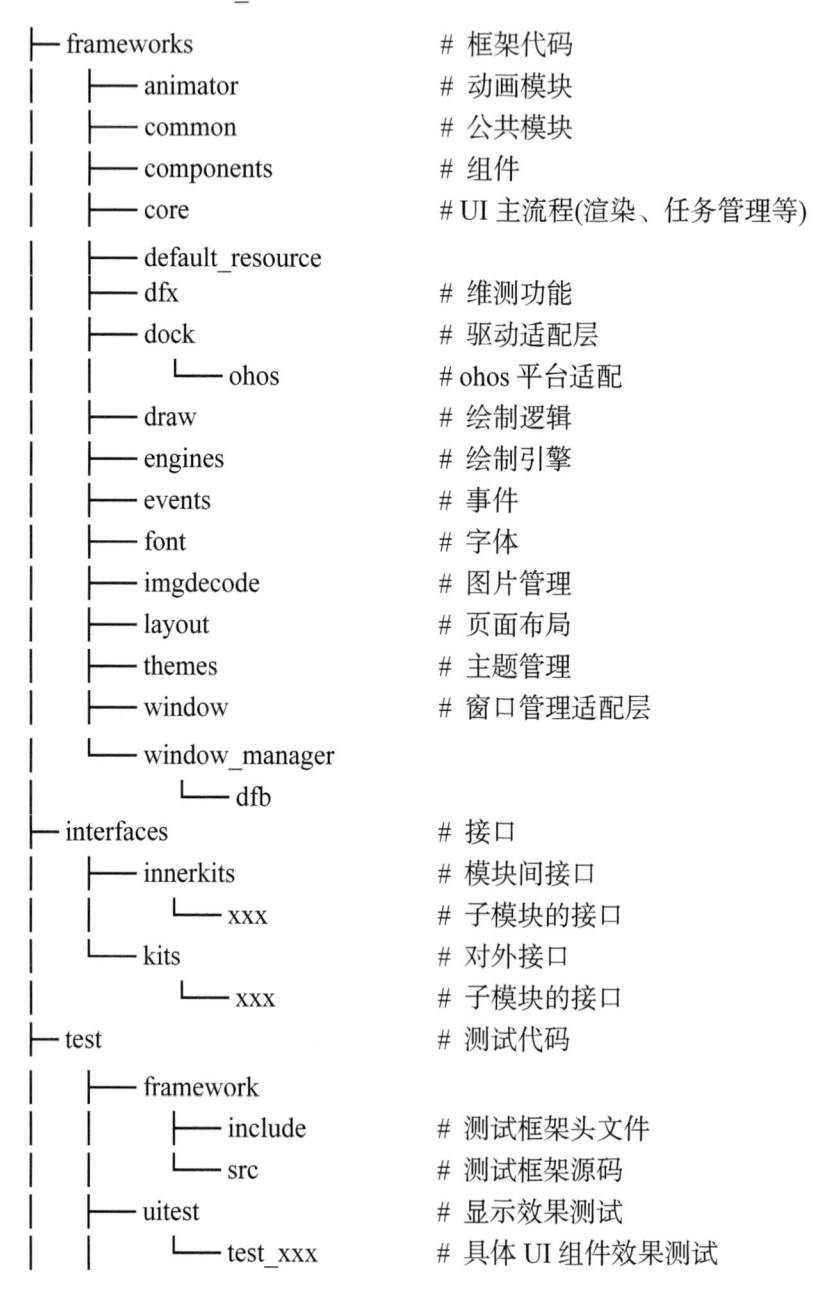

```
├── frameworks                  # 框架代码
│   ├── animator                # 动画模块
│   ├── common                  # 公共模块
│   ├── components              # 组件
│   ├── core                    # UI 主流程(渲染、任务管理等)
│   ├── default_resource
│   ├── dfx                     # 维测功能
│   ├── dock                    # 驱动适配层
│   │   └── ohos                # ohos 平台适配
│   ├── draw                    # 绘制逻辑
│   ├── engines                 # 绘制引擎
│   ├── events                  # 事件
│   ├── font                    # 字体
│   ├── imgdecode               # 图片管理
│   ├── layout                  # 页面布局
│   ├── themes                  # 主题管理
│   ├── window                  # 窗口管理适配层
│   └── window_manager
│       └── dfb
├── interfaces                  # 接口
│   ├── innerkits               # 模块间接口
│   │   └── xxx                 # 子模块的接口
│   └── kits                    # 对外接口
│       └── xxx                 # 子模块的接口
├── test                        # 测试代码
│   ├── framework
│   │   ├── include             # 测试框架头文件
│   │   └── src                 # 测试框架源码
│   ├── uitest                  # 显示效果测试
│   │   └── test_xxx            # 具体 UI 组件效果测试
```

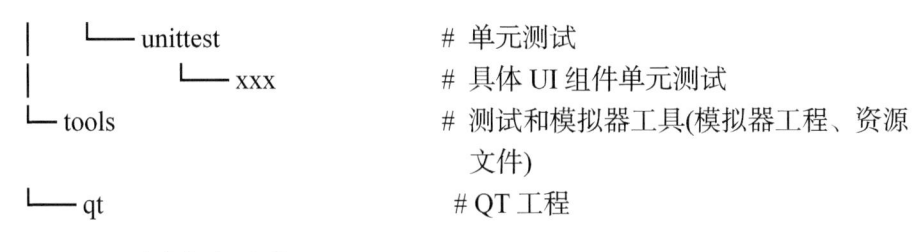

```
├── unittest              # 单元测试
│       └── xxx           # 具体 UI 组件单元测试
└── tools                 # 测试和模拟器工具(模拟器工程、资源
                            文件)

└── qt                    # QT 工程
```

2. ArkUI 开发框架目录

/foundation/arkui/ace_engine

```
├── adapter               # 平台适配目录
│   ├── common
│   └── ohos
├── frameworks            # 框架代码
    ├── base              # 基础库
    ├── bridge            # 前后端组件对接层
    └── core              # 核心组件目录
```

3. 图形 WMS 组件目录

/foundation/window/window_manager_lite

```
├── frameworks            # 客户端
│   ├── ims               # 输入管理客户端
│   └── wms               # 窗口管理服务客户端
├── interfaces            # 接口
│   └── innerkits         # 模块间接口
├── services              # 服务端
│   ├── ims               # 输入管理服务
│   └── wms               # 窗口管理服务
└── test                  # 测试代码
```

4. HALS 组件和 UTILS 组件目录

/foundation/graphic/graphic_utils_lite

```
├── frameworks            # 框架代码
│   ├── diagram           #2D 图形引擎
│   │   ├── depiction     # 光滑曲线点生成算法
```

```
|   |       ├── rasterizer              # 光栅化处理
|   |       ├── vertexgenerate          # 顶点生成器
|   |       └── vertexprimitive         # 顶点几何图元
|   └── hals                            # 硬件适配层
├── interfaces                          # 接口
|   ├── innerkits                       # 模块间接口
|   |   └── hals                        # 硬件适配层接口
|   └── kits                            # 对外接口
|           └── gfx_utils
└── test                                # 单元测试
```

/foundation/graphic/graphic_utils_lite

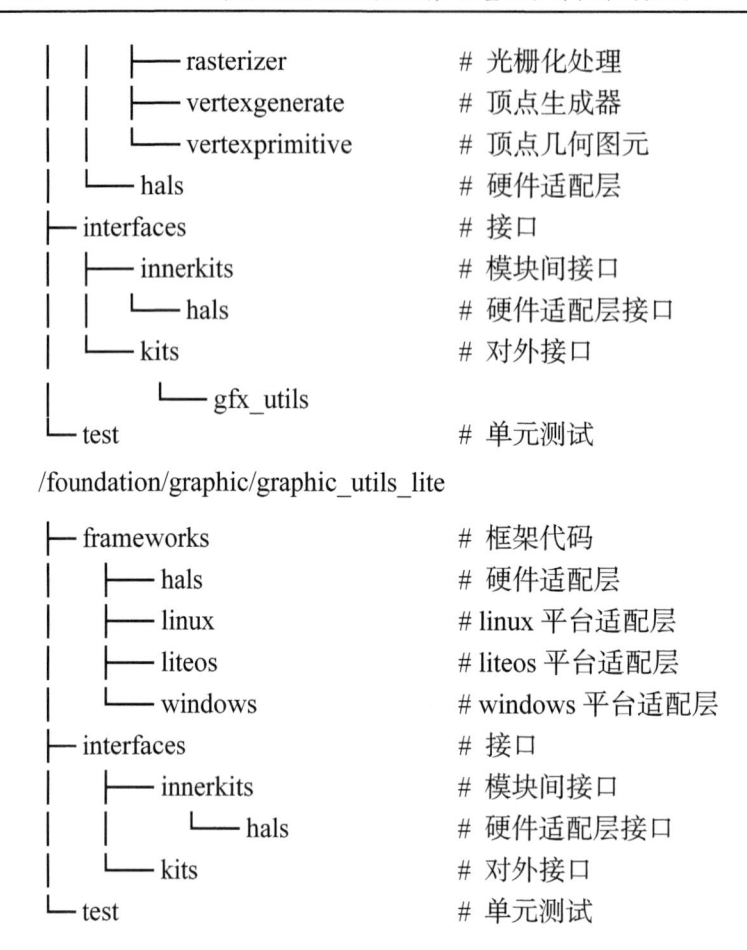

```
├── frameworks                          # 框架代码
|   ├── hals                            # 硬件适配层
|   ├── linux                           # linux 平台适配层
|   ├── liteos                          # liteos 平台适配层
|   └── windows                         # windows 平台适配层
├── interfaces                          # 接口
|   ├── innerkits                       # 模块间接口
|   |   └── hals                        # 硬件适配层接口
|   └── kits                            # 对外接口
└── test                                # 单元测试
```

5. Surface 组件目录

/foundation/graphic/graphic_surface

```
├── surface                             # 框架代码
|   ├── include                         # surface 头文件
|   ├── src                             # surface 源码
|   └── test                            # 测试代码
|       ├── fuzztest                    # fuzz 测试
|       └── unittest                    # 单元测试
├── interfaces                          # 接口
|   ├── inner_api                       # 模块间接口
|   └── kits                            # 对外接口
├── buffer_handle                       # 依赖的部件
```

```
└── scoped_bytrace              # 依赖的部件
```

6. Graphic2D 子系统目录

foundation/graphic/graphic_2d/

```
├── figures                     # Markdown 引用的图片目录
├── frameworks                  # 框架代码目录
│   ├── animation_server        # AnimationServer 代码
│   ├── bootanimation           # 开机动画目录
│   ├── fence                   # fence 代码
│   ├── opengl_wrapper          # opengl_wrapper
│   ├── surface                 # Surface 代码
│   ├── surfaceimage            # surfaceimage 代码
│   ├── vsync                   # VSync 代码
│   ├── wm                      # wm 代码
│   ├── wmserver                # wmserver 代码
│   ├── wmservice               # wmservice 代码
│   └── wmtest                  # wmtest 代码
├── rosen                       # 框架代码目录
│   ├── build                   # 构建说明
│   ├── doc                     # doc
│   ├── include                 # 对外头文件代码
│   ├── modules                 # graphic 子系统各模块代码
│   ├── samples                 # 实例代码
│   ├── test                    # 开发测试代码
│   └── tools                   # 工具代码
├── interfaces                  # 图形接口存放目录
│   ├── inner_api               # 内部 native 接口存放目录
│   └── kits                    # js/napi 外部接口存放目录
└── utils                       # 小部件存放目录
```

7. Graphic3D 子系统目录

foundation/graphic/graphic_3d/

```
├── 3d_widget_adapter           # 适配 ArkUI 接口代码
├── lume                        # 引擎核心代码
```

```
           │      ├── Lume_3D              # ECS 框架，3D 模型解析，3D 渲染基
础能力     │
           │      ├── LumeBase             # 基础数据类型、数学库
           │      ├── LumeEngine           # 资源管理、线程管理、跨平台、插件
系统       │
           │      ├── LumeRender           # 引擎后端、渲染管线
           │      └── LumeBinaryCompile    # 引擎 shader(着色器)编译
```

6.3 本章小结

  本章首先介绍了 Linux 下图形子系统中的 GUI、窗口、X11、Wayland 等基础组件，在此基础上介绍了 3D 渲染和 OpenGL 技术，最后详细讲解了 OpenHarmony 的图形子系统构成，加深了读者对 OpenHarmony 图形架构的理解。

第 7 章　NIBIRU 引擎概述

7.1　NIBIRU 引擎简介

NIBIRU Studio(又称 NIBIRU 引擎)是由南京睿悦信息技术有限公司自主研发的国产化三维引擎工具，开发者、设计师等各行业内容创作者可通过 NIBIRU 引擎创作应用、游戏等多样化的三维互动内容。

NIBIRU 引擎采用基于组件开发的模式，开发者可以创作功能各异的自定义组件来实现丰富的创意，配合编辑器预置的多种控件可轻松实现文本、图片、模型、动画、粒子特效等类型的内容互动。同时，NIBIRU 引擎提供完整的跨平台软件开发方案，支持将内容发布至个人计算机、手机、平板电脑、XR 一体机等各种平台，支持的操作系统涵盖 Windows、Linux、统信、中标麒麟、Android、NIBIRU XR、开源鸿蒙系统等。

NIBIRU 引擎适用于开发各种行业专用的虚拟现实应用，目前在交通铁路、能源、电力、医疗、工业、教育、安防、城市管理等多个领域都有较为广泛的应用。

7.2　NIBIRU 引擎编辑器

本节对编辑器软件的界面进行详细的介绍，包括各个菜单栏的功能、界面布局划分以及快捷键的使用，NIBIRU 引擎编辑器界面如图 7.1 所示。

图 7.1　NIBIRU 引擎编辑器界面

7.2.1 菜单栏

菜单栏有八个模块,分别是文件、编辑、视图、构建、调试、控件、组件、帮助。

(1) 单击"文件"可以实现场景的新建、保存、项目设置与打包设置或打开其他项目。

(2) 单击"编辑"可以进行撤销、还原与重置摄像机操作,同时可以对系统环境进行配置,也可以快捷打开项目日志文件夹。

(3) 单击"视图"可以选择是否显示主界面中对应的窗口。

(4) 单击"构建"可以进行 C++及 Android 项目相关的配置功能。

(5) 单击"调试"可以设置启用命令行调试工具。

(6) 单击"控件"与使用控件面板功能相同。

(7) 单击"组件"与使用添加组件功能相同。

(8) 单击"帮助"可以了解 NIBIRU 引擎更新信息、切换用户界面语言或 NIBIRU 引擎当前版本信息。

7.2.2 资源窗口

资源窗口位于界面的正下方,用于显示项目中使用的资源文件以及脚本文件。

其中,Assets 目录用于存放项目所需的资源文件,其目录下有 Config 目录、Fonts 目录、Models 目录、Plists 目录、Scenes 目录、Textures 目录、Libs 目录、Source 目录、Material 目录、Prefabs 目录和 Shader 目录。

(1) Config 目录用于存储项目的配置文件。

(2) Fonts 目录用于存放项目所需要使用到的字体,系统默认字体为 Simhei.ttf。

(3) Models 目录用于存放项目所需要使用到的模型文件,NIBIRU 引擎编辑器支持的模型文件类型为.obj 文件与.fbx 文件。

(4) Scenes 目录用于存放项目的 Scenes 文件,项目每次新建的 Scenes 文件会存储到 Scenes 目录下,Scenes 文件存储格式为.nscene。用户可以通过双击目录下的.nscene 文件,在 Scenes 窗口打开并显示。

(5) Textures 目录用于存放项目所需要使用到的纹理资源,可通过拖拽到对应位置进行纹理的添加。

(6) Libs 目录用于存放项目所需的外部类库文件,不同平台的类库文件放置于指定的平台文件夹中。

(7) Source 目录用于存放项目中创建的 C++脚本文件。

(8) Material 目录用于存放项目中创建的材质文件。

(9) Prefabs 目录用于存放项目中创建的预制体文件。

(10) Shader 目录用于存放项目中创建的着色器脚本文件。

7.2.3 场景编辑窗口

场景编辑窗口用于对项目进行直观编辑，它为项目中的三维场景提供了所见即所得的交互式编辑视图。根据当前项目，场景编辑窗口会显示 3D 画面，如图 7.2 所示。

图 7.2　NIBIRU 引擎编辑器场景编辑窗口

场景编辑窗口可用于选择和定位对象、摄像机等所有类型的对象。开发者可以在场景编辑窗口直接单击要定位的对象来确定对象，确定对象后可以通过按下 F 键快速切换镜头，对准选定对象。

7.2.4 控件窗口

控件窗口主要用于在项目中添加并使用 NIBIRU 引擎提供的一些控件，如图 7.3 所示。

开发者可以通过单击希望添加的控件，并将其拖拽至场景编辑窗口中即可实现添加控件的功能。

可添加的控件包括几何体、用户界面、相机、光源、音频及特效，开发者可以通过单击左侧导航栏切换类别。

7.2.5 场景管理窗口

场景管理窗口用于显示已添加在 Scene 视图中的控件。单击场景管理窗口中的控件名称，可以快速实现在 Scene 视图中选中控件的功能，同时在属性窗口显示该控件的对应属性。通过单击并拖拽控件至另一控件上，可以令被拖拽控件作为另一控件的子对象。

场景管理的搜索功能可以过滤搜索指定的对象。搜索支持全部/控件/组件的名称搜索。控件搜索支持名称模糊搜索；组件搜索支持全字匹配的精确搜索，如图 7.4 所示。

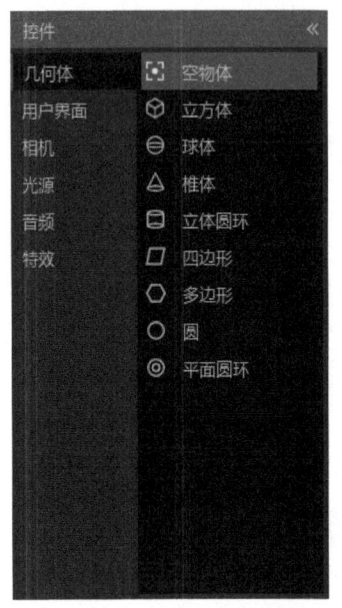

图 7.3　NIBIRU 引擎编辑器控件窗口　　图 7.4　NIBIRU 引擎编辑器场景管理窗口

7.2.6　属性窗口

项目由多个对象组成，这些对象根据其挂载的组件不同，实现了各自特点的功能。因此，不同的对象具有不同的属性信息。属性窗口可以对对象的这些属性进行修改，如图 7.5 所示。

图 7.5　NIBIRU 引擎编辑器属性窗口

7.2.7 视图导航及工具栏

1. 视野缩进

通过鼠标滚轮可以实现视角的缩进功能，向前为放大，向后为缩小。

2. 手型工具

可以通过单击并移动光标对相机进行移动操作，可通过 Alt+鼠标中键调出手型工具进行操作，如图 7.6 所示。

图 7.6 手型工具

3. 观察工具

通过按住 Alt 键，工具栏处的手型工具将变为眼睛形状，同时光标处会出现眼睛形状图标，此时会进入观察模式，如图 7.7 所示。其间可以按住鼠标左键并移动光标对视角进行旋转。

图 7.7 观察工具

4. 缩放工具

在观察模式下，按住 Alt 和鼠标右键，光标将变为放大镜图标，可以通过移动光标实现缩放视图，如图 7.8 所示。

图 7.8 缩放工具

5. 飞越工具

通过按住鼠标右键，可进入飞越模式，可通过光标移动视图，WSAD 进行前后左右的移动，如图 7.9 所示。

图 7.9 飞越工具

6. 重置视角

单击相机按钮![图标]，可以将屏幕视角重置到相机位置，如图7.10所示。

图 7.10　重置视角

7. 移动工具

工具栏中的十字标志![图标]即为移动工具，如图 7.11 所示。在移动工具模式下，选用一个场景中的三维对象时沿着坐标轴有三个箭头可以用于在其指向的轴向上拖拽设置对象的位置，如图 7.12 所示。坐标轴用于在直线上拖拽 Actor。

图 7.11　移动工具

图 7.12　移动工具场景编辑窗口示意

8. 旋转工具

旋转工具![图标]位于移动工具的右侧(图 7.13)，在旋转工具模式下，可以拖动红绿蓝三个圆环实现对 Actor 的旋转(红色代表 x 轴，绿色代表 y 轴，蓝色代表 z 轴)，如图 7.14 所示。使用最外圈透明颜色圆圈可进行在屏幕空间上的旋转。

图 7.13　旋转工具

图 7.14　旋转工具场景编辑窗口示意

9. 缩放工具

缩放工具 位于旋转工具的右侧(图 7.15)，可以通过单击并拖动三个轴，实现在对应轴方向上的缩放(图 7.16)。要注意，存在子对象时，若子对象的锚点与父物体的锚点没有对齐，则使用该功能会使子对象产生奇怪的位置变化。

图 7.15　缩放工具

图 7.16　缩放工具场景编辑窗口示意

10. 全局/局部坐标切换

在选定移动与旋转工具的情况下，可通过单击局部/全局坐标工具 切换模式，将移动与旋转的轴变更为局部坐标与全局坐标，如图 7.17 所示。

图 7.17 全局/局部坐标切换

7.2.8 快捷键定义

在 NIBIRU 引擎的使用过程中，开发者可以使用工具定义的快捷键来快速调用指定功能，熟练掌握快捷键可以大提高应用的开发速度。NIBIRU 引擎快捷键功能定义见表 7.1。

表 7.1 NIBIRU 引擎快捷键功能定义

类型	功能	快捷键定义
通用	新建场景	Ctrl+N
	保存场景	Ctrl+S
	保存全部场景	Ctrl+A
	打包设置	Ctrl+P
编辑	撤销	Ctrl+Z
	还原	Ctrl+Y
	删除选中物体	Delete
	复制	Ctrl+C
	粘贴	Ctrl+V
	聚焦当前控件	F
	围绕物理中心旋转	按住 Alt+鼠标左键
	拖拽场景	按住鼠标中键
	放大缩小场景	按住 Alt+鼠标右键
	旋转摄像机	按住鼠标右键
	向前移动摄像机	按住鼠标右键+W
	向后移动摄像机	按住鼠标右键+S
	向左移动摄像机	按住鼠标右键+A
	向右移动摄像机	按住鼠标右键+D

7.2.9 外部资源的导入

项目资源文件必须放在项目根目录下的 Assets 文件夹及其子文件夹中，编辑器支持两种资源导入方式：①将资源直接存放在项目的 Assets 文件夹中；②将资源直接从计算机拖拽到资源视图的 Assets 文件夹及其子文件夹中。

7.3 编辑器内置控件

NIBIRU 引擎中提供不同类型的几何体控件、功能丰富的用户界面控件、相机控件、粒子控件、光源控件、音效控件，通过内置控件开发者可以快速搭建应用原型。

7.3.1 添加内置控件到场景

在控件面板中选中控件后，可以直接拖拽选中控件至场景编辑区即可创建一个选中控件，场景管理面板也将同步创建一个选中控件。

在场景管理面板或者场景编辑区中选中任意控件，在右侧属性窗口将显示选中控件的通用以及专有属性。

7.3.2 添加内置组件到对象

在属性窗口底部，可以为选中对象添加额外的组件，如物理属性与自定义脚本。

选中场景中的物体后，在属性窗口最下方提供添加组件按钮，会弹出如图 7.18 所示的界面。

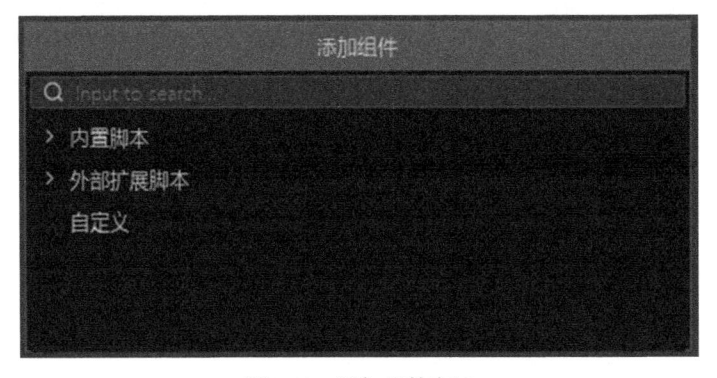

图 7.18　添加组件窗口

1. 内置物理组件

"内置脚本→物理"目录下是 NIBIRU 引擎提供的物理系统相关组件。该目录在〈内置脚本〉列表中。

1) 刚体(RigidBody)

对象添加刚体组件后，将受到 NIBIRU 引擎的控制，如重力、对碰撞做出反应等。

2) 碰撞体(Collider)

碰撞体的形状可以选择立方体与球体，立方体碰撞体可修改矩形内长、内宽、内高等参数，可用于墙壁、斜坡等。球体碰撞体参数可修改圆半径参数，可用于球类碰撞或翻滚等。

2. 内置声音组件

音频(Audio)目录下是系统默认提供的声音系统相关组件，该目录在〈内置脚本〉列表中。声音监听(AudioListener)用于接收场景中所有的音源，通过其挂载的对象来实现空间音效，此组件在场景中仅支持添加一个。

3. 动画组件

动画重定目标器，用于解析外部 BSP 动画文件时，将骨骼名称与 BSP 不对应的骨骼节点重定向。

4. 事件组件

1) 事件触发

事件触发用于给添加了该组件的对象在不同类型事件触发时需要响应的回调函数绑定功能，通过设置不同类型事件的回调函数来实现对事件的处理。

2) 标准事件输入模块

标准事件输入模块是全局事件处理的入口模块，通过继承该模块并重写对应的事件处理逻辑，可以实现自定义的事件输入处理功能。

5. 布局组件

RectMask2D 是用于在用户界面控件上实现蒙版剔除功能的组件。

6. 射线检测

1) 图形摄像检测

图形射线检测组件是用于处理用户界面控件的射线拾取逻辑。

2) 物理射线检测

物理射线检测组件是用于处理用户其他类型控件的射线拾取逻辑，只有在相机上添加了该组件才可以响应挂载在非用户界面控件上的事件触发组件。

7.3.3 自定义组件

在属性窗口中，除对选中对象的属性进行修改外，还可对其添加自定义脚本组件。

单击属性窗口底部的添加组件，在自定义目录下即可看到生成后的脚本名称，选择要添加的脚本，即可在属性窗口中为对象附加自定义脚本，如图 7.19 所示。

图 7.19　添加自定义组件

7.4　NIBIRU 引擎脚本系统

NIBIRU 引擎的脚本系统是内容创作引擎不可或缺的组成部分，通过脚本，系统开发者不仅可以响应玩家的输入以及事件的处理，还可以处理图形的绘制等操作，可以实现更多的创意与内容表现。

在 NIBIRU 引擎中，添加至场景的对象，其行为由附加的组件控制。虽然 NIBIRU 引擎提供了一些内置组件，但是若要实现开发者想要的功能，必须通过编写特定的脚本来实现期望的功能。

NIBIRU 引擎允许开发者使用自定义脚本功能来自行创建组件脚本。通过管理组件脚本的生命周期，开发者可以实现触发事件、修改组件属性等，并以开发者所期望的方式实现相应的逻辑表现。NIBIRU 引擎支持 C++编程语言。

7.4.1　代码开发环境的配置

在 NIBIRU 引擎编辑器中打开脚本资源时，将通过 NIBIRU 引擎配置的文本编辑器打开此脚本。

编辑器的路径需要在"编辑→环境设置"中进行配置，如图 7.20 所示，否则会提示未设置编辑器路径。

图 7.20　配置编辑器路径

7.4.2　了解面向组件开发

在进入详细学习过程前,需要先了解面向组件开发这个概念。

1. 什么是面向组件开发

所有的软件技术和思想的出现都是为了降低软件开发的复杂性,对象技术和组件技术也不例外。当今最主流的编程技术是面向对象开发和面向组件开发。

面向对象开发已经发展几十年了,关于这方面的经典书籍和论文也随处可见。为了降低更大的系统复杂度,面向组件开发应运而生。在 Windows 平台上,组件从最初的动态链接库到 COM,再到现在的中间件、.NET,这就是组件思想走过的轨迹。

面向对象的基础是封装,也就是接口与实现分离。面向对象的核心是多态,这是接口和实现分离的更高级升华,多态使得程序在运行时可以动态地根据条件来选择隐藏在接口后面的实现,面向对象的表现形式是类和继承。面向对象的主要目标是使系统对象化,良好的对象化的结果,就是系统的各部分更加清晰,耦合度大大降低。

面向组件开发是建立在面向对象开发之上的,它是面向对象技术的进一步发展,类这个概念仍然是组件技术中一个基础的概念。组件技术的主要目标是复用,即粗粒度的复用,这不是类的复用,而是组件的复用,如一个动态链接库、一个中间件甚至是一个框架。一个组件可以由一个类或多个类及其他元素组成,但是组件有个很明显的特征,就是它是一个独立的物理单元。一个完整的组件中一般有一个主类,而其他的类和元素都是为了支持该主类的功能实现而存在的。

为了支持这种物理独立性和粗粒度的复用，组件需要更高级的概念支撑，其中最基本的就是属性和事件，在对象的技术中，类之间的相互依赖问题/消息传递问题一直是开发人员面对的难点，迄今为止最好的解决方案就是事件。要理解组件思想，首先要理解事件的思想和机制。

一个优秀的组件应该具有简单、清晰的结构，组件内部要明确具体的功能需求，设计出对外的接口，接口中可以发布事件、属性和方法。这三种元素就足以描述一个组件外貌的所有特征。在外部使用该组件时不应该关心组件内部的具体运作。这样的好处显而易见，在降低数据间耦合的同时，也让问题更容易定位，提高了整体系统运行的稳定性。

在设计一个组件的时候，需要权衡哪些需要通过接口暴露出来，哪些应当作为私有实现。有时，设计组件会处于两难的境地，为了让组件更容易使用，需要给出很多默认的参数，但为了使该组件更通用，又需要暴露更多的属性可以让人设定，暴露更多的方法和事件满足更复杂的功能，所以需要抉择与权衡。

因此，在保持低耦合度的前提下，组件的接口足以对付当前的应用即可。如果日后需要加强功能，那就对其进行重构然后再次增强。

2. 如何理解面向组件开发

在 NIBIRU 引擎中，将每个对象看成一个独立的个体，给不同对象配置不同的组件即可让该对象表现出不同的逻辑。这样只需要将目光聚集在实现独特的组件即可以打造一个丰富多彩的虚拟世界。

3. 如何运用面向组件开发

在 NIBIRU 引擎中通过编辑器创建一个空物体，可以看到这个空物体对象包含了通用属性与变换属性，通用属性就是用来描述这个对象的基本属性，可以简单理解为描述对象的名字等。变换属性则是为对象添加一个变换组件，变换组件定义了物体在空间中的位置、旋转和缩放等属性，通过变换组件提供的接口，可以控制对象进行位置、旋转和缩放的改变。

用一个通俗的比方就是可以把引擎中的对象看成一个初生的婴儿。在最初时，婴儿除了本能就是一张白纸，在他成长的过程中学会了说话、读写、思考等，而这些习得的技能都可以被视作一个组件。

正是通过不同功能定义的组件，一个对象可以描述成人们期望的样子。

7.4.3　创建自定义脚本组件

在 NIBIRU 引擎中创建的脚本都是继承自组件基类的。因此，所有创建的脚本都可以视为一个组件。

脚本通常直接在 NIBIRU 引擎的编辑器中创建。开发者可以从资源面板的 Source 文件夹里新建脚本，如图 7.21 所示。

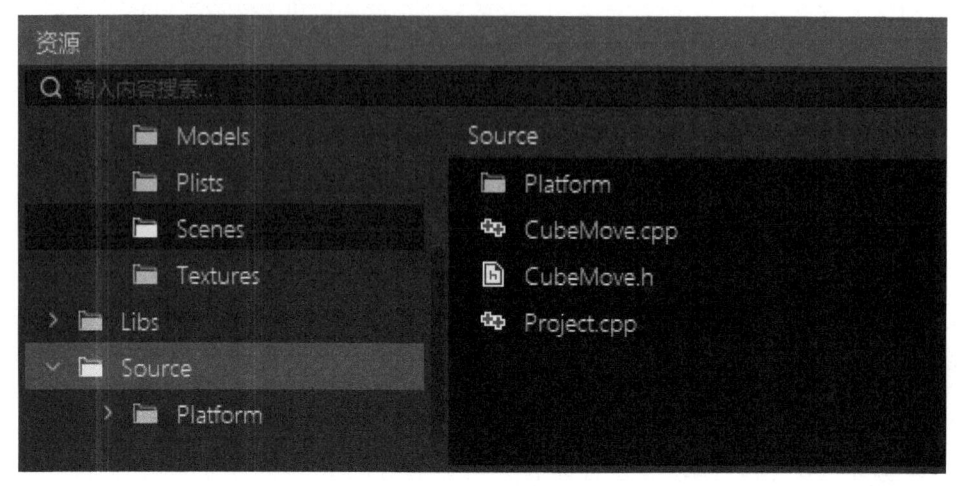

图 7.21　创建脚本

新建脚本文件的名称将处于选中状态，提示输入新名称，开发者应当在此时输入自定义脚本的名称而不是稍后编辑名称，否则可能会导致一些不可预见的错误发生。自定义脚本的名称将用于通过组件模板创建一个同名的自定义组件。

为了连接 NIBIRU 引擎的内部架构，脚本将实现一个类，此类从 NComponent 的内置类派生而来，此类创建可附加到游戏对象的新组件类型。每次将脚本组件附加到游戏对象时，都会创建该组件新实例。类的名称取自创建文件时提供的名称，类名和文件名必须相同才能使脚本组件附加到游戏对象。

然而，必须注意在类中定义的 Update 和 Start 两个函数。Update 函数用于处理游戏对象的每帧逻辑更新，这可能包括移动、触发动作和响应开发者输入，基本上涉及游戏运行过程中随时间推移而需要处理的任何事项。为了使 Update 函数正常运行，在进行任何游戏操作之前，通常需要确保能够设置变量、读取偏好设置以及与其他对象建立连接。在更新开始之前(即第一次调用 Update 函数之前)，NIBIRU 引擎将调用 Start 函数，此函数通常用于开发者在自定义组件中对组件自身的变量进行初始化。

之所以没有使用构造函数来完成对象的初始化，是因为对象的构造由编辑器处理，不会像期望的那样在应用运行过程开始时进行。如果尝试为脚本组件定义构造函数，那么会干扰 NIBIRU 引擎的正常运行，并可能导致项目出现重大问题。

编辑完自定义脚本组件后，可以在编辑器中编译自定义脚本组件。这样在选中场景中的对象后，就可以通过属性窗口添加组件按钮将自定义组件绑定到指定对象，如图 7.22 所示。

图 7.22　添加自定义组件

7.4.4　事件函数的执行顺序

在学习 NIBIRU 引擎的事件函数执行顺序前，需要先了解一个概念——生命周期。

在应用运行时，应用是实时的、动态的、互动的计算机程序。因此，时间这个概念是一个非常重要的角色。在不同引擎中对于定义和操作时间的方法各有不同，但是大多数引擎将每一个循环视为一个时间周期，而这一个个时间周期的累积就代表了应用的生命周期。

现代引擎一般有多种方式实现主循环逻辑，但是主流的引擎一般都是通过回调来驱动应用的生命周期的。

一个完善的引擎基本上都为开发者准备好了主循环逻辑。主循环逻辑中定义了每一帧中所有物体及组件的更新至画面的渲染所经历的各个步骤，并按照这些步骤的执行顺序注册了不同的回调函数。这些回调函数除引擎基本运行的逻辑外，绝大多数都是空的。开发者可以根据自己的需要来填充这些部分，用来实现在不同的生命周期下需要执行的逻辑。

在 NIBIRU 引擎中，所有的脚本会按预定顺序执行事件函数，这些定义的事件函数就是各个生命周期的回调。下面将针对脚本生命周期及对应的回调事件进行介绍。

1. 脚本生命周期流程图

图 7.23 概括了 NIBIRU 引擎脚本生命周期内事件函数执行的流程图。

```
       Awake
         │
         ▼
      OnEnable ◄──────────────┐
         │                    │
         │--若未调用过Start函数则调用--┐
                              │      │
                              ▼      │
                            Start    │
         ┌────────────────────┘      │
         ▼                           │
     FixedUpdate                     │
         │                      组件被重新启用
         ▼                           │
      Update                         │
         │                           │
         ▼                           │
     LateUpdate                      │
         │                           │
      被禁用                          │
         ▼                           │
     OnDisable ──────────────────────┘
         │
      销毁组件
         ▼
     OnDestroy
```

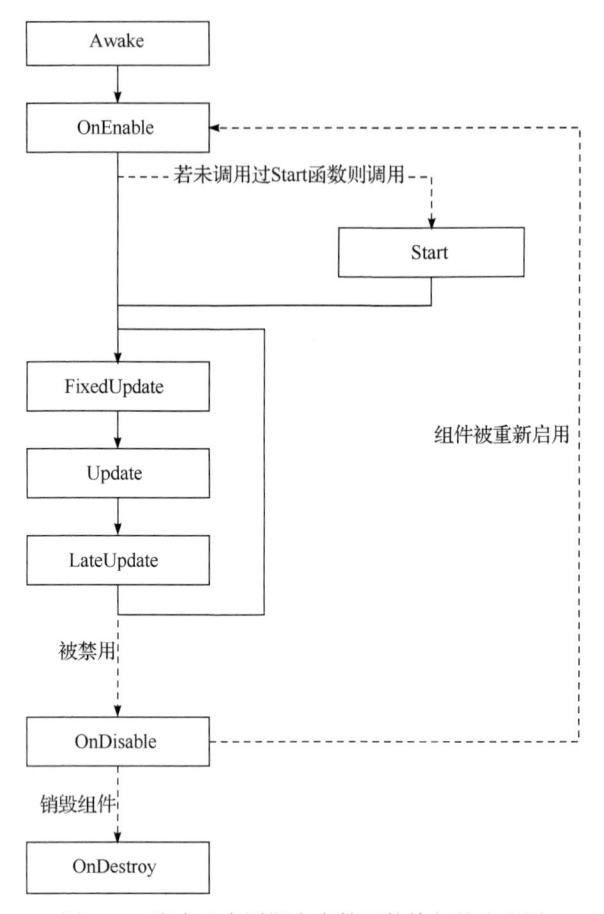

图 7.23　脚本生命周期内事件函数执行的流程图

2. 脚本生命周期事件函数

表 7.2 详细描述了 NIBIRU 引擎脚本生命周期事件函数的具体调用时机。

表 7.2　脚本生命周期事件函数

函数名称	函数含义
Awake	脚本实例化时调用一次
Start	第一次 Update 之前调用
Update	每帧渲染之前调用
LateUpdate	所有 Update 执行完毕之后调用
FixedUpdate	物理引擎更新时调用

续表

函数名称	函数含义
OnEnable	组件激活时调用
OnDisable	组件非激活时调用
OnDestroy	组件被移除时调用

1) 加载第一个场景

场景开始时将调用以下函数，这些函数会被场景中的每个对象调用一次。

(1) Awake：始终在任何 Start 函数之前并在实例化预制件之后调用此函数(如果对象在启动期间处于非活动状态，则在激活之后才会调用 Awake)。

(2) OnEnable：(仅在对象处于激活状态时调用)在启用对象后立即调用此函数。在创建实例时(例如加载关卡或实例化具有脚本组件的对象时)会执行此调用。

请注意，对于添加到场景中的对象，在为任何对象调用 Start 和 Update 等函数之前，都会为所有脚本调用 Awake 和 OnEnable 函数。当然，在游戏运行过程中实例化对象时，不能强制执行此调用。

2) 在第一次帧更新之前

仅当启用脚本实例后，才会在第一次帧更新之前调用 Start。对于添加到场景中的对象，在为任何脚本调用 Update 等函数之前，都将在所有脚本上调用 Start 函数。当然，在游戏运行过程中实例化对象时，不能强制执行此调用。

3) 帧更新顺序

跟踪逻辑和交互、动画、摄像机位置等时，可以使用一些不同事件。常见方案是在 Update 函数中执行大多数任务，但是也可以使用其他函数。

(1) FixedUpdate：调用 FixedUpdate 的频率常常超过 Update。如果帧率很低，可以每帧调用该函数多次；如果帧率很高，可能在帧之间完全不调用该函数。在 FixedUpdate 之后将立即进行所有物理计算和更新。在 FixedUpdate 内应用运动计算时，无须将值乘以帧间隔时间，这是因为 FixedUpdate 的调用基于可靠的计时器(独立于帧率)。

(2) Update：每帧调用一次 Update，这是用于帧更新的主要函数。

(3) LateUpdate：每帧调用一次 LateUpdate(在 Update 完成后)。LateUpdate 开始时，在 Update 中执行的所有计算便已完成。LateUpdate 常用于跟随第三人称摄像机。如果在 Update 内让角色移动和转向，可以在 LateUpdate 中执行所有摄像机移动和旋转计算，这样可以确保角色在摄像机跟踪其位置之前已完全移动。

(4) OnDestroy：对象存在的最后一帧完成所有帧更新之后，调用此函数(可能应 Object.Destroy 要求或在场景关闭时销毁该对象)。

(5) OnDisable：行为被禁用或处于非活动状态时，调用此函数。

3. 事件函数

NIBIRU 引擎中的脚本执行逻辑与传统程序中不同。在传统程序中，代码在循环中连续运行，直到完成任务。而在 NIBIRU 引擎中通过调用在脚本中声明的某些生命周期函数来间歇地将控制权交给脚本。在当前生命周期函数执行完毕后，控制权将交回 NIBIRU 引擎。这些函数在 NIBIRU 引擎中激活以响应游戏中发生的事件，因此被称为事件函数。NIBIRU 引擎使用一种命名方案来标识要对特定事件调用的函数。例如，先前介绍过的 Update 函数(在帧更新发生之前调用)和 Start 函数(在对象的第一次帧更新之前立即调用)。NIBIRU 引擎中提供了大量其他事件函数；可在 NComponent 类的脚本参考页面中找到事件函数的完整列表以及详细的事件函数用法说明，以下是一些最常见和最重要的事件函数。

1) 初始化事件

如果能在应用运行过程中进行任何更新之前调用初始化代码，通常会很有帮助。场景加载时会为场景中的每个对象调用 Awake 函数。在第一帧之前或开始对象的物理更新之前需要调用 Start 函数。请注意，虽然各种对象的 Awake 和 Start 函数的调用顺序是任意的，但在调用第一个 Start 之前，所有 Awake 都要完成。这意味着 Start 函数中的代码可以利用之前在 Awake 阶段执行的其他初始化。

2) 常规更新事件

NIBIRU 引擎的更新很像动画，其中的动画更新帧是逐帧生成并运算结果的。NIBIRU 引擎编程中的一个关键概念是在渲染每帧之前改变对象的位置、状态和行为。Update 函数是 NIBIRU 引擎中包含这种代码的主要位置，在渲染帧之前都会调用 Update 函数。

3) 时间和帧率管理

借助 Update 函数可定期通过脚本监控输入和其他事件，并采取适当的操作。例如，可在按下 forward 键时移动一个角色。在处理这种基于时间的动作时要记住的一项重要规则是，应用的帧率不是恒定的，并且 Update 函数调用之间的时间长度也不是恒定的。

例如，假设在一项任务中需要逐步向前移动某个对象，一次一帧。起初看起来好像可以在每帧中将对象移动一个固定距离，具体代码如下。

```
void Update() {
    // 控制组件向 X 轴正方向移动
    NTransformComponentPtr transCom = GetComponent
<NTransformComponent>();
    if (transCom)
    {
      Vector3 positionVec=transCom->GetLocalPosition();
      Vector3 vec(1.f, 0.f, 0.f);
      positionVec += vec;
      transCom->SetLocalPosition(positionVec);
    }
}
```

但是如果帧时间不是恒定的，那么对象看起来会以不规则的速度移动。如果帧时间为 10ms，那么在每秒内对象将以 1.0m/帧的速度前进 100 次。但如果帧时间增加到 25ms(由于 CPU 负载等原因)，那么对象每秒只会前进 40 次，因此移动的总距离更短。解决方案是通过 NTime::GetDeltaTime()接口读取的帧时间来缩放移动距离大小，具体代码如下。

```
void Update() {
    // 控制组件向 X 轴正方向移动
    N TransformComponentPtr transCom = GetComponent
<NTransformComponent>();
    if (transCom)
    {
        Vector3 positionVec = transCom->GetLocalPosition();
        Vector3 vec(1.f * NTime::GetDeltaTime(), 0.f, 0.f);
        positionVec += vec;
        transCom->SetLocalPosition(positionVec);
    }
}
```

4) 固定时间步长

与 Update 帧更新不同，NIBIRU 引擎的物理系统会工作到固定的时间步长，这对于模拟的准确性和一致性很重要。在物理更新开始时，NIBIRU 引擎通过将固定的时间步长值添加到上次物理更新结束的时间来设置更新时间。然后，物理系统将执行计算，直到下一个更新周期到来。

开发者可从 Time 窗口中更改固定时间步长的大小，并可使用 NTime::GetFixedDeltaTime()接口从脚本中读取该值。请注意，较小的时间步长值将产生更频繁的物理更新和更精确的模拟，但代价是 CPU 负载会变大。除非对物理引擎提出很高的要求，否则尽量不要更改默认的固定时间步长。

7.4.5 项目目录结构说明

1. 项目文件夹结构

NIBIRU 引擎在创建新项目时会在项目根目录下自动生成项目模板文件，具体目录结构如表 7.3 所示。

表 7.3 项目目录结构

文件夹	描述
Assets	资源目录
Source	脚本代码目录，其中 Source/Platform 放置平台相关代码，在对应平台子文件夹中创建的脚本只会在对应平台编译
CMakeLists.txt	CMake 主配置文件，子配置文件位于 CMake 文件夹中，**开发者不要直接修改该文件**，具体参考 CMake 目录结构介绍
Libs	依赖的第三方库文件，其中 Libs/android 可放置依赖的 jar 和 aar 文件
CMake	分为 IDE、Internal 和 Custom 三类，具体参考 CMake 目录结构介绍
Platform	放置平台相关项目，Platform/android 为 Android Studio 项目用于协同开发
out	项目输出目录，out/build 用于 VS 调试项目，out/IDE-build 用于预览，out/IDE-install 用于打包，out/IDE-export 用于导出
Project.nsp	NSP 文件，项目主配置文件，用 NIBIRU 引擎打开
engine.path	记录依赖的引擎核心库路径，**开发者不要手动修改**
project.config	记录项目配置信息，**开发者不要手动修改**
.editorconfig	配置文件的字符编码
CMakeSettings.json	用于 VS 配置 CMake 项目

2. 项目资源目录

资源目录下生成如表 7.4 所示的目录结构。

表 7.4 项目资源目录结构

目录	文件夹	描述
Libs //类库资源目录	Fonts	字体
	Models	模型文件目录
	Materials	材质文件目录
	Plists	plist 文件目录
	Textures	纹理图片目录
	Config	配置文件目录(.nasset 文件)
	Scenes	场景文件目录(.nscene 文件)
	AssetDatabase	序列化数据库
Source //脚本目录	Android	安卓外部类库目录
	Linux-aarch64	Linux-aarch64 外部类库目录
	Linux-x64	Linux-x64 外部类库目录
	Windows-x64	Windows-x64 外部类库目录

3. 脚本中使用 NApplication 类

NIBIRU 引擎提供了应用管理相关的 NApplication 类,可以通过 NApplication 类获取应用相关的一些基本信息和操作。

7.4.6 脚本序列化

序列化是将数据结构或对象状态转换为 NIBIRU 引擎可存储并可重构的格式的自动过程。NIBIRU 引擎的一些内置功能会使用脚本序列化,如保存和加载、属性窗口、实例化和预制件等功能。

1. 保存和加载

NIBIRU 引擎使用序列化技术从计算机的硬盘驱动器中加载和保存场景和资源。这也包括保存在开发者的脚本对象中并正确应用了序列化的数据。

NIBIRU 引擎编辑器中的许多功能都建立在序列化之上。使用序列化要特别注意热重载和属性窗口。

2. 热重载

热重载是指在编辑器打开的状态下创建或编辑脚本并立即应用脚本行为的过程,无须重新启动应用和编辑器即可使更改生效,如图 7.24 所示。

更改并保存脚本时，NIBIRU 引擎会热重载所有当前加载的脚本数据。它首先将所有可序列化的变量存储在所有加载的脚本中，并在加载脚本后恢复这些变量。热重载后，所有不可序列化的数据都将丢失。

3. 序列化规则

NIBIRU 引擎中的序列化程序在实时应用环境中运行，这对性能有重大影响。因此，NIBIRU 引擎中的序列化与其他编程环境中的序列化具有不同的行为。图 7.25 为 NIBIRU 引擎中使用序列化的流程图。

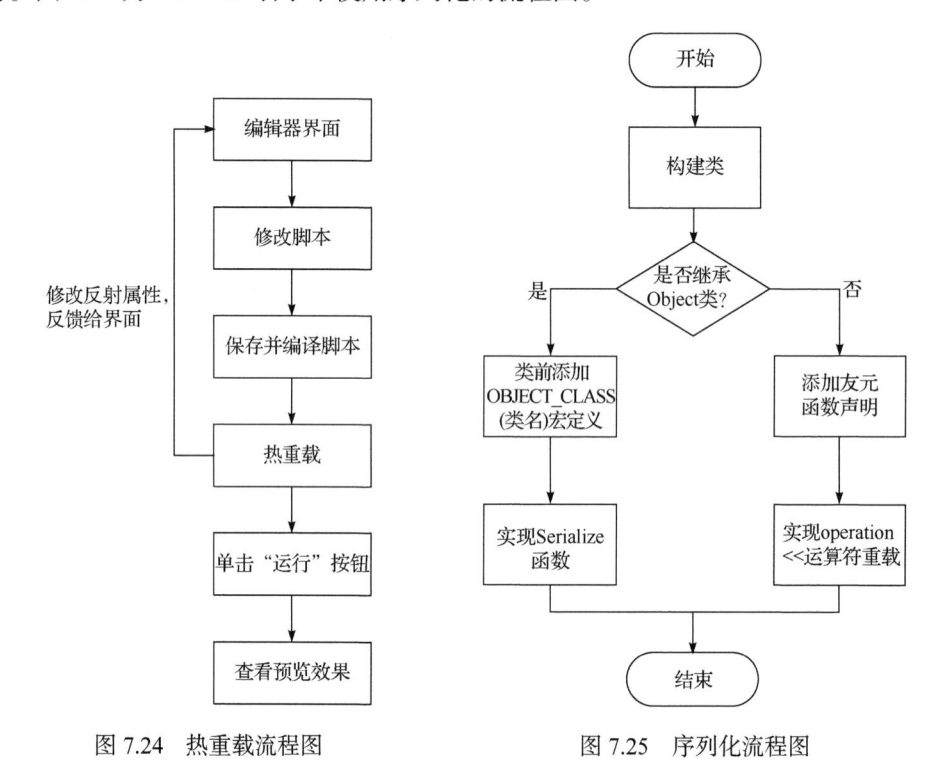

图 7.24　热重载流程图

图 7.25　序列化流程图

7.4.7　脚本反射

1. 反射的概念

反射是指程序可以访问、检测和修改它本身状态或行为的一种能力。反射的一个简单示例就是程序在运行的过程中，可以通过类名称创建对象，并获取类中声明的成员变量和方法。

2. 反射的使用方法

NIBIRU 引擎提供了反射机制。本节通过示例控件的属性反射示例来介绍如何使用反射。

1) 添加反射宏定义

具体代码如下。

```
OBJECT_CLASS(NLabel)
class ENGINE_API NLabel : public NWidget
{
  DECLARE_CLASS(NLabel, NWidget)
  DECLARE_RTTI
  ENABLE_REFLECTION
};
ENABLE_REFLECTION
```

添加位置在 DECLEAR_RTTI 之后。

2) 添加反射实现宏定义

首先在 Label.h 声明成员变量，具体代码如下。

```
private:
  // 默认显示的文本
  std::string m_Text = "New Text";
  // 字体文件的路径
  std::string m_Font;
  // 文本显示的尺寸
  int m_FontSize{ 12 };
  // 文本显示的颜色
  Color32 m_Color = Color32::White;
  // 文本是否显示粗体
  bool m_IsBold{ false };
  // 文本是否显示斜体
  bool m_IsItalic{ false };
  // 文本是否显示下划线
  bool m_IsUnderline{ false };
```

然后在 Label.cpp 添加属性反射，具体代码如下。

```
REFLECTION_BEGIN(NLabel)
    // 枚举反射声明(枚举类名、枚举显示名称、枚举变量名称、标识符)
    ENUM_PROPERTY(LabelOverflow,overflow,m_LabelOverflow,0)
    PROPERTY(Text, m_Text, 0)
    PROPERTY(Font, m_Font, PROPERTY_FLAG_COMBOBOX)
    PROPERTY(Bold, m_IsBold, 0)
    PROPERTY(Italic, m_IsItalic, 0)
    PROPERTY(Underline, m_IsUnderline, 0)
    PROPERTY(Color, m_Color, 0)
    PROPERTY_RANGE(FontSize, m_FontSize, 10, 64)
    PROPERTY_RANGE(Character Spacing, m_WordSpace, 0, 100)
    PROPERTY_RANGE(Line Spacing, m_LineSpace, 0, 100)
REFLECTION_END
```

针对自定义脚本的情况，REFLECTION_BEGIN(NLabel)里面的 NLabel 需要替换成对应类名。

针对不同类型的变量反射，NIBIRU 引擎提供了不同的方式，如表 7.5 所示。

表 7.5　反射样式支持表

反射宏定义	描述
PROPERTY(Text, m_Text, 0)	Text 为别名，作为此变量反射在编辑器上显示的名称，此处 Text 通过 QT 的 tr 转换得到的是"文本"
PROPERTY_RANGE(FontSize, m_FontSize, 1, 100)	float/int 需要指定范围的属性
ENUM_PROPERTY(LabelType, Type, m_LabelType, 0)	枚举属性，LabelType 为枚举类名，Type 为别名，m_LabelType 为类中变量名

枚举除了使用 ENUM_PROPERTY 定义，还需要注册所有枚举类型，具体代码如下。

```
ENUM_BEGIN(LabelType, LabelType)
ENUM(Single-Line, SINGLE_LINE)
ENUM(Multi-Line, MULTI_LINE)
ENUM_END
```

Single-Line 代表在编辑器显示的名称 KEY，SINGLE_LINE 代表枚举类型，注册位置在 IMPLEMENT_RTTI 之后，具体代码如下。

```
ENGINE_NAMESPACE_BEGIN
```

```
IMPLEMENT_CLASS(NLabel)
IMPLEMENT_RTTI(NLabel, NWidget)
ENUM_BEGIN(LabelType, LabelType)
ENUM(Single-Line, SINGLE_LINE)
ENUM(Multi-Line, MULTI_LINE)
ENUM_END
ENUM_BEGIN(LabelOverflow, LabelOverflow)
ENUM(wrap, LABEL_WRAP)
ENUM(over-flow, LABEL_OVERFLOW)
ENUM_END
ENUM_BEGIN(LabelAlignment, LabelAlignment)
ENUM(Left, LEFT)
ENUM(Right, RIGHT)
ENUM(Center, CENTER)
ENUM(Justify, JUSTIFY)
ENUM_END
```

3) 属性值变化监听

开发者可以重写脚本中的 void PostEditChangeProperty(std::string& propertyName)函数，用来处理某个属性发生变化时需要执行的逻辑。

propertyName 与 PROPERTY(Text, m_Text, 0)定义的名称一致，本节以 Label 作为示例，具体代码如下。

```
void Label::PostEditChangeProperty(std::string& properTyName)
    {
        if (propertyName.compare("Text") == 0 || propertyName.compare("Bold") == 0 ||propertyName.compare("Italic") == 0 ||propertyName.compare("Layout") == 0 ||propertyName.compare("FontSize") == 0)
        {
          SetText(m_Text);
        }
        if (propertyName.compare("Font") == 0)
        {
          std::string filePath = m_AssetPath;
```

```
    if (m_Font.empty())
    {
        m_Font = "simhei.ttf";
    }
    filePath.append(m_Font);
    FTFInst.SetFont(filePath);
    SetText(m_Text);
}
```

4) 反射可以使用的变量类型

反射可以使用的变量类型包括以下几种：int/float/bool、Color32、TextureRef、Enum class、std::string。

7.5 NIBIRU 引擎基本模块

7.5.1 基本对象

在 NIBIRU 引擎中，将基本对象定义为 NActor。

在编辑器中，向场景添加的物体(如空物体、模型、UI 等)都由 NActor 作为基本对象进行管理。

在脚本中，可以通过 NActorManager 获取指定的 NActor 来提供管理对象自身、子对象及其组件等功能。

1. 通过组件控制对象

在编辑器中，可以使用属性窗口来更改组件属性。例如，更改变换组件的位置值将导致对象的位置发生变化。同样，可以更改渲染器材质的颜色或刚体的质量，并对对象的外观或相应行为产生相应影响。作为对比，脚本在大多数情况下还涉及修改组件属性用来控制对象。并且，脚本可以随着时间推移逐渐改变属性的值。通过在适当时间更改、创建和销毁对象，可以实现任何类型的应用运行过程。

2. 获取对象的组件

组件实际上是类的实例，最简单和最常见的情况是脚本需要访问附加到同一对象的其他组件。因此，第一步是获取需要使用的组件实例的对象，这是通过 GetComponent 函数来完成的。通常希望开发者将组件对象分配给变量。

以 NTransformComponent 为例，示例代码如下。

```
NTransformComponentPtr transform = GetComponent
<NTransformComponent>();
```

在获得对 NTransformComponent 组件实例的引用后，可以像在属性窗口中一样设置其属性的值，同时开发者也可以在组件实例上调用其实现的 API。

```
Component->SetLocalPosition(Vector3(1.f, 1.f, 1.f));
```

另外请注意，开发者完全可以将多个自定义脚本附加到同一对象上。如果需要从一个脚本访问另一个脚本，可以同样使用 GetComponent，只需使用脚本类的名称(一般等同于自定义脚本的文件名)来指定所需的组件类型。

如果尝试检索尚未实际添加到对象的组件，则 GetComponent 将返回 nullptr；如果尝试更改 nullptr 对象上的任何值，将在运行时出现 nullptr 引用错误。

3. 获取其他对象

虽然其他对象有时会孤立运行，但是脚本通常会跟踪这些对象。例如，追捕敌人可能需要知道玩家的位置。NIBIRU 引擎提供了多种不同的方法来检索其他对象，根据不同的需求可以使用不同的方法来获取需要的其他对象。

1) 寻找子游戏对象

具体代码如下。

```
ActorList actList = GetNActor()->GetChildren();
for(ActorPtr act : actList)
{
// 进行相应的操作
}
```

2) 按名称或者标签来查找游戏对象

具体代码如下。

```
NActorPtr ParticleSystemActor=NActorManager::GetActor(
actorName);
```

7.5.2 对象管理器

1. 创建游戏对象

在场景中的所有物体都由 NActorManager 进行管理，该管理器可实现对象的查找、创建、删除等操作。

通过创建一个 NActor 作为示例。

```
NActorPtr Act = NActorManager::CreateActor("actor");
```

2. 销毁游戏对象

游戏对象的销毁，首先需要通过 NActorManager 的 GetActor 方法获取 Actor 对象。

```
NActorPtr act = NActorManager::GetActor(name);
```

之后可以通过以下两种方法删除。

(1) 通过 NActorManager 管理器进行删除，代码如下所示。

```
NActorManager::DestroyActor(act);
```

(2) 通过调用 Actor 自身删除函数，代码如下所示。

```
act.Destroy();
```

7.5.3 变换组件

在 NIBIRU 引擎中，将变换组件定义为 NTransformComponent。

向场景中添加的所有基本对象都拥有一个通用属性组件，并且都显示在属性窗口中，其中物体名称、位置、方向以及缩放等属性由变换组件来提供相应的操作。

在脚本中，可以通过 NActor 获取 NTransformComponent 组件来实现对物体名称、位置、方向以及缩放的设置。

7.6　NIBIRU 引擎组件

NIBIRU 引擎为开发者提供丰富的内置组件，在应用开发中可以在脚本中获取各类组件对象，从而实现各种自定义的交互效果。

7.6.1 模型组件

NIBIRU 引擎为开发者提供了一些基础模型。开发者可以方便地通过基础模型来实现原型工程，进行快速开发测试。

1. 静态模型组件(NStaticModel)

开发者导入到资源文件中的模型在拖放至场景中时，会自动为模型添加一个静态模型组件。开发者也可以通过向 NActor 添加 NStaticModel 组件来实现代码动态创建并加载资源中的模型文件。

动态创建并加载模型的使用示例代码如下所示。

```
NStaticModelPtr sAct = NActorManager::CreateStaticModel
("SkeletonModel");
sAct->LoadModelFileAsync("/Assets/Models/obj/cat.obj");
```

2. 基础模型组件(NGeometryModel)

开发者也可以使用 NIBIRU 引擎预置的一些基础模型，通过向 NActor 添加 NGeometryModel 组件，可以为指定对象设置不同的网格模型，实现不同模型显示效果，不同网格模型提供的基础绘制参数也不同。

使用示例代码如下所示。

```
// 以添加 cube 模型为例
m_CubeActor = NActorManager::CreateActor("Cube");
// 添加 NGeometryModel 组件
auto cubeMeshComp = m_CubeActor->AddComponent<NGeometryModel>();
CubeMeshComp->SetModelType(StaticModelType::Cube) ;
CubeMeshComp->CreateMesh() ;
m_CubeActor->SetActive(true);
m_CubeActor->SetPosition(Vector3(0.0f,0.0f,10.0f));
m_CubeActor->SetScale(1.0f);
m_CubeActor->SetLocalRotation(Quaternion::FromEulerZXY
(Vector3(0.0f,0.0f,0.0f));
```

3. 骨骼模型组件(NSkeletonModel)

开发者可以通过导入包含骨骼蒙皮动画及包含动画帧数据的模型，来实现播放模型动画。在编辑器中，任何添加至场景的骨骼模型都会自动为 NActor 添加 NSkeletonModel 组件以管理骨骼动画播放相关的操作。

在脚本开发中，开发者也可以动态创建或获取 NSkeletonModel，该类可通过 NActorManager 获取，NSkeletonModel 具体使用示例代码如下。

```
// 以新建 NSkeletonModel 为例
NSkeletonModelPtr SkeletonModel = NActorManager::
CreateSkeletonModel("SkeletonModel");
    SkeletonModel->LoadModelFile("skeletonModelPath.fbx");
    SkeletonModel->SetLocalScale(1.f);
    SkeletonModel->SetLocalRotation(Quaternion::
FromEulerZXY(info.rotation));
    SkeletonModel->SetLocalPosition(Vector3(0, 0, 3));
    SkeletonModel->SetLoop(true);
    SkeletonModel->SetAnimation((uint32_t)0);
    SkeletonModel->SetSpeedRate(1.f);
    SkeletonModel->Start();
```

7.6.2 摄像机组件

NIBIRU 引擎的场景是通过在虚拟的三维空间中放置各种对象来创建的。由于开发者的屏幕是二维屏幕，因此需要通过摄像机来捕捉场景并将其平面化至视图以进行显示。

摄像机是在场景空间中定义视图的对象。摄像机的位置定义了观察点，而通过摄像机的变换组件对其进行旋转、位移的变换，可以将摄像机捕捉的画面方向进行调整。

摄像机组件还定义了视图中区域的大小、远截面、近截面、视场角等参数，通过设置这些参数摄像机能够调整其在当前屏幕上观察到的内容。

为了模拟现实世界中人眼观察事物时的透视效果，NIBIRU 引擎提供的摄像机也是支持透视的。

在脚本开发中，如果想要获取当前视角呈现的摄像机，示例代码如下。

```
    NCameraPtr Camera = NCamera::GetCurrent();
```

7.6.3 粒子系统

粒子系统可以通过渲染出大量呈现或移动的简单小型图像或网格来实现特定的效果。每个粒子代表物体的一小部分实体，而众多粒子将共同营造出完整的实物感。以烟幕云团为例，每个粒子都具备细小烟雾的质感，自身形态类似于微型云团。在场景内，大量微型云团通过排列组合，营造出体积更大的整体云团效果。

1. 粒子系统组件(NParticleSystem)

NIBIRU 引擎中内置了粒子系统，用于帮助开发者快速创建丰富的粒子效果。在 Studio 中，将粒子系统组件定义为 NParticleSystem。

粒子系统组件包含影响粒子系统的全局属性，这些属性大多数用于控制粒子系统的初始化属性。在 Studio 中，可以通过 NParticleSystem 的 GetParticleConfig 接口获取到指定粒子系统的配置结构并修改。在编辑器中，在添加了一个粒子组件到场景中后，就可以在属性窗口中对粒子系统组件的属性进行修改。

在脚本开发中，也可以通过获取 NParticleSystem 组件调用函数接口进行修改，示例代码如下。

1) 获取 NParticleSystem

```
NParticleSystemPtr mParticleSystem=actor->GetComponent<NParticleSystem>();
```

2) 设置参数

```
// 只发射 1 次
mParticleSystem->GetParticleConfig()->m_bLoop = false;
// 粒子生命周期 1s
mParticleSystem)->GetParticleConfig()->m_StartLifeTime = 1.0f;
// 粒子系统运行 1s
mParticleSystem->GetParticleConfig()->m_Duration = 1.0f;
// 每秒发射 20 个
mParticleSystem->GetParticleConfig()->m_RateOverTime = 20;
// 受重力影响
mParticleSystem->GetParticleConfig()->m_GravityModifier = 1;
```

3) 控制粒子播放、暂停、停止

```
mParticleSystem->Start();
mParticleSystem->Pause();
mParticleSystem->Stop();
```

2. 发射器模块(ShapeModule)

此模块用于定义可发射粒子的形状、体积或表面以及起始速度的方向，对应 ParticleShapeConfig 里参数。使用示例代码如下所示。

1) 获取 NParticleSystem

```
NParticleSystemPtr mParticleSystem=actor->GetComponent<NParticleSystem>();
```

2) 设置参数

```
// 发射体积形状为 Sphere
ParticleShapeConfig config = mParticleSystem->GetShapeBase()->GetParticleShapeConfig();
Config.shapeType = ParticleShapeType::PST_SPHERE
```

3) 更新配置

```
mParticleSystem->GetShapeBase()->UpdateParticleShapeConfig(Config);
```

3. 速度模块(VelocityOvertimeModule)

此模块用于定义发射粒子的速度，对应 ParticleModuleConfig 里参数。使用示例代码如下所示。

1) 获取 NParticleSystem

```
NParticleSystemPtr mNParticleSystem=actor->GetComponent<NParticleSystem>();
```

2) 设置参数

```
// 速度在本地坐标系计算
ParticleModuleConfig config = mNParticleSystem->GetModule(ParticleModuleType::PMI_VELOCITY)->GetParticleModuleConfig();
Config.coordSystem= ECoordSystem::Local;
```

3) 更新配置

```
mNParticleSystem->GetModule(ParticleModuleType::PMI_VELOCITY)->UpdateParticleModuleConfig(Config);
```

4. 大小模块(SizeOvertimeModule)

此模块用于定义可发射粒子的大小变化，对应 ParticleModuleConfig 里参数。使用示例代码如下所示。

1) 获取 NParticleSystem

```
NParticleSystemPtr mNParticleSystem=actor->GetComponent
<NParticleSystem>();
```

2) 设置参数

```
// XY 轴分开计算
ParticleModuleConfig config = mNParticleSystem->GetModule
(ParticleModuleType::PMI_SIZE)->GetParticleModuleConfig();
Config.bSeparateAxesSize= true;
```

3) 更新配置

```
mNParticleSystem->GetModule(ParticleModuleType::PMI_SIZE)->
UpdateParticleModuleConfig(Config);
```

5. 旋转模块(RotationOvertimeModule)

此模块用于定义可发射粒子的方向，对应 ParticleModuleConfig 里参数。使用示例代码如下所示。

1) 获取 NParticleSystem

```
NParticleSystemPtr mNParticleSystem=actor->GetComponent
<NParticleSystem>();
```

2) 设置参数

```
// 三个轴不分开进行旋转
ParticleModuleConfig config = mNParticleSystem->GetModule
(ParticleModuleType::PMI_ROTATION)->GetParticleModuleConfig();
Config.bSeparateAxesRotation = false;
```

3) 更新配置

```
mNParticleSystem->GetModule(ParticleModuleType::PMI_
ROTATION)->UpdateParticleModuleConfig(Config);
```

6. 颜色模块(ColorOvertimeModule)

此模块用于定义可发射粒子的颜色变化，对应 ParticleModuleConfig 里参数。使用示例代码如下所示。

1) 获取 NParticleSystem

```
NParticleSystemPtr mNParticleSystem=actor->GetComponent
<NParticleSystem>();
```

2) 设置参数

```
// 色彩模式为双色模式
ParticleModuleConfig config = mNParticleSystem->GetModule
(ParticleModuleType::PMI_COLOR)->GetParticleModuleConfig();
Config.colorMode= ParticleColorMode::PCM_TWO_COLOR;
```

3) 更新配置

```
mNParticleSystem->GetModule(ParticleModuleType::PMI_
COLOR)->UpdateParticleModuleConfig(Config);
```

7. 贴图动画模块(TextureAnimationModule)

此模块用于定义可发射粒子的颜色变化，对应 ParticleModuleConfig 里参数。使用示例代码如下所示。

1) 获取 NParticleSystem

```
NParticleSystemPtr mNParticleSystem=actor->GetComponent
<NParticleSystem>();
```

2) 设置参数

```
// 设置粒子纹理路径
ParticleModuleConfig config = mNParticleSystem->GetModule
(ParticleModuleType::PMI_TEXTURESHEET)->GetParticleModuleConfig();
Config.texturePath= "texturePath";
```

3) 更新配置

```
mNParticleSystem->GetModule(ParticleModuleType::PMI_
TEXTURESHEET)->UpdateParticleModuleConfig(Config);
```

7.6.4　UI 系统组件

NIBIRU 引擎中内置了一套 UI 系统用于快速构建用户操作界面，目前包含了文本及图像两个基本组件以及按钮、输入框、画布组件、面板、进度条、动图、图像蒙版、渲染纹理等内置扩展控件。

1. 文本(NLabel)

NLabel 组件主要实现了向用户展示各种文本的功能，通过设置文本的各种属性来呈现不一样的效果。

在编辑器中可以通过拖放文本控件到场景中来创建一个文本，也可以在脚本开发中通过向 NActor 添加 NLabel 组件来动态创建一个文本。

文本组件可以通过在 NActor 中调用 GetComponent 函数获取，之后可以在脚本中设置文本的具体属性，具体示例代码如下。

```
NLabelPtr label= GetComponent<NLabel>();
if (label)  {
    // 设置水平对齐方式
    label->SetHAlignment(TextHAlignment::RIGHT);
    // 设置垂直对齐方式
    label->SetVAlignment(TextVAlignment::TOP);
    // 设置文本裁剪模式
    label->SetLabelOverflow(TextHOverFlow::Wrap);
    // 设置字体
    label->SetFont("HanChengQingFengYue-2","Assets/Fonts/HanChengQingFengYue-2");
    // 设置字体大小
    label->SetFontSize(18);
    // 设置颜色
    label->SetColor(Color32::Red);
    // 设置下划线
    label->SetIsUnderline(true);
    // 设置粗体
    label->SetIsBold(true);
    // 设置斜体
    label->SetIsItalic(true);
    // 设置行间距
    label->SetLineSpace(39);
    // 设置加载回调
    label->SetLoadListener(std::bind(&LabelTest::Test,
```

```
this));
    // 设置文本内容
    label->SetText("你好");
    // 设置顶部对齐
    label->SetAlignTop(true);
    // 设置布局回调
    label->SetLabelLayoutChanged(std::bind(&LabelTest::
Test,this));
    // 设置材质类型
    label->SetMaterialShaderType(ELabelMaterialShaderType::
Standard);
    // 设置透明度
    label->SetAlpha(0.1);
```

2. 图像(NImageView)

NImageView 组件主要实现了向用户展示各种图形、图像。

在编辑器中可以通过拖放图像控件到场景中来创建一个图像,也可以在脚本开发中通过向 NActor 添加 NImageView 组件来动态创建一个图像。

图像模型对应 NImageView 类,在属性窗口中可以通过单击按钮导入图片,也可以在脚本中通过以下方法进行修改。

```
NImageViewPtr imageView = GetComponent<NImageView>();
if (imageView)
{
    imageView->SetTexture(imagePath);
}
```

3. 按钮(NButton)

NButton 组件主要实现了按键效果,可以进行按键相关事件的绑定。可以在编辑器中通过拖放按钮控件的方式来创建一个按键,也可以在脚本开发中向 NActor 添加 NButton 组件来动态创建。

按键相关属性可以在属性窗口进行调整,也可以在脚本中通过调用相关函数进行修改,以下是具体实例代码。

```
void NewScript::Start()
{
```

```
    NActorPtr buttonActor = NActorManager::GetActor("button");
    NButtonPtr button= buttonActor->GetComponent
<NButton>();
    if (button)
    {
     // 设置按键显示文本，name 表示按钮显示的名称
     button->SetButtonText(name);
     // 设置字体，ttfFileName 表示字体文件名，ttfFilePath 表示
//字体所在路径
     button->SetFont(ttfFileName, ttfFilePath);
     // 绑定按键相关函数，需要一个继承了 NEventSystemHandler 接
//口的脚本作为事件触发
     button->AddComponent<buttonScript>();
    }
}
// 定义按钮单击的具体函数
void NewScript::OnButtonClick()
{
    NDebug::Log("On Clicked!");
}
```

4. 输入框(NInputFiled)

NInputFiled 组件主要实现在应用中向用户提供一个文本输入入口的功能。

可以在编辑器中通过拖放输入控件的方式来创建一个输入框，也可以在脚本开发中通过向 NActor 添加 NInputFiled 组件来动态创建一个输入控件。

输入栏相关属性可以在编辑器上进行调整，可以在脚本开发中动态改变，也可以动态地在脚本开发中绑定输入栏相关触发的回调函数。以下是具体实例代码。

```
// 声明输入提交回调函数
void OnInputSubmitCallback(std::string);
// 序列化函数
void NewScript::Start()
{
    NActorPtr inputFieldActor = NActorManager::GetActor
```

```
("inputField");
    NInputFieldPtr inputField=inputFieldActor->GetComponent
<NInputField>();
    if (inputField)
    {
    // 设置输入栏背景样式，当前设置为背景颜色
    inputField->SetInputFieldBackgroundStyle
(Background::BACKGROUND_COLOR);
    // 设置输入栏输入类型，当前设置为标准类型
    inputField->SetTextType(InputFIeldTextType::TEXT_
STANDARD);
    // 设置输入栏提示
    inputField->SetInputTips("请输入");
    // 设置输入栏输入上限
    inputField->SetTextMaxNumber(10);
    // 绑定输入栏回调函数
    inputField->SetInputActiveCallback(GetNActor()->
GetName(),"NewScript","InputActiveCallback");
    }
    // 定义输入栏提交具体回调函数
    void InputActiveCallback(const std::string& text)
    {
    NDebug::Log(text);
    }
```

5. 画布组件(NCanvas)

NCanvas 组件可以实现将所有 UI 物体平铺到屏幕之上的功能。

可以在编辑器中通过拖放画布控件的方式来创建一个画布，也可以在脚本开发中通过向 NActor 添加 NCanvas 组件来动态创建画布。

画布组件的相关属性可以在编辑器属性面板上进行相关调整，也可以在脚本开发中进行相关设置。以下是具体示例代码。

```
NActorPtr canvasActor = NActorManager::GetActor("canvas");
NCanvasPtr canvas = canvasActor->GetComponent<NCanvas>();
if (canvas)
```

```
    { // 设定屏幕匹配模式--高度匹配
        canvas->SetRenderMode(ECanvasRenderMode::RMOverlay);
        canvas->SetScaleMode(EScaleMode::SMSCREENSIZE);
        canvas->SetScreenMatchMode(EScreenMatchMode::
SCREENHEIGHT);
    }
```

6. 面板(NPanel)

NPanel 组件可以用来管理一组 UI 组件，也可以设定为一组 UI 的背景。

面板组件支持在编辑器中通过拖拽到场景的方式创建，同时也支持在脚本中通过向 NActor 添加 NPanel 组件的方式创建。

面板相关属性的调整可以在编辑器的属性面板进行调整，也可以在脚本开发中调用相关接口进行调整。以下是具体示例代码。

```
NActorPtr panelActor = NActorManager::GetActor("panel");
NPanelPtr panel = panelActor->GetComponent<NPanel>();
if (panel)
{   // 设定画布颜色
    panel->SetColor(Color32::Write);
}
```

7. 进度条(NProgressBar)

NProgressBar 组件向用户提供了一种新的交互方式，用户可通过拖拽屏幕滑动条的方式进行交互。可以通过在编辑器中将组件拖拽到场景中的方式创建组件，也支持在脚本开发中向 NActor 添加 NProgressBar 组件的方式创建。

进度条的相关属性可以在编辑器属性面板进行调整，也可以在脚本开发中通过调用相关接口进行动态调整，以下是具体示例代码。

```
// 声明进度条值改变回调函数
void OnProgressChangedCallback(float);
void NewScript::Start(){
    NActorPtr progressBarActor = NActorManager::GetActor
("progressBar");
    ProgressBarPtr progressBar= progressBarActor->GetComponent
<NProgressBar>();
    if (progressBar)    {
```

```
    // 设置进度条的进度
    progressBar->SetProgress(0);
    // 设置进度条滑块状态显示
    progressBar->SetSliderVisible(true);
    // 设置进度条类型为横向
    progressBar->SetProgressBarType(ProgressBarStyle::HORIZONTAL);
    // 绑定进度条值改变回调函数
    progressBar->SetOnProgressChangedCallback((NOnProgressChanged)OnProgressChangedCallback);
  }
}
// 定义进度条改变回调具体函数
void OnProgressChangedCallback(float value)
{
   NDebug::Log(std::to_string(value));
}
```

8. 动图(NAnimationImage)

NAnimationImage 组件实现了在应用中向用户展示 .gif 格式的动态图片的功能。

可以在编辑器中创建一个带有 NAnimationImage 组件的物体，也可以在脚本开发中动态地向 NActor 添加 NAnimationImage 组件来动态创建。

动图相关属性可以在编辑器上进行相关修改，也可以在脚本开发中调用相关接口进行修改。以下是相关示例代码。

```
NActorPtr animActor = NActorManager::GetActor("ANIMATIONiMAGE");
NAnimationImagePtr animationImage=animActor -> GetComponent<NAnimationImage>();
if (animationImage)
{
   // 设定动图的循环次数为 10
   animationImage->SetLoopCount(10);
   // 设定动图的播放间隔为 20
```

```
    animationImage->SetIntervalMs(20);
}
```

9. 图像蒙版(NRectMask2D)

NRectMask2D 是用于图片遮盖的组件，可以选择性地展示图片的部分内容。可以通过代码创建图片并且为其添加上遮罩，具体示例代码如下。

```
auto TestImage = NActorManager::CreateImageView("image");
TestImage->SetParent(NActorManager::GetActor("TempPanel"));
TestImage->SetLocalPosition({ -3,6,0 });
TestImage->SetScale({ 12,12,2 });
auto TestComp = TestImage->GetComponent<NImageView>();
TestComp->LoadFromFile("Assets/TestPic/test4.png");
TestImage->AddComponent<NRectMask2D>()->ShowGraphic(true);
auto TestImage1 = NActorManager::CreateImageView("image2");
TestImage1->SetParent(TestImage);
TestImage1->SetLocalPosition({ 0.3,0.4,0 });
TestImage1->SetScale({ 12,12,2 });
auto TestComp1 = TestImage1->GetComponent<NImageView>();
TestComp1->LoadFromFile("Assets/TestPic/test4.png");
```

10. 渲染纹理(NRenderTexture)

NRenderTexture 支持将相机画面渲染到指定的纹理上，具体示例代码如下。

```
    auto image = GetNActor()->GetComponent<NImageView>();
    auto camera = NActorManager::GetActor("Camera_1")->
GetComponent<NCamera>();
    auto m_rt = camera->GetTargetTexture();
    image->SetTexture(m_rt->GetColorSurface());
```

7.6.5 物理系统组件

在内容的创作过程中，如果想要产生令人信服的物理行为，那么游戏中的对象必须正确地响应物体与物体间的运动、碰撞、重力和其他作用力的影响。

NIBIRU 引擎提供了用于处理物理模拟的物理引擎系统组件。开发者只需要对物体的物理参数进行设置就可以创建逼真的被动物理对象(即对象将因碰撞和跌落而移动，但不会自动开始移动)。开发者通过使用脚本控制物体的物理特性，即可为对象提供仿真的物理效应。

1. 刚体(NRigidbodyComponent)

刚体是实现对象物理行为的主要组件。给对象添加刚体后，对象将会响应物理效果。物理系统提供基础重力以及阻力效果。如果给多个对象添加了刚体及碰撞体组件，那么这些对象会因发生碰撞而位移。

刚体实际由 NRigidbodyComponent 控制，在编辑器中可以通过属性窗口设置相应的属性，在脚本开发中也可以通过脚本控制刚体的各种属性，具体示例代码如下。

```cpp
#include "NRigidbodyComponent.h"
#include "Phycics/PhysX/PhysXMaterial.h"
NRigidbodyComponentPtr rbCom = GetComponent<NRigidbodyComponent>();
if (rbCom)
{
  // 设置质量
  rbCom->SetMass(1.f);
  // 设置线速度阻尼
  rbCom->SetLinearDamping(1.f);
  // 向物体质心添加一个力
  rbCom->SetForce(1.f);
}
```

2. 碰撞体(NColliderComponent)

碰撞体组件用于表示对象的刚体的碰撞体形状，不同的几何形状拥有不同的基本属性。碰撞体模型实际由 NColliderComponent 控制，能在属性窗口中设置相应的属性，还能通过脚本控制静态摩擦系数、动态摩擦系数和恢复系数，具体示例代码如下。

```cpp
#include "NColliderComponent.h"
#include "Phycics/PhysX/PhysXMaterial.h"
NColliderComponentPtr rbCom = GetComponent<NColliderComponent>();
if (rbCom)
{
```

```
// 设置静态摩擦系数
rbCom->SetStaticFriction(1.f);
// 设置动态摩擦系数
rbCom-SetDynamicFriction(1.f);
// 设置恢复系数
rbCom->SetRestitution(1.f);
}
```

盒型碰撞体 (box collider) 是一种基本的立方体形状原始碰撞体。盒型碰撞体显然可用于形状大致类似于盒体的任何东西，如板条箱或木箱。此外，可以使用薄形盒体作为地板、墙壁或坡道。盒体形状也是复合碰撞体中的有用元素。

可以通过代码设置碰撞体的几何体形状为盒型碰撞体，具体示例代码如下。

```
rbCom->SetGeometryType(PhysicsGeometry::PhysXGeometryBox);
```

球形碰撞体(sphere collider)是一种基本的球体形状原始碰撞体。开发者可以通过 Radius 属性调整碰撞体的大小，但不能单独沿三个轴缩放(即不能将球体展平为椭圆)。除适用于网球等球形对象，球体也适用于坠落的巨石和其他需要翻滚的对象。

可以通过代码设置碰撞体的几何体形状为球碰撞体，具体示例代码如下。

```
rbCom->SetGeometryType(PhysicsGeometry::PhysXGeometrySphere);
```

7.6.6 灯光组件

在 NIBIRU 引擎中，提供了 NLightComponent 组件用于模拟自然界的光照，可以通过调整灯光组件的各种属性来达到预期的光照效果。

灯光组件支持在运行时通过脚本开发动态改变相关属性，以下是具体示例代码。

```
// 获取 NLightComponent 组件
NActorPtr lightActor = NActorManager::GetActor("light");
NLightComponentPtr lightComponent = lightActor::GetComponent<NLightComponent>();
// 设置灯光颜色为白色
lightComponent ->SetLightColor32(Color32::White);
// 设置高光颜色为红色
lightComponent ->SetSpecularColor32(Color32::Red);
```

```
// 设置阴影类型为软阴影
m_lightComponent ->SetShadowType(EShadowType::eST_
SoftShadow);
```

7.6.7 音效组件

在 NIBIRU 引擎中，提供了 NAudioComponent 组件用于音频的播放，封装了关于音效播放相关属性的接口。

在脚本开发中，开发者可以动态调用音效组件的相关接口进行音效的属性调整，以下是相关示例代码。

```
NActorPtr audioActor=NActorManager::GetActor("audioPlayer");
NAudioComponentPtr audioPlayer= audioActor->GetComponent
<NAudioComponent >();
if (audioPlayer)
{
  // 通过路径设置音频的源
  audioPlayer->SetAudioSource("audio path");
  // 设置音频的影响范围为 10
  audioPlayer->SetCoverage(10);
  // 设置音频的音量大小为 50
  audioPlayer->SetVolume(50);
  // 开始播放音频
  audioPlayer->Play();
  audioPlayer->SetAudioStateChangeCallback([&]
(AudioPlayerState state) {
      if(state== AudioPlayerState::AUDIO_PAUSED)
      NDebug::log("当前状态 :暂停");
      if (state == AudioPlayerState::AUDIO_PLAYING)
       NDebug::log("当前状态 :播放");
       if (state == AudioPlayerState::AUDIO_STOPPED)
      NDebug::log("当前状态 :停止");
      });
}
```

7.6.8 网络组件

在 NIBIRU 引擎中，提供了网络组件用于处理广域网与局域网的请求与数据处理，包含 HTTP(hypertext transfer protocol，超文本传送协议)、UDP(user datagram protocol，用户数据报协议)、TCP(transmission control protocol，传输控制协议)、网络管理模块、socket 模块等。

7.6.9 JSON 解析组件

NIBIRU 引擎提供了通用 JSON 格式的文件解析组件，通过 NJsonParser 将 JSON 文件各类字段转译为 NJsonValue、NJsonArray、NJsonObject、NJsonNumber，实现了 JSON 数据解析为引擎可用的数据格式。

可以通过代码创建图片并且为其添加上遮罩，具体示例代码如下。

```
std::string jsonFilePath = NApplication::ToAbsoluteAssetsPath
(NApplication::AssetsPath() + "big.json");
    NJsonValue  GetValue  =NJsonParser::ParseFile(jsonFilePath.
c_str());
    if (GetValue.IsValid())
    {
        auto jsonstring = NJsonParser::ToJson(&GetValue);
    }
```

可以通过类型判断，来确定 value 的实际类型，然后将 value 转为对应的数据结构，以便于后续处理。下面是如何转换 jsonObject 的示例。

```
// IsObject()函数用于判断 value 是否为 Object 类型
std::string jsonFilePath = if (value.IsObject())
{
    // 获取 JsonObject
    NJsonObject obj = value.GetJsonObject();
}
```

7.7　NIBIRU 引擎系统模块

7.7.1　事件系统

NIBIRU 引擎中通过使用事件系统可以根据输入(即键盘、鼠标、触摸或自定义输入)将事件发送到应用程序中的对象。事件系统包含一些共同协作发送事件的组件。

1. 消息系统

1) 事件管理系统(NEventSystem)

NEventSystem 是 NIBIRU 引擎的事件系统的统一分发入口。在使用事件系统时，需要进行事件派发的类继承 UserEventListener 以获得事件监听功能。在初始化组件类时，需要获取事件调度器并将类注册到事件调度器中，在需要发送事件时，调用事件发送接口即可。

继承监听器后，可以给事件赋值，并添加上监听器，示例代码如下所示。

```
// 继承
class temp_API temp : public NComponent, UserEventListener
// 添加监听器
OnUserEvent = [](const UserEvent& evt) {
  NDebug::Log("has done"); return true;
};
  auto Dispatcher = NEventSystem::GetEventDispatcher();
  Dispatcher->AddEventListener(this);
  // 发送事件调用接口
void temp::Update()
{
  NEventSystem::SendEvent(new UserEvent());
}
```

2) 输入事件系统处理(NEventSystemHandler)

事件系统支持跨组件的事件监听，如果仅仅是需要组件自身去处理的输入事件，还可以通过组件类继承 NEventSystemHandler 接口类来获得对应的事件消息处理。

以下是具体示例。

```
// 继承 NEventSystemHandler 重写相关函数即可
    virtual void OnPointerEnter(const NInputPointerEventData& data)override;
    virtual void OnPointerExit(const NInputPointerEventData& data)override;
```

```cpp
virtual void OnPointerClick(const NInputPointerEventData& data)override;
```

2. 输入系统

NIBIRU 引擎的输入模块可用于配置和自定义事件系统的主要逻辑。系统提供了两个开箱即用的输入模块：一个用于 Standalone 平台的键盘、鼠标输入，另一个用于触控输入。每个模块都会按照给定配置接收和分发事件。输入模块可以由两种方式进行获取。

1) 通过 NInput 类获取

通过添加 NInput EventTriggerComponent 组件，绑定事件与回调函数，具体示例代码如下所示。

```cpp
EventScript.h
// 新增回调函数
void PointerEnterHandler(const InputPointerEventData& data);
void PointerExitHandler(const InputPointerEventData& data);
EventScript.cpp
void EventScript::Awake()
{
  NActorPtr actor = GetActor();
  if (actor)
  {
    NInputEventTriggerComponentPtr  mInputEventTrigger = actor->GetComponent<NInputEventTriggerComponent>();
      if (!mInputEventTrigger)
      {
        mInputEventTrigger = actor->AddComponent<NInputEventTriggerComponent>();
      }
        mInputEventTrigger->PointerEnterHandler =BIND_MEMBER_FUNCTION(&EventScript::PointerEnterHandler,this);
        mInputEventTrigger->PointerExitHandler =BIND_MEMBER_FUNCTION(&EventScript::PointerExitHandler, this);
```

```cpp
    }
  }
  void EventScript::PointerEnterHandler(const
InputPointerEventData& data)
  {
    // 进入事件响应
    if (data.PointerPress)
    {
      NImageViewPtr mImageView = data.PointerPress->
GetComponent<NImageView>();
      if (mImageView)
      {
        NDebug::Log("PointerEnterHandler="+data.
PointerPress->GetName());
      }
    }
  }
  void EventScript::PointerExitHandler(const
InputPointerEventData& data)
  {
    // 离开事件响应
    if (data.PointerPress)
    {
      NImageViewPtr mImageView = data.PointerPress->
GetComponent<NImageView>();
      if (mImageView)
      {
        NDebug::Log("PointerExitHandler="+data.
PointerPress->GetName());
      }
    }
  }
```

2) 射线检测

射线是在三维世界中从一个点沿一个方向发射的一条无限长的线。在射线的轨迹上，一旦与添加了碰撞体的物体发生碰撞，射线将停止发射。可以利用射线实现子弹击中目标的检测、鼠标单击拾取物体等功能。

在 NIBIRU 引擎中，定义了 Ray 类表示射线，每个射线包含原点与方向。同时通过提供的 NPhysics 类来进行射线检测。在完成射线检测后定义了 SceneQueryResult 来获取射线碰撞到的对象列表。具体示例代码如下。

```
// 自定义射线
Ray myRay;
myRay.origin = 坐标原点;
myRay.direction = 方向;
// 获取场景生成射线
NCameraPtr cam = NCamera::MainCamera();
// 获取视景的中心点
Vector2 centerPos(cam->GetViewport().GetWidth()/2,
cam->GetViewport().GetHeight()/2);
// 从中心点射出的射线
Ray ray = cam->GetScreenToWorldRay(centerPos);
// 射线方向上遇到的模型结果集
NSceneQueryResult queryResult;
if (NPhysics::RayCastQuery(ray, queryResult))
{
   // 取出射线方向上碰撞的第一个结果集
   auto hit = queryResult.entries[0];
   // 获取到模型，就可以进行相应操作，如选中效果
};
```

3. 自定义事件

NIBIRU 引擎的事件系统支持各种类型的事件，并且，在开发者编写的自定义输入模块中可以进一步自定义。

Standalone 平台的输入模块和触摸输入模块支持的事件由接口提供，通过实现该接口即可在 Component 上实现这些事件。如果配置了有效的事件系统，则会在正确的时机调用事件。下面以鼠标左键按在名为 cube 的模型上时，将模型名为 cone 的模型向 X 轴移动 10 个单位作为示例。

(1) 新建一个 cube 脚本，其中 UserEvent 为用户自定义事件，cube.cpp 示意如下。

```cpp
vod cube::Update()
{
   // 监控鼠标左键是否按下
   if(NInput::GetMouseButtonDown(MouseButton::Left))
   {
     Ray ray = NCamera::MainCamera()->GetScreenToWorldRay (NInput::GetMousePosition());
     NSceneQueryResult queryResult;
     if(NPhysics::RayCastQuery(ray,queryResult))
     {
       // 取出射线方向上的第一个结果
       auto hit = queryResult.entries[0];
       // 若模型名为 Cube
       if ("Cube" == hit.actor->GetName())
         {
            UserEvent* userEvent = UserEvent::NewInstance();
            userEvent->SetIntValue(1);
            userEvent->SetStringValue ("Number");
            userEvent->sender = this;
            NEventSystem::SendEvent(userEvent);
         }
     }
   }
}
```

(2) 新建一个 Cone 脚本，Cone.h 示意如下。

```cpp
// 类需要继承用户自定义的 UserEventListener
class Cone_API Cone: public NComponent, UserEventListener
// 声明一个回调函数，以及两个成员变量
public:
   // 变量与返回值固定不可修改，函数名可以修改
   bool OnUserEventCallBack(const UserEvent& evt);
private:
   bool m_ReceivedEvent = false;
   // 因为回调的变量为 const，若要使用事件的非 const 函数，必须传
```

//给一个非const对象
    UserEvent m_ReceiverEvent;

Cone.cpp 示意如下：

```cpp
void Cone::Awake()
{
    // 当场景首次加载包含此组件实例的对象或将此组件添加到对象上时仅
//调用一次
    // 回调函数指针赋值
    OnUserEvent = [this](const UserEvent& evt) { return
OnUserEventCallBack(evt); };
    // 添加监听事件
    NEventSystem::AddListener(dynamic_cast
<UserEventListener*>(this));
}
void Cone::Update()
{
    // 此对象为激活状态时每帧调用
    if (m_ReceivedEvent)
    {
    // 获取传递的值
    NActorPtr act = NActorManager::GetActor("Cone");
    if (act)
    {
    NTransformComponentPtr transCom = act->
GetComponent<NTransformComponent>();
        if (transCom)
        {
          Vector3 vec = transCom->GetLocalPosition();
          vec += Vector3(10.f, 0.f, 0.f);
          transCom->SetLocalPosition(vec);
        }
    }
        m_ReceivedEvent = false;
    }
```

```cpp
}

void Cone::OnDestroy()
{
    // 当此对象被销毁时调用
    // 需要移除监听
    NEventSystem::GetEventDispatcher()->RemoveEventListenerImmediately(dynamic_cast<UserEventListener*>(this));
}
bool Cone::OnUserEventCallBack(const UserEvent& evt)
{
    m_ReceivedEvent = true;
    m_ReceiverEvent = evt;
    return true;
}
```

7.7.2 资源系统

1. 资源管理系统(NResources)

在 NIBIRU 引擎中，提供了 NResources 类，用于在运行时可以灵活地创建资源并复用，同时，封装了针对处理纹理、材质、渲染纹理的接口。示例代码如下。

```cpp
// 创建纹理
auto material = NResources::CreateMaterial("mat", EMaterialTemplate::MT_Polyline);
// 创建纹理
NTexturePtr TexturePtr1 = NResources::LoadTextureFromFile("TexturePtr1", "Assets/Textures/Skybox.png");
```

2. 资产管理系统(NAssetManager)

NAssetManager 负责管理引擎中的对象资产，可以将对象存储为预制体，也可以将预制体重新加载为运行时的对象。可以通过代码设置保存的预制体加载为对象，具体示例如下。

```
    NActorList Actlist = NAssetManager::LoadPrefabFromFile
("Assets/Prefabs/ccc1.prefab");
    auto actor = Actlist[0];
    // 这里使用m_TestPrefabActorName作为存储对象名称的变量，
//也可以直接通过对象的SetName接口直接设置文本
    auto m_TestPrefabActorName = "PrefabFromFile";
    actor->SetName(m_TestPrefabActorName);
    NActorManager::AddActors(Actlist);
    actor->SetPosition({0,0,3});
```

3. 文件系统(NFile)

NFile 负责管理引擎中的文件对象资产的读写与解析，示例代码如下。

```
    // 文件写入
    std::string path1 = NApplication::
GetUserDataFilePath("test1.txt");
    NFile file;
    if (file.Open(path1, OM_WB))
    {
      std::string testStr = "NIBIRU\n";
      ile.Write(0,(void*)testStr.c_str(),1,testStr.length());
    }
    file.Close();
```

4. 内存资产对象(NResourceMemoryData)

NIBIRU 引擎提供了用于保存数据到内存中或者从内存中读取数据的接口 NResourceMemoryData。

从内存加载文件是很常见的，接下来是一段如何从内存加载模型的示例。

```
    NStaticModelPtr CreateModel = NActorManager::
CreateStaticModel("static");
    NResourceMemoryDataPtr resourData = new
NResourceMemoryData();
    NFile file;
    if (file.Open("Assets/kekeluo/3564563.FBX", OM_RB))
    {
```

```
    resourData->m_DataSize = 1478480;
    resourData->m_Data = new char[1478480];
    auto readSize = file.ReadBuffer(resourData->m_Data, 1,
1478481);
    file.Close();
  }
  if (resourData)
  {
    NResourceMemoryDataPtr parentResourData = new
NResourceMemoryData();
    parentResourData->InsertResourceMemoryData("Assets/
kekeluo/3564563.FBX",resourData);
    NResourceMemoryDataPtr otherResData = new
NResourceMemoryData();
      if (file.Open("Assets/kekeluo/texture/Kokoro.jpg",
OM_RB))
      {
       otherResData->m_DataSize = 1266471;
       otherResData->m_Data = new char[1266471];
       auto readSize = file.ReadBuffer(otherResData-
>m_Data,1,1266471);
        otherResData->m_TextureSuffix = ETextureSuffix::
ETextureSuffix_JPG;// 纹理文件格式;
    parentResourData->InsertResourceMemoryData("Assets/
kekeluo/texture/Kokoro.jpg", otherResData);// 将纹理数据插入
//模型数据
      file.Close();
      }
  CreateModel->LoadFromMemory("C:/Users/Hello/Desktop/
dadadada/ApiTest/Assets/kekeluo/3564563.FBX",
parentResourData);
```

7.7.3 时间管理系统

为了建立应用内和现实时间的联系或通过时间计算一些逻辑，可以通过NTime 来管理时间。

通过 NTime，可以在 update 的脚本中实现经过固定的时间执行一套逻辑，示例代码如下。

```
if (duringATime > 10)// 每过 10 秒执行一次
{
  NDebug::Log("log 10 second");
}
else
{
  duringATime += NTime::GetDeltaTime();
}
```

7.7.4 场景管理系统

在应用中如果需要切换到不同的场景，可以通过场景管理系统的接口来实现。同时可以管理场景中用到的天空盒和场景加载是否完成。具体示例代码如下。

```
// 加载场景
NLevelManager::LoadLevel("Scene.nscene");
// 设置天空盒纹理
NLevelManager::SetSkyboxSpheromeTexture(image->GetTexture());
```

7.7.5 图像系统

在 NIBIRU 引擎中，提供了 NGraphics 类来支持开发者使用一些基本的图形绘制能力。示例代码如下。

```
// 绘制线段
NGraphics::DrawLine(Vector3(0,0,5),Vector3(5,5,5),Color::Red);
// 绘制纹理
NGraphics::Blit(m_RT, to_RT);
```

7.7.6 数据持久化

在 NIBIRU 引擎中，提供了 NPlayerPrefs 类来对引擎数据进行持久化存储，封装了存储和获取数据的接口。

7.7.7 自定义材质系统

NIBIRU 引擎提供了用于 3D 对象以及 2D UI 对象渲染的基本着色器。但是在实际的应用中,当开发者使用基本着色器无法实现期望的效果时,可以通过自定义材质系统来实现预期的渲染效果。

1. 创建自定义材质着色器

在 NIBIRU 引擎编辑器资源管理器界面中单击右键→创建→材质着色器(图 7.26),输入名称并按下回车即可完成模板创建。

图 7.26 创建材质着色器

引擎自动在 Assets/Shaders 文件夹下构建相应名称的顶点(图 7.27)和像素着色器(图 7.28)模板文件,并在 Source 文件夹下构建相应名称的.h 和.cpp 自定义材质模板文件。

```
1  #NS_DECLARE_VERSION
2  //NS_DECLARE_VERSION版本声明必须放在第一行
3  /*
4  顶点属性:
5  #NS_DATA_POSITION(变量名);      位置
6  #NS_DATA_TEXCOORD0(变量名);     第一套uv
7  #NS_DATA_VERTEXCOLOR(变量名);   颜色
8  #NS_DATA_NORMAL(变量名);        法线
9  #NS_DATA_TANGENT(变量名);       切线
10 #NS_DATA_BINORMAL(变量名);      副法线
11 #NS_DATA_TEXCOORD1(变量名);     第二套uv
12 */
13 #NS_DATA_POSITION(aPos);
14
15 uniform mat4 matMVP;
16
17 void main()
18 {
19     gl_Position = matMVP * vec4(aPos, 1.0);
20 }
21
```

图 7.27 顶点着色器模板

```
#NS_DECLARE_VERSION
//NS_DECLARE_VERSION版本声明必须放在第一行
/*
声明精度：
#NS_PRECISION_HIGH(类型); == precision highp 类型;
#NS_PRECISION_MEDIUM(类型); == precision mediump 类型;
#NS_PRECISION_LOW(类型); == precision lowp 类型;
*/
#NS_PRECISION_HIGH(float);

out vec4 FragColor;

void main()
{
    FragColor = vec4(1.0, 0.0, 0.0, 1.0);
}
```

图 7.28 像素着色器模板

自定义材质着色器头文件模板(图 7.29)通过继承 NMaterialShader 实现了 3 种虚方法：InitTechniqueAndPass、InitShaderProperties、SetupShaderContext。

```
/* Nibiru Studio Engine Version [949] */
// Copyright (c) 2020-2023 Nibiru. All rights reserved.
#pragma once
#include "Apis/NMaterialShader.h"

ENGINE_NAMESPACE_BEGIN

#define MaterialShader1_API DLLEXPORT

class MaterialShader1_API MaterialShader1 : public NMaterialShader
{
    DECLARE_CLASS(MaterialShader1, NMaterialShader)
    DECLARE_RTTI
    DECLARE_SHADER
public:
    MaterialShader1();
    virtual ~MaterialShader1();

    virtual void InitTechniqueAndPass() override;
    virtual void InitShaderProperties() override;
    virtual void SetupShaderContext(Renderable* rend, Material* mat, Pass* pass) override;
};

ENGINE_NAMESPACE_END
```

图 7.29 材质着色器头文件模板

着色器类型即用户设置的自定义材质模板名称(图 7.30)，通过 RTTI 注册类型，注册后编译成功便可在材质属性页的着色器类型属性中选择该类型(图 7.31)。

```
/* Nibiru Studio Engine Version [949] */
#include "MaterialShader1.h"

ENGINE_NAMESPACE_BEGIN

IMPLEMENT_CLASS(MaterialShader1)
IMPLEMENT_RTTI_CUSTOM_SHADER(MaterialShader1, NMaterialShader)

//声明顶点着色器文件路径，相对于项目Assets文件夹下的路径
DECLARE_SHADER_VERTEX(MaterialShader1, "Shaders/MaterialShader1.vs")
//声明片元着色器文件路径，相对于项目Assets文件夹下的路径
DECLARE_SHADER_FRAGMENT(MaterialShader1, "Shaders/MaterialShader1.fs")
//声明几何着色器文件路径，相对于项目Assets文件夹下的路径(非必须，若不需要则传空即可)
DECLARE_SHADER_GEOMETRY(MaterialShader1, "")

MaterialShader1::MaterialShader1()
{
}

MaterialShader1::~MaterialShader1()
{
}

void MaterialShader1::InitTechniqueAndPass()
{
    //创建Technique和pass
    CreateTechnique();
    CreatePass();
    /*
    * 设置pass状态
    * auto states = GetPassState();
    * states.blendState.enableBlending = true;
    * UpdatePassState(states);
    * ...
    */
}

void MaterialShader1::InitShaderProperties()
{
    /*
    * 设置uniform变量 (此处声明的变量，IDE会自动生成属性界面，提供便捷操作)
    * SetShaderProperty(uniform名称，值);
    * ...
    */
}
```

图 7.30 通过 RTTI 注册材质着色器

图 7.31 添加自定义材质着色器

2. 书写材质着色器

在材质着色器 cpp 中(图 7.32)，可以通过宏定义设置着色器的路径。第一个参数是类名，第二个参数是 shader 文件相对于项目 Assets 文件夹的路径(顶点着色器与片段着色器为渲染必须的着色器，因此必须书写这两个着色器对应文

件路径。几何着色器若需要则设置文件路径即可)。

```
/* Nibiru Studio Engine Version [949] */
#include "MaterialShader1.h"

ENGINE_NAMESPACE_BEGIN

IMPLEMENT_CLASS(MaterialShader1)
IMPLEMENT_RTTI_CUSTOM_SHADER(MaterialShader1, NMaterialShader)

//声明顶点着色器文件路径，相对于项目Assets文件夹下的路径
DECLARE_SHADER_VERTEX(MaterialShader1, "Shaders/MaterialShader1.vs")
//声明片元着色器文件路径，相对于项目Assets文件夹下的路径
DECLARE_SHADER_FRAGMENT(MaterialShader1, "Shaders/MaterialShader1.fs")
//声明几何着色器文件路径，相对于项目Assets文件夹下的路径(非必须，若不需要则传空即可)
DECLARE_SHADER_GEOMETRY(MaterialShader1, "")
```

图 7.32　设置材质着色器使用的着色器

设置完着色器路径后，需要初始化材质着色器设置 InitTechniqueAndPass 函数(图 7.33)：依次调用 CreateTechnique 方法、CreatePass 方法，并且顺序不能改变(调用 CreateTechnique 方法创建 technique，调用 CreatePass 方法创建 pass)。如果想要修改 pass 的状态，可以通过调用 GetPassState 方法获取 state，修改属性后通过 UpdatePassState 更新。

```
void MaterialShader1::InitTechniqueAndPass()
{
    //创建Technique和pass
    CreateTechnique();
    CreatePass();
    /*
    * 设置pass状态
    * auto states = GetPassState();
    * states.blendState.enableBlending = true;
    * UpdatePassState(states);
    * ...
    */
}
```

图 7.33　初始化材质着色器的 technique 和 pass state

初始化完材质着色器后，需要声明反射到属性页的属性中，界面会根据声明自动生成(图 7.34)。设置 InitShaderProperties 函数，调用 SetShaderProperty 传入键值对，第一个参数是 shader 中 uniform 名，第二个参数是默认值。

```
void TestMaterialShader::InitShaderProperties()
{
    SetShaderProperty("mainTexture", NTexturePtr());
    SetShaderProperty("mainColor", Color(Color32(255, 255, 255, 255)));
    SetShaderProperty("CullColor", Color(Color32(23, 168, 97, 255)));
    SetShaderProperty("ThresholdSensitivity", 0.6f);
    SetShaderProperty("Smoothing", 0.5f);
}
```

图 7.34　设置需要反射到材质着色器面板的属性

在运行时需要每帧更新的材质着色器属性(图 7.35)可以通过 SetupShaderContext 函数进行设置，渲染时引擎会调用该方法向 GPU 传递参数。调用基类方法会自动将 InitShaderProperties 中的注册键值对传给 GPU，自定义材质类提供 SetDefaultMVP 方法方便传入 MVP 矩阵。不需要反射到属性页但需要传入 GPU 的属性，可以通过以下方法传入(图 7.36)。

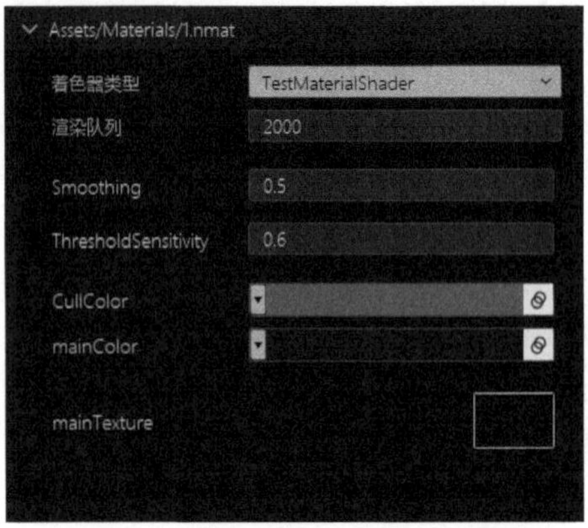

图 7.35　材质着色器的属性面板

```
GpuProgram* gp = GetGpuProgram();

Matrix4 matWorld = rend->GetWorldTransform();
gp->SetShaderConstant("matWorld", matWorld);
gp->SetShaderConstant("viewPos", Camera::GetCurrent()->GetPosition());
```

图 7.36　运行时更新的材质着色器属性

7.8　本 章 小 结

本章讲解了引擎编辑器的使用、引擎的脚本系统，以及如何利用该脚本系统来进行虚拟现实应用的开发。对在虚拟现实应用中用到的资源、组件的操作和系统服务调用方法进行了讲解。读者可以灵活运用这些功能创建自己的 VR 应用场景。

第 8 章　NIBIRU 引擎应用开发实战

前面几章重点介绍了 NIBIRU 引擎编辑器和插件的基本功能，那么要想真正开发出一款可以运行在虚拟现实操作系统上的虚拟现实应用，开发者则需要把以上内容结合起来使用。

本章详细讲解如何使用 NIBIRU 引擎编辑器进行控件布局和参数设置，如何使用插件在 Visual Studio 中进行虚拟现实应用功能逻辑的开发，最终成功开发出一个可以在虚拟现实操作系统上运行的虚拟现实应用程序。

希望通过本章的学习，读者可以自己了解整个虚拟现实应用的开发流程，并成功实现虚拟现实应用在虚拟现实设备上的运行。

8.1　NIBIRU 引擎开发环境搭建

第 3 章中讲到，NIBIRU 引擎需要和 Visual Studio 配合使用，才能进行完整的虚拟现实应用开发。本节将详细讲解如何进行二者的集成。

若开发者需要将应用发布至移动平台(Android、NIBIRU OS)，还需要安装 Android SDK 以及 JDK(Java development kit)或 JRE(Java runtime environment)，并将在环境配置中按照提示配置好开发环境。

8.2　NIBIRU 引擎应用开发案例——XR Launcher

本节介绍如何制作一个虚拟现实设备必须具备的应用，也是虚拟现实操作系统启动时进入的第一个应用——主界面，通过这个案例帮助读者快速掌握虚拟现实应用的开发流程。

8.2.1　创建项目工程

首先启动 NIBIRU 引擎，并创建一个名为 NIBIRU XR Launcher 的项目。

8.2.2　项目使用的资源导入

找到资源窗口，单击"Textures"文件夹，使用鼠标将图片从文件夹中拖拽进入资源区进行导入。

8.2.3 Launcher 界面布局

完成导入所有本次示例工程需要的资源后，将在编辑器的三维场景里进行资源的布局设置。

1. 设置 Launcher 天空盒

在没有控件选中时，右侧属性面板显示为场景属性，勾选"天空盒"可显示天空球属性(图 8.1)。

图 8.1 启用天空盒显示

将资源区中的 BGNormal.jpg 拖入天空盒的场景处，可发现场景中的天空盒图片已改变(图 8.2)。

图 8.2 设置天空盒图片

2. 制作 Launcher 应用列表

首先在控件窗口中选中"用户界面→面板"并拖动至场景中，创建一个面板并命名为 AppList，将它的变换属性中的坐标、旋转信息设置为 0。然后将"资源"的 background.png 设置为显示图片(图 8.3)。

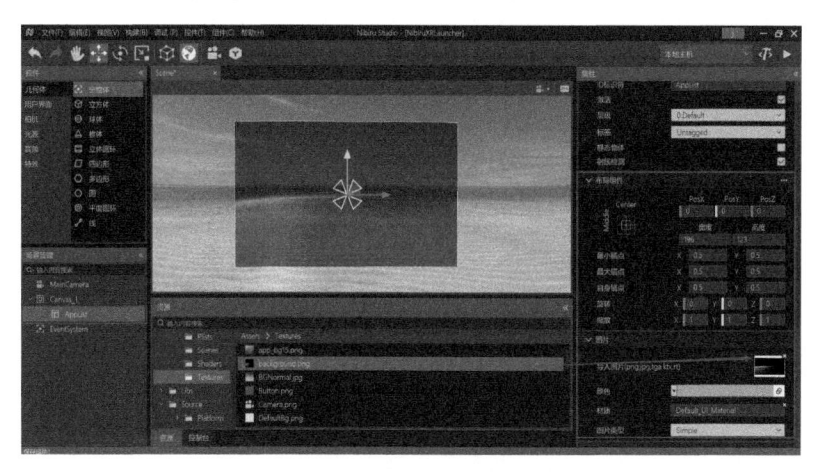

图 8.3　设置界面背景图

然后在控件窗口中选中"用户界面→图片"并拖动至场景中，创建一个图片控件并命名为 PageRight，然后将资源 ic_next.png 设置为显示图片(图 8.4)。之后选中 PageRight 并拖动至 AppList 中，使之成为它的子物体。这时设置 PageRight 的属性。这里要注意，属性面板中的坐标是局部坐标，表示物体相对其父物体的坐标。因此，为了确保设置的坐标信息正确，一定要先设置好父子关系再设置对象的变换属性。

图 8.4　设置右翻页按钮及样式

按照同样的方法给 AppList 添加 PageLeft、PageBg 这两个图片控件及 PageNumber 文本控件(图 8.5～图 8.7)，然后给这三个对象设置具体属性。

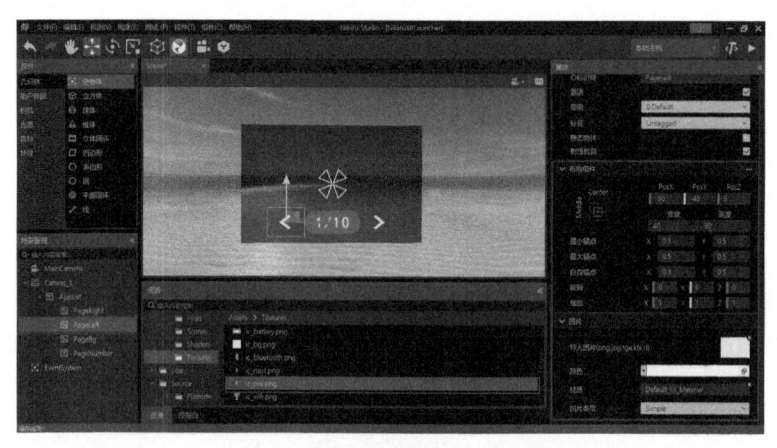

图 8.5 设置左翻页按钮及样式

图 8.6 设置页码背景及样式

图 8.7 设置页码文本样式

3. 制作 Launcher 状态栏

按照之前的方法创建一个面板并命名为 StatusBar，设置状态栏背景属性面及样式(图 8.8)。

图 8.8　设置状态栏背景属性及样式

参考之前的方式，分别制作 Battery 用于显示电量状态(图 8.9、图 8.10)，制作 Wifi 用于显示无线网络状态(图 8.11、图 8.12)，制作 Bluetooth 用于显示蓝牙状态(图 8.13、图 8.14)。

这时可以单击右上角的预览按钮，预览项目运行时的界面，在开发过程中可以随时进行预览以保证实现预期的效果(图 8.15)。

图 8.9　设置电量图标属性及样式

图 8.10 设置电量文本属性及样式

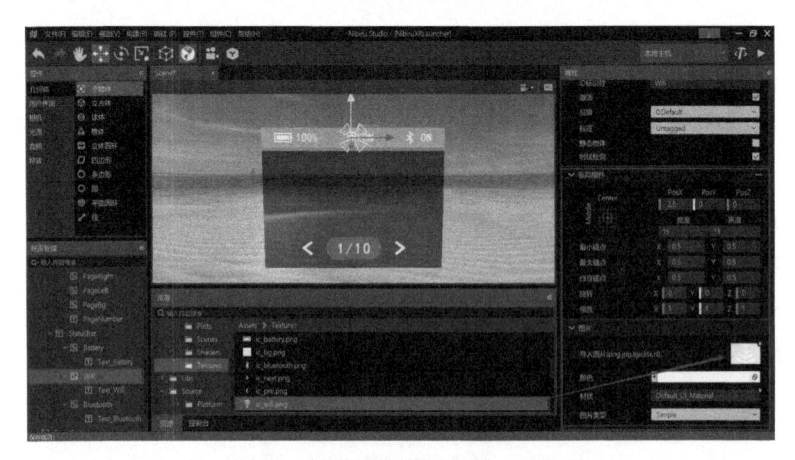

图 8.11 设置无线网图标属性及样式

图 8.12 设置无线网文本属性及样式

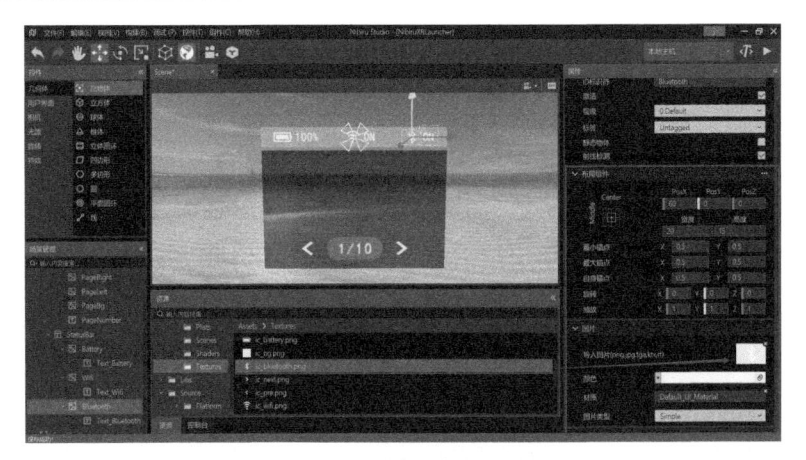

第 8 章　NIBIRU 引擎应用开发实战　　·241·

图 8.13　设置蓝牙图标属性及样式

图 8.14　设置蓝牙文本属性及样式

图 8.15　Launcher 界面预览

8.2.4 创建 AppManager 脚本组件

目前已经完成应用界面的搭建，接下来就开始进行脚本组件的开发。

首先选择并拖动"几何体→空物体"至场景中创建一个空物体，给这个空物体命名为 AppManager，它的作用是管理 Launcher 应用。

接着在资源窗口中右击选择"创建→脚本"，创建一个自定义脚本组件。给脚本也命名为 AppManager(图 8.16)。

图 8.16　创建 AppManager 对象

这时可以单击右上角的编译工具按钮，将自定义脚本编译。这样就可以在物体上通过"添加组件"功能将自定义脚本与物体绑定。在场景管理中选中 AppManager，单击属性面板最下方的"添加组件"按钮，在 Custom 中可以看到已经编译完成的 AppManager 自定义脚本，选中它将脚本添加到 AppManager 上。

8.2.5 编写 AppManager 组件功能

1. 头文件引用

在编辑器资源面板中双击打开 AppManager.h，首先为了引入 XR 系统中对应的功能以及系统控件的功能，需要导入一些头文件。

```
#pragma once
#include "Engine.h"
#include "Apis/NComponent.h"
#include "Apis/NInputEventTriggerComponent.h"
#include "XR/NXRSystemApiManager.h"
#include "Apis/NActor.h"
```

```
#include "Apis/NLabel.h"
#include "Apis/NApplication.h"
```

2. 声明需要的变量

为了方便地对场景中的各个对象进行管理，需要声明一些变量，以便在项目运行时建立正确的引用关系。

```
private:
    NLabelPtr m_LabelBattery = nullptr;// 用于修改电量状态的
// 文字
    NLabelPtr m_LabelWifi = nullptr;// 用于修改无线网络状态的
// 文字
    NLabelPtr m_LabelBluetooth = nullptr;// 用于修改蓝牙状态的
// 文字
     NLabelPtr m_LabelPageNumber = nullptr;// 用于显示应用
//列表页数的文字
    NActorPtr m_PageLeft = nullptr;// 向左翻页的按钮
    NActorPtr m_PageRight = nullptr;// 向右翻页的按钮
    uint32 m_CurPage = 1;// 当前显示的页数
    uint32 m_TotalPage = 1;// 总页数
    NActorPtr m_AppParent = nullptr;// 应用列表的父物体
    NIBIRU_ENGINE::AppList mAppList;// 应用列表数组
    SystemStatusHandler m_SystemStatusHandler = nullptr;
 // 系统状态句柄
    bool m_bIsNeedRefreshStatus = false;// 用于判断是否刷新状态
    NApplicationLifetime m_NApplicationLifetime = nullptr;
// 注册应用恢复时触发的回调
```

3. 声明需要的接口

需要声明一些接口用于实现预期的逻辑。本次示例中需要用到以下接口。

```
protected:
   void LoadApp(uint32 page);// 加载对应页码的应用列表
   void OnPointerClick(const NInputPointerEventData& data);
// 鼠标单击事件
    void OnSystemStatusHandler(class SystemStatus system
Status);// 系统状态变化时的回调
```

```
void OnApplicationResume();// 引用恢复时的回调
```

接下来实现 AppManager 的具体逻辑。在编辑器资源面板中双击打开 AppManager.cpp。

1) 绑定物体

为了确保创建的应用列表中所有的应用图标都可以方便地管理，首先需要创建一个应用图标的父物体。可以在 Awake 回调函数中去创建物体，具体代码如下所示。

```
void AppManager::Awake()
{
    m_AppParent = NActorManager::CreateActor("parent");
}
```

需要把之前声明的变量与实际物体进行绑定。为了确保绑定的物体已经创建，除了引用自身，可以在 Start 回调函数中去获取物体，具体代码如下所示。

```
void AppManager::Start()
{
    // 仅在此对象首次进入 Update 生命周期回调前执行一次
    m_LabelBattery = NActorManager::GetActor("Label_Battery")->GetInternalComponent<NLabel>();
    m_LabelWifi = NActorManager::GetActor("Label_Wifi")->GetInternalComponent<NLabel>();
    m_LabelBluetooth = NActorManager::GetActor("Label_Bluetooth")->GetInternalComponent<NLabel>();
    m_LabelPageNumber = NActorManager::GetActor("PageNumber")->GetInternalComponent<NLabel>();
    m_PageLeft = NActorManager::GetActor("PageLeft");
    m_PageRight = NActorManager::GetActor("PageRight");
}
```

2) 获取应用列表信息

接着继续在 Start 回调函数中添加获取应用信息的代码。通过这段代码可以获取 XR 平台下的应用列表信息，以便后续创建应用图标，具体代码如下所示。

```
#if PLATFORM_ANDROID
    mAppList = NXRSystemApiManager::Get().GetAppList();//
```
在 XR 平台下获取应用列表
```
#else
    for (int i = 0; i < 40; i++)// 其他平台我们就制作了一些模
// 拟数据用于测试
    {
        NIBIRU_ENGINE::AppInfo mAppInfo;
        mAppInfo.m_AppName = StringUtil::Format("AppName_%d",
i);
        mAppInfo.m_PackageName = StringUtil::Format("com.a.b_%d",
i);
        mAppInfo.m_bIsSystemApp = false;
        mAppInfo.m_VersionCode = 1;
        mAppInfo.m_VersionName = "1.0.0";
        mAppInfo.m_AppIconBmp = nullptr;
        mAppList.emplace_back(mAppInfo);
    }
#endif
```

3) 定义应用列表的常量

获取到系统的应用列表后，列表中的应用图标信息要呈现在之前制作的 AppList 面板中。因此，需要先定义一些常量来明确每个应用图标的样式。打开 AppManager.h 并添加以下代码。

```
// 图标背景图尺寸
const Vector2 AppBackgroundSize = { 0.8f, 0.6f };
// 图标尺寸
const Vector2 AppIconSize = { 0.3f, 0.3f };
// 应用名称尺寸
const Vector2 AppNameSize = { 1.0f, 1.0f };
// 图标在背景图上的偏移
const Vector3 AppIconPositionOffset = { 0, 0.07f, 0 };
// 应用名称在背景图上的偏移
const Vector3 AppNamePositionOffset = { 0, -0.155f, 0 };
// 应用图标与应用图标之间的偏移
const Vector2 AppIconOffset = { 0.122f, 0.25f };
```

```cpp
// 应用列表每页的行数
const int ROW_COUNT = 3;
// 应用列表每页的列数
const int COL_COUNT = 4;
// 应用列表每页显示的应用数
const int PAGE_ITEM_COUNT = ROW_COUNT * COL_COUNT;
// 应用列表与面板左上角的基本间隔
const float AppManagerLeftTop_X = -1.4f;
const float AppManagerLeftTop_Y =  1.1f;
// 应用图标的占位尺寸
 const float AppWidthStep = AppBackgroundSize.x + AppIconOffset.x;
 const float AppHeightStep = AppBackgroundSize.y + AppIconOffset.y;
```

4）实现加载对应页码并创建应用图标的方法

之前声明了 LoadApp 这个接口，它正是为了实现加载页码并创建应用图标的方法。下面来看一下如何实现这个方法。

首先要计算页码的信息，以确保期望加载的应用列表正确，具体代码如下所示。

```cpp
// 设置页码文本（当前页码/总页码）
m_LabelPageNumber->SetText(StringUtil::Format("%d/%d", m_CurPage, m_TotalPage));
// 通过页码计算需要显示的应用区间
uint32 fromIndex = (page -1)* PAGE_ITEM_COUNT;
uint32 toIndex = page * PAGE_ITEM_COUNT;
if (toIndex > mAppList.size())
{
    toIndex = mAppList.size();
}
// 打印日志
LogEngine("[AppManager] LoadApp Page.%d,Index.%d~%d.[Size.%d]", page, fromIndex, toIndex, mAppList.size());
```

为了创建新的应用列表，在这之前需要将原来已经创建的列表销毁，具体代码如下所示。

```cpp
// 获取已经创建的应用图标并销毁它们
std::vector<NActorPtr> mActorList = m_AppParent->
GetChildren(false);
for (NActorPtr actor : mActorList)
{
   NActorManager::DestroyActor(actor);
}
// 打印日志
LogEngine("[AppManager] LoadApp Parent Child Size.%d",
m_AppParent->GetChildren(false).size());
```

根据之前步骤计算的页码信息，将循环创建出应用图标，具体代码如下所示。

```cpp
for (int i = fromIndex; i < toIndex; i++)
  {
  }
```

在循环中首先需要获取到对应顺序的应用信息，并根据应用信息创建出应用图标承载的对象，这里创建一个图片，具体代码如下所示。

```cpp
NIBIRU_ENGINE::AppInfo mAppInfo = mAppList[i]; // 获取应
// 用信息
NActorPtr appIconBg = NActorManager::CreateImageView
("icon_bg"); // 创建应用对象
appIconBg->SetObjectName(mAppInfo.m_PackageName);// 设
// 置应用对象的名称，然后设置应用对象的父物体并创建出图标、名称等对象
  appIconBg->SetParent(m_AppParent);
NActorPtr appIcon = NActorManager::CreateImageView
("icon");
appIcon->SetRaycastTarget(false);
NActorPtr appIconName = NActorManager::CreateLabel
("icon_name");
appIconName->SetRaycastTarget(false);
appIcon->SetParent(appIconBg);
appIconName->SetParent(appIconBg);
```

创建完这些对象后，设置它们的位置信息。设置之前要计算一下这个应用图标是在第几行第几列，这样就能计算出这个应用图标的正确位置。因为图标与名

称都是应用对象的，因此这里设置的位置信息都是相对其父物体的。具体代码如下所示。

```
int row = (i -fromIndex) / COL_COUNT;
int col = (i - fromIndex) % COL_COUNT;
appIconBg->SetLocalPosition(
  {
    AppManagerLeftTop_X + col * AppWidthStep,
    AppManagerLeftTop_Y - row * AppHeightStep,
  });
appIcon->SetLocalPosition(AppIconPositionOffset);
appIconName->SetLocalPosition(AppNamePositionOffset);
appIconName->SetLocalScale(0.2f);
```

设置完成后来给应用对象添加一个背景图，这样一个应用对象的模板就创建完成了。具体代码如下所示。

```
auto imgIconBg = appIconBg->GetInternalComponent<NImageView>();
imgIconBg->SetZOrder(2);
imgIconBg->SetSize(AppBackgroundSize);
imgIconBg->SetTexture(NApplication::AssetsPath() + "Textures/app_bg15.png");
```

有了应用对象的模板后，就可以针对不同的应用信息来填充了。先设置应用图标，这里用平台判断逻辑，如果是 XR 平台那么将获取真实的应用图标信息，其他平台则用默认图标方便调试，具体代码如下所示。

```
auto imgIcon = appIcon->GetInternalComponent<NImageView> ();
imgIcon->SetZOrder(3);
imgIcon->SetSize(AppIconSize);
LogEngine("mAppInfo:%s,%p", mAppInfo.m_PackageName.c_str(),
 mAppInfo.m_AppIconBmp);
  #if PLATFORM_ANDROID
    imgIcon->SetTexture(NXRSystemApiManager::Get().GetApp IconTexture
       (mAppInfo.m_PackageName, mAppInfo.m_AppIconBmp));
  #else
    imgIcon->SetTexture(NApplication::AssetsPath() +
```

```
"Textures/set_light_high_focused.png");
#endif
```

接着给应用对象设置应用名称，具体代码如下所示。

```
auto labelName = appIconName->GetInternalComponent
<NLabel>();
labelName->SetZOrder(4);
labelName->SetLabelType(LabelType::SINGLE_LINE);
labelName->SetAlignment(LabelAlignment::CENTER);
labelName->SetFontSize(32);
labelName->SetText(mAppInfo.m_AppName);
labelName->SetSize(AppNameSize);
```

这样一个应用对象就创建完毕了。程序会继续循环执行下去直到当前页面的所有应用均创建完毕才会停止。

完成以上步骤后，回到 Start 回调函数中，调用 LoadApp 方法。因为 LoadApp 方法需要传入当前页码，因此需要先计算一下页码信息，具体代码如下所示。

```
uint32 leftSize = mAppList.size() -(uint32)(mAppList.
size() / 12) * 12;
m_TotalPage = mAppList.size() / 12 + (leftSize > 0 ? 1 : 0);
m_CurPage = 1;
// 加载对于页码的应用列表
LoadApp(m_CurPage);
```

接着回到编辑器下运行预览，根据之前代码的设置，一共创建了 40 个虚拟的应用信息，可以看到一共有 4 页应用，每页显示了 12 个应用(图 8.17)。

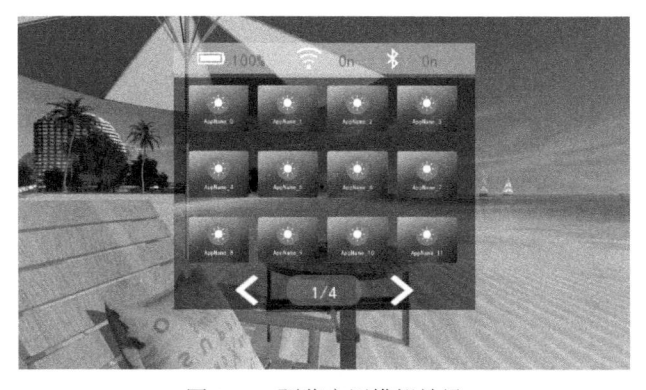

图 8.17 预览应用模拟效果

预览时可以发现，所有的应用图标都不能单击。接下来给应用图标实现单击事件。

5) 实现应用图标的单击事件

在 AppManager.h 中声明了 OnPointerClick 这个接口。现在来实现它的功能逻辑。首先在 AppManager.cpp 中增加对应的接口实现，具体代码如下所示。

```
void AppManager::OnPointerClick(const NInputPointerEventData& data)
{
}
```

使用这个方法时会将它注册到鼠标单击事件中去，因此为了实现这些逻辑还需要对应用图标创建时的逻辑做一些改动。

回到 LoadApp 接口，在循环创建应用对象的最后继续添加一些代码，用于给每个应用对象添加一个 NInputEventTriggerComponent 组件，然后注册一个鼠标单击事件并与 OnPointerClick 进行绑定，最后将注册好的鼠标单击事件设置为应用对象的鼠标单击事件，具体代码如下所示。

```
// 给应用对象添加一个NInputEventTriggerComponent组件
NInputEventTriggerComponentPtr mInputEventTriggerComponent = appIconBg->AddInternalComponent<NInputEventTriggerComponent>();
// 注册一个输入事件
NInputEventHandler PointerClickHandler = BIND_MEMBER_FUNCTION(&AppManager::OnPointerClick, this);
// 将事件设置为应用对象的鼠标单击事件
mInputEventTriggerComponent->SetPointerClickHandler(PointerClickHandler);
```

继续实现 OnPointerClick，因为输入事件有多个监听类型，所以需要前置判断一下当前触发的事件是不是鼠标单击带来的，然后再实现期望的逻辑。这里实现单击应用图标后如果是 XR 平台，那么启动对应的应用，具体代码如下所示。

```
if (data.PointerPress)
{
    // 获取单击对象的名称
```

```
    std::string actorName = data.PointerPress->GetName();
    // 判断单击对象的名称是否为应用
    if (actorName.compare("icon_bg") == 0)
    {
      // 获取应用包名信息
      std::string pkgName = data.PointerPress->GetObjectName();
      LogEngine("[AppManager]    OnPointerClick    PackageName.%s.",
pkgName.c_str());
      // 若是 XR 平台就打开对应的应用
  #if PLATFORM_ANDROID
      NXRSystemApiManager::Get().StartApp(pkgName);
  #endif
      m_bIsNeedRefreshStatus = true;
    }
  }
```

这时再次回到编辑器中，预览并单击应用图标就可以看到在日志窗口中会打印出事件触发的日志，如图 8.18 所示。

图 8.18　预览应用模拟单击输出

6) 实现应用列表翻页的单击事件

依然在 OnPointerClick 接口中实现应用列表的翻页，也可以实现多个接口来执行不同的逻辑，具体代码如下所示。

```
bool refreshAppUI = false;
// 实现向右翻页
if (actorName.compare("PageRight") == 0)
{
  if (m_CurPage >= m_TotalPage) return;
  m_CurPage++;
  if (m_CurPage > m_TotalPage)
  {
    m_CurPage = m_TotalPage;
  }
```

```
    refreshAppUI = true;
  }
  // 实现向左翻页
  if (actorName.compare("PageLeft") == 0)
  {
    if (m_CurPage <= 0) return;
    m_CurPage--;
    if (m_CurPage < 1)
    {
      m_CurPage = 1;
    }
    refreshAppUI = true;
  }
  // 翻页后刷新应用列表
  if (refreshAppUI)
  {
     LoadApp(m_CurPage);
  }
```

然后给翻页的图标对象添加组件以及设置鼠标单击事件。案例中是在 Start 回调事件中获取翻页图标对象的，在获取到翻页图标对象后新增这些操作，具体代码如下所示。

```
    auto mPageLeftEventTriggerComponent = m_PageLeft->
AddInternalComponent<NInputEventTriggerComponent>();
    auto mPageRightEventTriggerComponent = m_PageRight->
AddInternalComponent<NInputEventTriggerComponent>();
    NInputEventHandler pointerClickFuncL = BIND_MEMBER_
FUNCTION(&AppManager::OnPointerClick, this);
    mPageLeftEventTriggerComponent->SetPointerClickHandler
(pointerClickFuncL);
    NInputEventHandler pointerClickFuncR = BIND_MEMBER_
FUNCTION(&AppManager::OnPointerClick, this);
    mPageRightEventTriggerComponent->SetPointerClickHandler
(pointerClickFuncR);
```

回到编辑器中，预览并单击翻页图标，可以看到页码文本会更新同时应用列表也加载了对应页码的应用信息。

7) 实现系统状态监听事件

在 AppManager.h 中声明 OnSystemStatus Handler 接口实现系统状态的实时监听。现在来实现它的功能逻辑，具体代码如下所示。

```
void AppManager::OnSystemStatusHandler(class SystemStatus systemStatus)
{
  // 系统状态为电量时更新电量状态的文本
  if (systemStatus.statusType == ESystemStatusType::STATUS_BATTERY)
  {
    uint32 batteryLevel = systemStatus.statusValue.m_IntValueContent;
    m_LabelBattery->SetText(StringUtil::Format("%d%", batteryLevel));
  }
  // 系统状态为蓝牙时更新蓝牙状态的文本
  if (systemStatus.statusType == ESystemStatusType::STATUS_BLUETOOTH)
  {
    uint32 bluetoothStatus = systemStatus.statusValue.m_IntValueContent;
    m_LabelBluetooth->SetText(StringUtil::Format("%s", bluetoothStatus == 0 ? "Off" : "On"));
  }
  // 系统状态为网络时更新网络状态的文本
  if (systemStatus.statusType == ESystemStatusType::STATUS_NETWORK)
  {
    uint32 networkStatus = systemStatus.statusValue.m_IntValueContent;
    m_LabelWifi->SetText(StringUtil::Format("%s", networkStatus == 0 ? "Off" : "On"));
  }
}
```

实现了 OnSystemStatusHandler 这个接口后，需要将它注册到系统状态监听事件中。这个操作在 Start 回调事件中处理，希望程序在第一次进入 Update 时就可以实时监听到系统状态的变化，具体代码如下所示。

```
m_SystemStatusHandler = BIND_MEMBER_FUNCTION(&AppManager
::OnSystemStatusHandler, this);
    NXRSystemApiManager::Get().RegisterSystemStatusListener
(m_SystemStatusHandler);
```

8) 设置应用的更新逻辑

在之前的学习中已经知道，应用的每帧画面的更新逻辑都在 Update 回调事件中实现，为了确保可以实时监听系统状态的变化，还需要在 Update 回调事件中实现实时的监听，具体代码如下所示。

```
void AppManager::Update()
{
#if PLATFORM_ANDROID
    // 根据更新状态的布尔值判断是否需要更新
    if (m_bIsNeedRefreshStatus)
    {
        // 完成更新后将更新状态的布尔值设置成 false
        m_bIsNeedRefreshStatus = false;
        // 更新电量状态
        uint32 batteryLevel = NXRSystemApiManager::Get().
GetSystemBatteryValue();
        m_LabelBattery->SetText(StringUtil::Format("%d%",
batteryLevel));
        // 更新蓝牙状态
        uint32 bluetoothStatus = NXRSystemApiManager::Get().
GetBluetoothStatus();
        m_LabelBluetooth->SetText(StringUtil::Format("%s",
bluetoothStatus == 0 ? "Off" : "On"));
        // 更新网络状态
        uint32 networkStatus = NXRSystemApiManager::Get().
GetNetworkStatus();
        m_LabelWifi->SetText(StringUtil::Format("%s",
networkStatus == 0 ? "Off" : "On"));
    }
```

```
#endif
}
```

为了确保应用在进入第一次 Update 时就可以更新到最新的系统状态，需要在 Start 回调事件中将设置系统状态更新的布尔值设置一下，具体代码如下所示。

```
m_bIsNeedRefreshStatus = true;
```

9) Launcher 应用运行状态的管理

在应用运行过程中，使用者可能会将应用挂起到后台或者退出应用。因为在代码中注册了系统监听事件，所以在触发这些状态时需要再做一些处理。

(1) 应用挂起后重新恢复。

NIBIRU 引擎在 AppManager.h 中声明了 OnApplicationResume 这个接口。在接口中设置状态更新的布尔值，以便于应用在恢复时可以在下一次 Update 中就立即更新系统状态，具体代码如下所示。

```
void AppManager::OnApplicationResume()
{
    m_bIsNeedRefreshStatus = true;
}
```

实现接口后，还需要在 Start 回调事件中注册一下系统监听事件，具体代码如下所示。

```
m_NApplicationLifetime = BIND_MEMBER_FUNCTION_NONE_PARAMS
(&AppManager::OnApplicationResume, this);
    NApplication::RegisterApplicationResume(m_NApplicationLifetime);
```

(2) 应用退出。

当应用退出时，需要将注册的系统监听事件取消，而 OnDestroy 回调事件是组件销毁时触发的回调函数，当应用退出时 AppManager 会被销毁，因此会触发 OnDestroy 回调事件，具体代码如下所示。

```
void AppManager::OnDestroy()
{
    // 当组件被销毁时触发
    NXRSystemApiManager::Get().UnRegisterSystemStatusListener
(m_SystemStatusHandler);
    NApplication::UnRegisterApplicationResume
(m_NApplicationLifetime);
}
```

8.2.6　应用打包

至此，XR Launcher 应用的逻辑就开发完成了。为了能够验证逻辑是否正确，可以将项目打包成 APK(android application package)，这样就可以将应用安装到真机上进行测试了。

回到编辑器中，单击"菜单栏→文件→打包设置"，弹出打包面板(图 8.19)。

图 8.19　应用打包输出界面

之后单击"开始打包"将应用打包成 APK。打包完毕后将 APK 安装到 NIBIRU XR 系统一体机中就可以看到系统状态的更新，同时单击应用图标将启动对应的应用(图 8.20)。

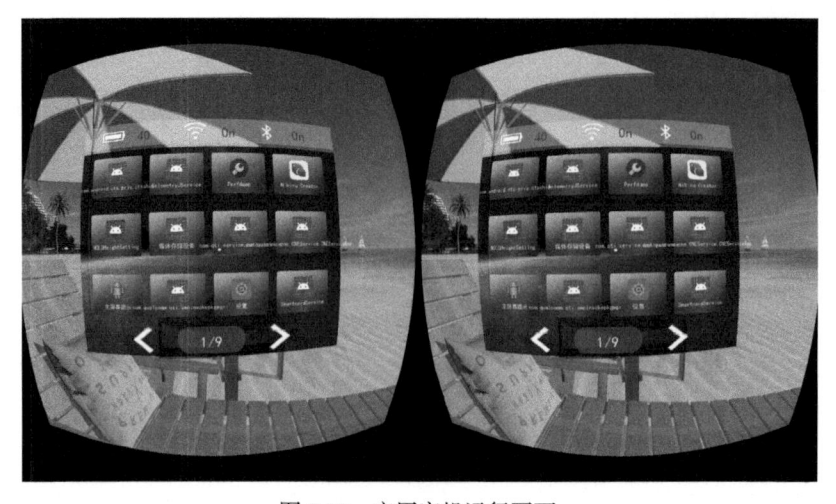

图 8.20　应用实机运行画面

8.3 本章小结

本章重点介绍如何结合 NIBIRU 引擎编辑器和 Visual Studio 开发环境，也就是使用 NIBIRU 引擎编辑器进行控件布局和参数设置，以及如何使用 Visual Studio 进行虚拟现实应用功能逻辑的开发，最终成功打包出一个可以在虚拟现实操作系统上运行的虚拟现实应用程序。最后通过实际的案例演示了完整的虚拟现实应用开发过程。

第 9 章　OpenHarmony 虚实融合交互——融智 OS

9.1　融智 OS 框架概述

9.1.1　融智 OS 框架

融智 OS 是一款基于 OpenHarmony 标准系统的虚实融合交互系统，它重新定义了全新的图形渲染和交互框架。利用融智 OS 的平台技术优势可以充分发挥处理器的性能优势，给用户带来持久的、沉浸式的 3D 视觉效果和高流畅的交互体验。满足融智 OS 运行的最基础的硬件组成如图 9.1 所示。

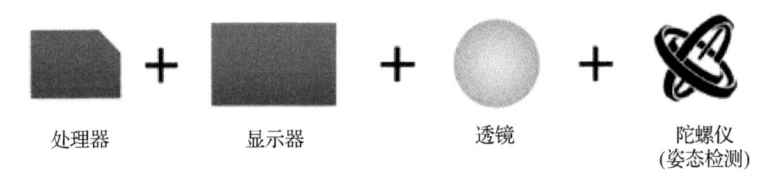

图 9.1　融智 OS 运行的最基础的硬件

融智 OS 框架遵循 OpenHarmony 的分层设计，从上到下依次为应用层、框架层、服务层和内核层。框架如图 9.2 所示。

应用层提供了使用 NIBIRU 引擎开发的系统应用。其中系统桌面作为系统开机启动后的第一个页面，负责对其他应用进行管理。启动完成后，用户将看到一个构建好的虚拟 3D 世界。

框架层提供给 NIBIRU 引擎调用的系统 Native API。为了保证融智 OS 功能的完整开发，框架层提供了六个类型的组件：低延迟组件、高性能组件、光学预处理组件、头部姿态跟踪组件、多窗口组件、虚实融合交互组件。

服务层提供了统一的交互框架服务，主要有相机管理、传感器管理、内存管理，这样做的好处是能将系统有限的资源进行最大化的利用。

内核层适配用于感知交互的各种硬件，如屏幕、相机、CPU、GPU，使其发挥硬件的最大效能。

第 9 章 OpenHarmony 虚实融合交互——融智 OS

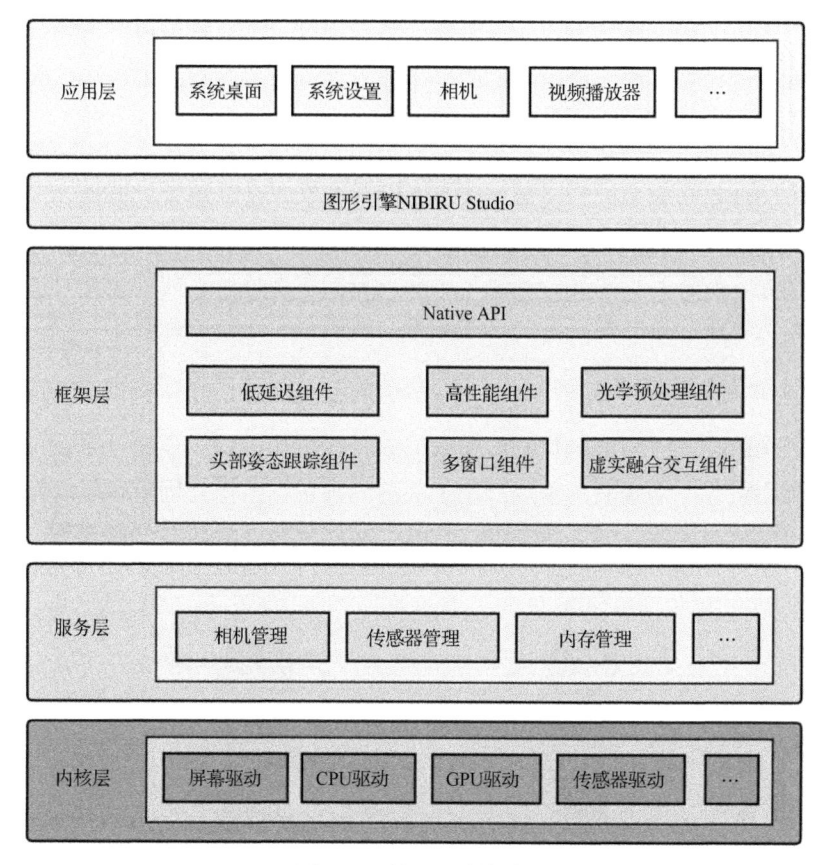

图 9.2 融智 OS 的框架

9.1.2 融智 OS 组件

1. 低延迟组件

系统应用了一种称为异步时间扭曲(asynchronous timewarp，ATW)的中间帧生成技术，持久地保证了系统画面渲染的低延迟。

2. 高性能组件

CPU/GPU 系统的高性能配置让应用始终可以保持在高频率上快速执行任务。对于简单的渲染场景，同样可以使用系统的低性能配置完成指定任务，同时降低功耗，高性能组件给应用提供了灵活的性能等级。

3. 光学预处理组件

预处理主要针对的是透镜的固有畸变和色散。
畸变是由透镜的曲率半径不同而产生的。如果透镜的中央比较厚，曲率半径较小，则中央的折射率较大，使得光线的折射角度大，从而形成凸透镜的成像；而在透镜的边缘处，由于透镜薄，曲率半径较大，中心的折射率较小，因此光线的折射角度小，从而形成凹透镜的成像。

色散是透镜由不同波长的光的折射率不同引起的，色散使得不同波长的光线在透镜中的聚焦位置不同。这就导致了不同颜色的光线产生不同的像差，从而产生色散畸变。

其他光学配置是指头显、透镜、屏幕本身的参数信息，如屏幕相对透镜的距离、两个透镜中心点的距离等，这些测量参数满足了正常的人眼3D成像需求。

4. 头部姿态跟踪组件

如图9.3所示，3DOF只有旋转坐标，没有位移坐标，只能以设定好的虚拟头部为中心点，一切观察的基点都位于头部的视角，就像是固定在电线杆上的摄像头，可以任意旋转，但无法上下、左右、前后位移，无法离开电线杆。

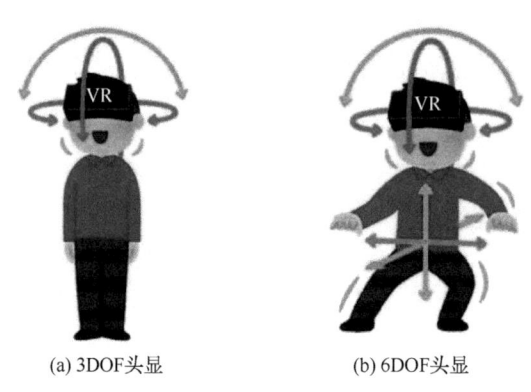

(a) 3DOF头显　　　　(b) 6DOF头显

图9.3　3DOF和6DOF头显
DOF(degree of free，自由度)

6DOF是在3DOF基础上再增加上下、前后、左右等三个位置相关的自由度。3DOF只能检测到头部转动姿态，6DOF不但可以检测伸头缩头等姿态，而且可以检测身体上下、前后、左右位移的变化。头部姿态跟踪组件保证了系统可以向应用提供稳定的3DOF或者6DOF数据。

5. 多窗口组件

多窗口组件用于管理虚拟窗口的创建和销毁，并可以让虚拟窗口加载指定的2D应用进行显示。对于显示的2D应用，需要了解其页面状态，并让2D应用响应系统的事件消息。此外多窗口组件还提供了对应用最大化、最小化、关闭的操作。

9.2 融智 OS 功能特性

9.2.1 系统低延迟渲染特性

在头戴设备算力低的限制下，融智 OS 针对渲染延迟和帧率不稳问题，在降低渲染延时和减少渲染计算开销两方面开展优化工作，从而达到面向头戴设备的低延时轻量化渲染的效果。

首先进行端到端的全链路优化。头戴设备的端到端延时主要是指设备姿态变化到对应画面显示的耗时，即 MTP(motion-to-photon latency)。MTP 的长短影响用户的实际体验，MTP 过长产生的副作用是用户不可接受的。

1. 产生眩晕

画面延时会影响用户的注意力，延时较大会产生晕动症(motion sickness)，也就是俗称的晕车或晕船。其原理是视觉接收的自身状态信息，与负责感知身体状态的中耳前庭器官不一致，中枢神经对这一状态的反馈就是恶心，来提醒身体状态的异常。简单来说，戴上 XR 头显移动头部的时候，由于延时，视觉观察到的变化比身体感觉到的慢，进而产生冲突，导致人晕眩。

根据研究，这个延时只有控制在 20ms 以内，人体才不会有排斥反应。如果超过 20ms 也不一定会造成晕眩恶心，就像有些人晕车有些人不晕，每个人的体质对延时的敏感度和排斥反应的大小不同。

2. 影响真实性

高的画面延时，会使虚拟现实感觉不够真实。当用户进行头部转动时，大脑希望该设备的屏幕能正确反映该动作。当屏幕滞后于用户头部转动后，用户真实感会减弱，这使用户的 3D 体验感降低。

MTP 链路涉及传感器、CPU、GPU、应用程序、显示屏等多个系统，链路的先后顺序如图 9.4 所示。

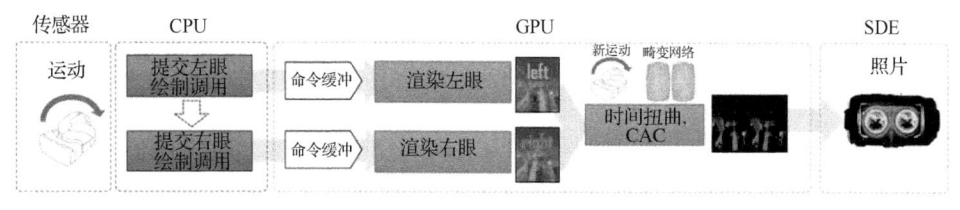

图 9.4 融智 OS MTP 链路

SDE(screen door effect，纱窗效应)，即 VR 屏幕显示由于分辨率不足出现网眼花纹

MTP 链路各位置的延时如表 9.1 所示。

表 9.1　MTP 链路各位置的延时

延时	描述
D1	传感器延迟——从传感器到内核接收传感器数据所需的时间(sensor delay – time taken to receive sensor data from sensor to kernel)
D2	从内核到 CPU 到 3DOF/6DOF 的时间(time from kernel to CPU to 3DOF/6DOF)
D3	生成姿势所需的时间(time it takes to generate pose)
D4	3DOF/6DOF 姿势到应用程序查询姿势(3DOF/6DOF pose to Apps querying pose)的时间
D5	查询姿势到应用程序扭曲之间(query pose to Apps warp complete)的时间
D6	应用程序扭曲完成到 GPU 扭曲计划之间(Apps warp complete to GPU warp scheduled)的时间
D7	GPU 开始扭曲计划并计划进行扭曲(GPU warp schedule to warp start)的时间
D8	GPU 扭曲开始到 GPU 扭曲完成(GPU warp start to GPU warp complete)的时间
D9	GPU 扭曲竞争下一个 VSync(GPU warp compete to next VSync)的时间
D10	VSync 到屏幕上的画面显示(VSync to photo on screen)的时间

融智 OS 将 MTP 链路时间控制在 25ms 以内，保证系统始终处于低延迟渲染。为了保证 MTP 值尽可能低，融智 OS 对整个链路各位置的延时做了针对性的优化处理，具体如下所示。

D1：提升传感器的采样频率，减少刷新率与传感器频率的同步等待时间消耗。3DOF 的使用场景，将加速度计和陀螺仪采样频率提到大于等于 800Hz。6DOF 的使用场景处理比 3DOF 要复杂些，由于加入了对实时相机流的图像数据处理，相机型号上选择鱼眼相机而不是 RGB 相机，鱼眼相机具有更大的视场角，可以捕捉更广阔的环境信息，提供的灰度图像可以避免 6DOF 算法对彩色的信息处理，同时对系统相机传输链路减少不必要的过程处理，如关闭 BPS/IPE(Bayer processing segment/image processing engine)，关闭自动对焦。

D2~D5：依靠高性能组件提升 CPU/GPU 的处理速度。

另外还有一些高性能硬件的选择也会减少 MTP 的时延。

(1) 采用了有线传输，屏幕使用有机发光显示器(organic light-emitting display，OLED)，减少颜色切换的时间。

(2) 使用高刷新率的屏幕，主流的屏幕是 60Hz，那每帧就是 16.67ms，如果提升到 90Hz，那每帧就是 11.11ms。

D6~D10：对应的方法为下面要介绍的 ATW 算法。

如果单纯地提升屏幕的刷新率和分辨率，那么目前的 GPU 渲染能力肯定是跟不上的。所以软件层面也要通过一些策略优化解决一些共性延迟问题，关键的思路就是把传感器采样数据的时间点尽量延后，让它与垂直同步的时间点尽量靠近。

假设屏幕的刷新率为 60Hz，每帧时间为 16.67ms，忽略硬件延时，如图 9.5 所示。如果在应用中按照 1ms 采样传感器数据，那延时大约就是 16ms。

图 9.5　传统采样渲染顺序

如果在渲染线程进行绘制之前(5ms)重新采样传感器数据，如图 9.6 所示。修正渲染可视区域信息(不会对应用逻辑产生影响)，那延时就缩短到了约 12ms。

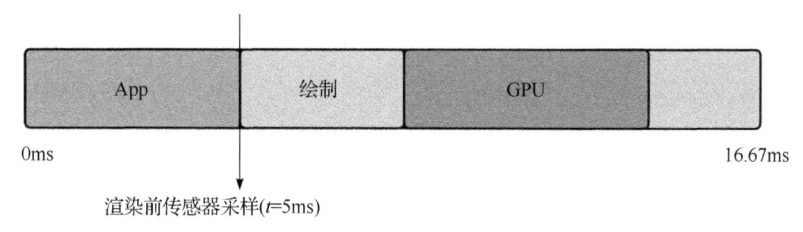

图 9.6　预采样渲染顺序

融智 OS 全新的渲染框架在渲染完成之后，提交到屏幕之前再次采样传感器数据，这样延时就可以缩短到约 3ms，如图 9.7 所示。

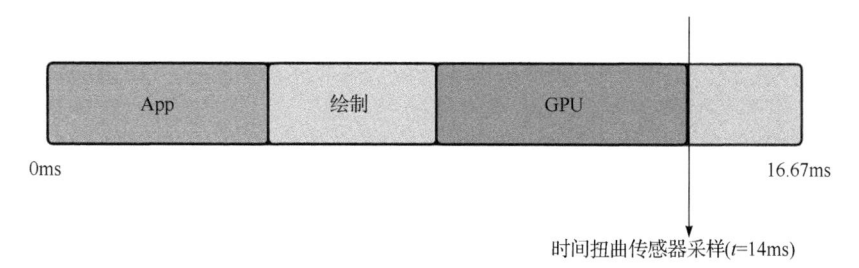

图 9.7　融智采样渲染顺序

这种采样方式的专有名称为时间扭曲(time warp)，它利用一种计算机图形学中的延迟渲染(deferred rendering)技术，基于 ZBuffer 的深度数据，逆向推导出屏幕上每个像素的世界坐标，如图 9.8 所示。

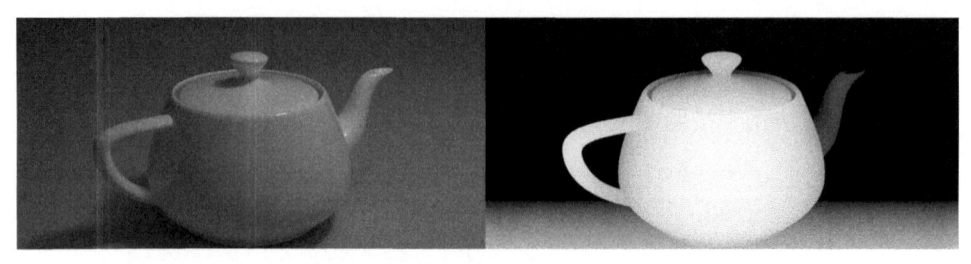

图 9.8　2D 平面效果图

该技术把所有平面像素变换到世界空间中，再根据新的摄像机位置，重新计算每个像素的屏幕坐标，生成一幅新的图像，如图 9.9 所示。

图 9.9　2D 平面 Time Warp 变换后的效果图

时间扭曲就是利用这个特性，在保证位置不变的情况下，把渲染完成的画面根据最新获取的传感器姿态计算出一帧新的画面，再提交到屏幕上。由于头部姿态变化角度非常小，所以边缘不会出现大面积的像素缺失情况。也就是说只要姿态角度变化不是很大(图片为了演示效果加大了偏转)，就可以通过这项技术"凭空渲染"出下一帧的图像，提高了渲染的最终刷新率。

时间扭曲是基于方向的扭曲，只能纠正头部的转动变化姿势，不能处理头部移动的情况。这种扭曲对 2D 图像是有优势的，它合并一幅变形图像不需要花费太多的系统资源。对于复杂的场景，它可以用较少的计算生成一个新的图像帧。这项技术带来的好处相对于 GPU 资源的消耗，对系统来说是完全可以接受的。但是时间扭曲一旦错过了垂直同步的时机，同样需要等待下一个垂直同步才能显示出来，这就需要 GPU 驱动开一个后门(GPU 调度控制机制)，在每次垂直同步之前强制进行一次时间扭曲。

融智 OS 目前已经支持了 EGL 的优先级调度，具体表现为 GPU 驱动对 EGL_IMG_context_priority 扩展的支持。选择 EGL_CONTEXT_PRIORITY_

HIGH_IMG 用于时间扭曲线程，而 EGL_CONTEXT_PRIORITY_MEDIUM_IMG 用于引擎渲染线程。

ATW 技术还使用了单缓冲区渲染技术，GPU 与屏幕共享一个 FrameBuffer。在单缓冲区渲染技术中，应用程序将所有渲染命令发送到单个缓冲区中，并等待 GPU 完成渲染操作后再将其显示在屏幕上。单缓冲区渲染技术提高了渲染上屏的显示速度，因为它可以减少 GPU 和 CPU 之间的通信，从而减少延迟和资源的使用。

不足之处在于单缓冲区渲染一旦发生了 GPU 写入区域和屏幕扫描区域相同的情况，就会产生屏幕画面"撕裂"。如图 9.10 所示，ATW 对时间帧做了严格的流程控制来避免这种情况的发生。

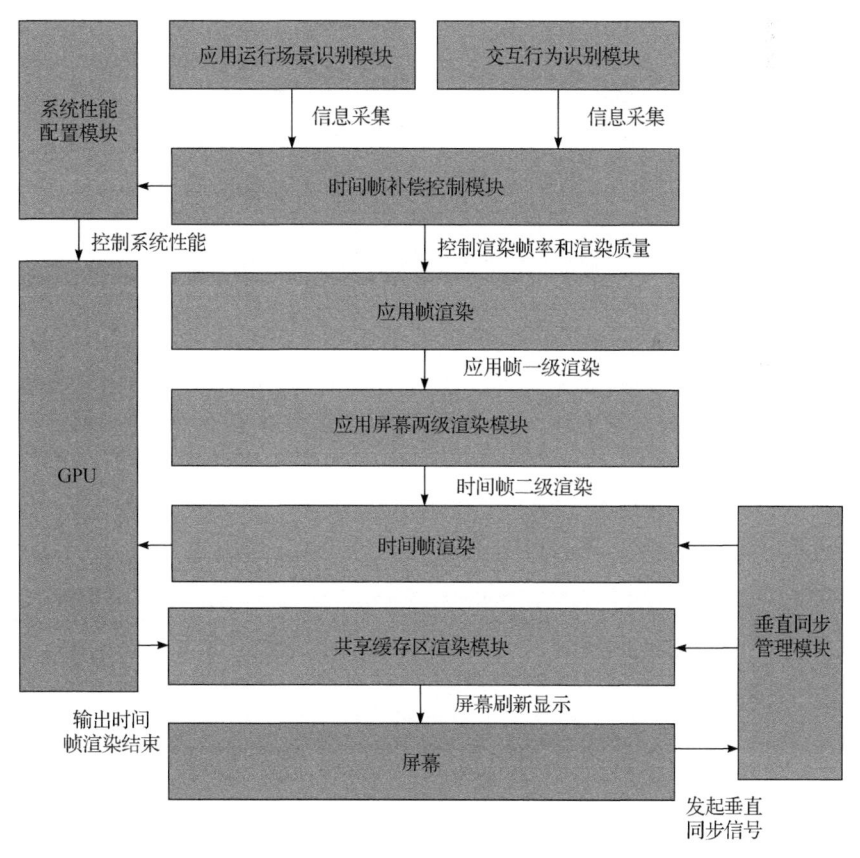

图 9.10 ATW 图像插帧链路

上屏渲染的方法使上屏渲染只与 VSync 信号相关，以固定可控的渲染开销来达到应用画面的带状渲染的目的。多线程渲染调度就是将传统的单线程渲染变为应用渲染和上屏渲染两个渲染线程，并控制其同步。由于上屏渲染只与 VSync

触发时间相关，因此融智 OS 把上屏渲染也称为时间帧渲染，而应用渲染称为应用帧渲染。

在减少渲染计算开销方面，融智 OS 低延迟组件还使用了一种基于动态分辨率的多视图轻量化渲染来降低渲染开销。传统的双目渲染方式如图 9.11 所示。

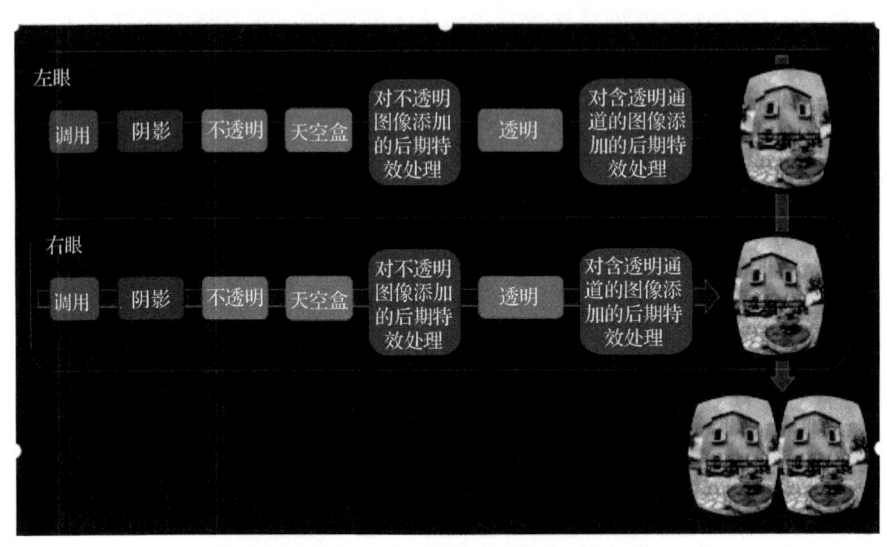

图 9.11　传统的双目渲染方式

在传统的双目立体渲染中，针对左右眼需要分别渲染，然而实际上场景内的物体没有变化，只是左右眼相机的视图矩阵和投影矩阵有差别。因此，研究基于多视图的渲染技术，通过不同视图层级来表示左右眼渲染，减少了渲染次数，可有效提高渲染速度。低延迟组件采用了如图 9.12 所示的双目渲染有效减少了渲染次数。

图 9.12　双目渲染方式

在此基础上采用动态分辨率渲染的方法维持帧率的稳定性。动态分辨率是基于启发法(按需要)调节的，通过动态缩放单个渲染目标，缩小分辨率，来保持帧率稳定。通过识别应用负载，动态调节分辨率可以显著提升应用运行的平均帧率，并降低 GPU 占用率。如图 9.13 所示，可视化了 100%和 50%分辨率增强渲染的效果。

(a) 100%分辨率渲染　　　　　　　　(b) 50%分辨率渲染

图 9.13　不同分辨率效果对比图

特别是眼动交互设备接入后，基于动态注视点渲染技术，注视点区域采用高分辨率渲染，非注视点区域使用稍低的分辨率，可以进一步降低整体 GPU 的带宽和渲染负载，如图 9.14 所示。

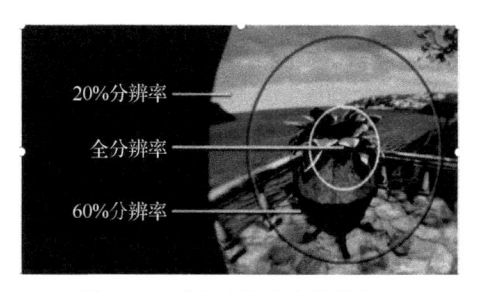

图 9.14　动态注视点渲染技术图

9.2.2　系统高性能调度特性

融智 OS 需要具备高性能调度的能力，主要有两个原因：①屏幕的画面渲染需要动态实时更新，保证低延迟使人不会产生眩晕；②对采集的各个硬件数据要做到快速处理和响应。

特别在系统全场景使用 ATW 渲染技术的情况下，ATW 时间帧线程的渲染时长必须控制在半个 VSync 的时间内，否则会引起画面"撕裂"，这种情况下应用就希望能让 CPU 和 GPU 始终保持在高频率上，或者指定 ATW 时间帧线程运行在某个空闲的 CPU 大核上。这种能力的实现需要在系统驱动层、框架层、应用层都有支持。

目前的融智 OS 的内核提供了 cpufreq 子系统来管理 CPU 的时钟速度，cpufreq 子系统使用动态电源管理(dynamic power management，DPM)技术，它可以根据当前负载情况自动调节 CPU 的工作频率，从而达到性能与效能之间的平衡。这样可以有效地控制 CPU 的功耗并保持良好的性能表现。cpufreq 支持五种常用模式，分别是性能模式、节能模式、用户空间模式、按需模式和共享模式。

(1) 性能模式(performance)将处理器的频率设置为最高，从而在计算任务中实现最佳性能。这种模式适用于对性能要求极高的应用场景，如大型科学计算、高性能游戏等。然而，性能模式会增加能耗和温度，可能导致设备过热。

(2) 节能模式(powersave)将处理器的频率设置为最低，以降低功耗。这种模式适用于对性能要求较低的应用场景，如文本编辑、阅读等。节能模式可以降低能耗、延长电池寿命并减少设备发热，但可能导致运行速度降低。

(3) 用户空间模式(userspace)允许用户直接指定处理器的频率，提供了更高的灵活性。这种模式适用于需要根据特定任务手动调整频率的场景。然而，用户空间模式可能导致性能表现不稳定，因为用户需要手动控制频率。

(4) 按需模式(ondemand)会根据处理器的负载动态调整频率，以实现良好的性能和能耗平衡。当处理器负载较高时，频率会自动提升以提高性能；负载较低时，频率会降低以节省能源。这种模式适用于大多数场景，因为它可以在不牺牲性能的情况下减少能耗。

(5) 共享模式(conservative)类似于按需模式，但在调整频率时更加保守。当处理器负载较高时，频率会逐步提升；负载较低时，频率会逐步降低。共享模式在性能和能耗之间取得了更为谨慎的平衡，适用于对能耗敏感的场景，如笔记本电脑。然而，相较于按需模式，共享模式性能略有降低。

GPU 同样支持多种模式的频点调节，如 ondemand、userspace、powersave、performance。

驱动层面的 CPU/GPU 模式对于应用层面是无感知的，让 CPU/GPU 处于高性能模式虽然能保证最快的渲染速度，但同样也会产生比较高的功耗，而简单的应用渲染场景是没必要让 CPU/GPU 处于最高性能上的，所以对 CPU/GPU 的性能调节方法进行了 Native API 封装，最终可以被 NIBIRU 引擎直接调用，而不受系统的权限控制。

CPU/CPU 性能调节 Native API 介绍如下。

(1) 提供高性能模式接口用于动态控制 CPU/GPU 的频率。

CPU/GPU 的高频率会让渲染时间更短，效率更高，但同时也会带来更高功耗。应用需要根据实际使用场景在效率和功耗之间进行权衡。高性能模式调频接口支持高中低三个等级，并支持将模式恢复成系统默认的运行模式。

(2) 提供线程绑定 CPU 核的接口。

ATW 时间帧线程通常被指定在 CPU 某个大核上，保证其稳定运行并且不受其他线程影响，这个通常是系统服务控制的，应用不需要关注。因为 3D 应用运行的同时还有其他系统进程在后台运行，应通过该接口避免应用的内容渲染线程跑在任务比较多的 CPU 核上处理。

(3) 提供设置线程优先级的接口。

融智 OS 内核提供以下三种 CPU 调度策略。

(1) SCHED_OTHER：又称为 CFS(completely fair scheduler)，它基于时间片(time slice)的概念，使用公平调度算法，以尽量保证所有进程或线程公平地分享 CPU 时间。对于大多数普通应用程序来说，默认的 SCHED_OTHER 调度策略已经足够。

(2) SCHED_FIFO：先进先出调度策略，也称为实时(real time)调度策略之一。任务按照到达顺序依次运行，直到任务主动释放 CPU 或者被更高优先级的任务抢占。

(3) SCHED_RR：轮转调度策略，也是一种实时调度策略。每个任务都按照一定时间片轮流使用 CPU，当时间片用完后，任务会被挂起并被放置到队列的末尾，然后开始执行下一个任务。SCHED_RR 调度策略允许设置不同的任务优先级，优先级高的任务会在优先级低的任务之前执行。

基于上面的三种 CPU 调度策略也进行了 Native API 封装，最终可以被 NIBIRU 引擎直接调用，而不受系统的权限控制。ATW 时间帧线程已经被系统设置为实时调度策略的最高优先级，NIBIRU 引擎不需要修改其状态。

9.2.3 光学预处理特性

头戴设备眼镜和屏幕的距离是有限的，如果距离过长，会让头部出现过重的压力感，无法保证长时间佩戴，如图 9.15 所示。

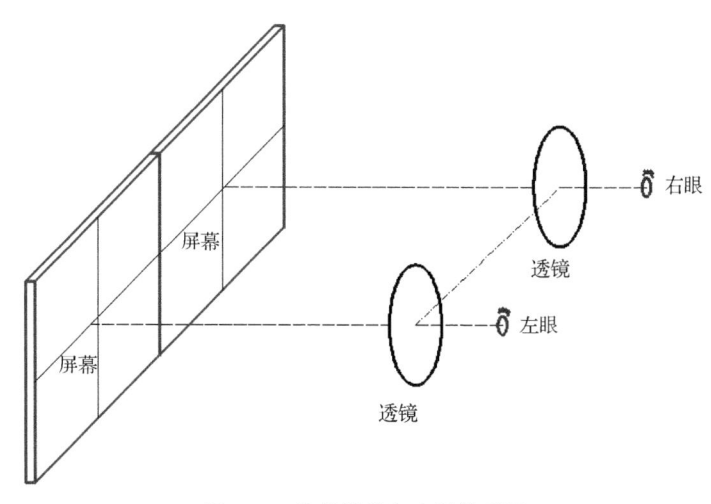

图 9.15 头戴设备和人眼关系图

因为人眼有一个观看范围，对于一个正常视力的人来说，能够看清的距离是从 14cm 到无穷远；而对于近视眼来说，这个范围则被拉近并且减小了。例如，对于 500 度近视的人来说，他能看清的范围为 8~20cm，这两个点分别称为近点和远点，过近或过远都无法看清，如图 9.16 所示。

图 9.16 人眼观看范围

通常头戴设备的屏幕距离眼睛的距离只有 3~4cm，远小于正常的近点距离，所以需要通过一片凸透镜折射光线，让屏幕上的图像形成一个更大更远的虚像。这个虚像在有效观看的范围之内。

透镜将原本 5~6in(1in=0.025m)的屏幕放大到几百、上千英寸，形成一个巨幅的画面，这可以使用户产生沉浸感。当用户戴上设备之后，隔绝了外界的画面，只剩下一个巨幅的模拟世界的影像在眼前，自然会让人产生一种在另一个世界的错觉。如图 9.17 所示，凸透镜欺骗了你的眼睛，你以为看到的是红色的虚像世界，实际上你所看到的只是蓝色屏幕中的一方天地。

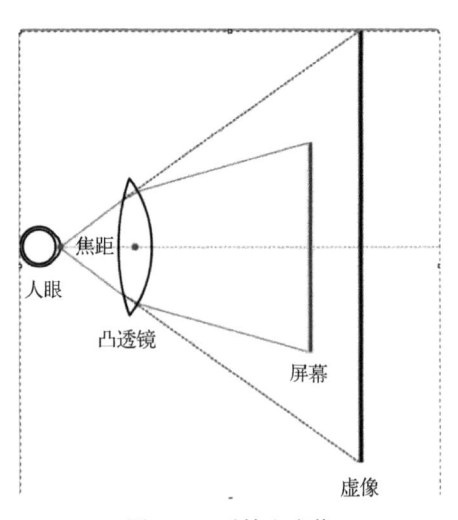

图 9.17 透镜和虚像

在头戴设备中，放大的图像为用户提供了沉浸感，左右分屏显示存在视差的图像则带来了虚拟的 3D 感觉。人眼在观看物体时，左右眼看到的图像是不完全一样的，称为视差。左右眼看到的带有视差的图像传给大脑，大脑就可以判断这个物体距离有多远，越近的物体视差就越明显。这一点通过单独用左眼或右眼观看就能发现。如果物体在双眼都能看到的区域，那么用户可以准确地判断这个物体的距离，而如果只依靠单眼去看一个物体，这种距离感往往就没有那么准确。头戴设备将左右屏幕分开，分别呈现带有视差的左右图像，简单来说就是距离用户不同的物体，在屏幕上具有不同的视差。这样在观看时，用户就有了虚拟的 3D 感觉。

透镜带有光学畸变(distortion)和色散矫正补偿(chromatic aberration compensation，CAC)，如图 9.18 所示(右边为正常的网格图，通过透镜产生了左边的枕形效果)。

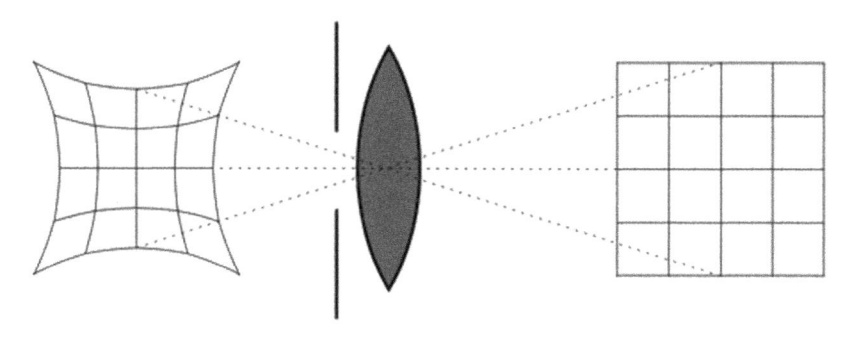

图 9.18 光学畸变

总结下来，光学畸变是由透镜本身的形状、质量及光线传播过程中的影响导致的。在实际的应用中，需要根据具体的要求采取相应的补偿措施，以达到理想的成像效果。

融智 OS 针对透镜的光学畸变做了相应的解决方案，也就是针对透镜的光学畸变进行预处理。

如图 9.19 所示，预先对原有图像进行桶形畸变，这样通过透镜看到的左边就是正常的网格图。

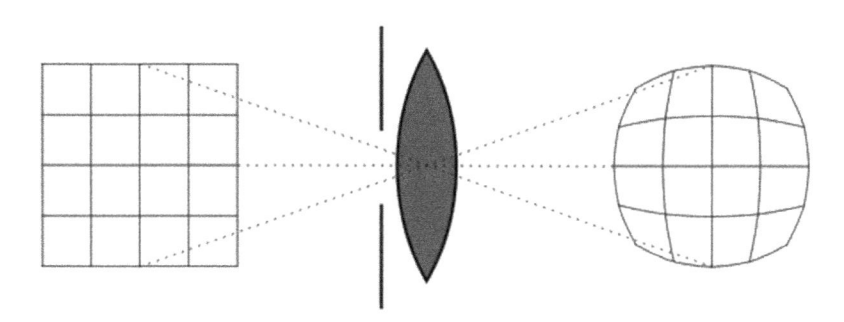

图 9.19 融智 OS 针对透镜的光学畸变

具体的光学预处理流程如图 9.20 所示。

开始 → 光学校准 → 畸变系数 k_1、k_2、k_3 → 坐标系计算 → 色散系数 → 得到图像 UV坐标值 → 结束

图 9.20　光学预处理流程

步骤 1：基于设备进行光学校准，获取畸变系数 k_1、k_2、k_3 值。
步骤 2：基于畸变系数进行空间坐标系转换，达到桶形渲染效果。
步骤 3：根据色散系数，校准 UV 坐标值。
步骤 4：得到对应的 UV 坐标值，应用到渲染线程。

9.2.4　头部姿态跟踪交互特性

不同形态的硬件，适合的交互方式也不一样。例如，使用实体键盘在计算机界面上输入是常规操作，但手机上却很少使用同样的交互方式。在智能手机、平板电脑和一部分计算机上，都配备了触屏技术，可以支持用户通过手指的单击、长按、拖曳等操作与屏幕上的虚拟内容直接进行交互。结合压力传感器，屏幕可以区别不同的按压力度，达到精细控制，虽然当前实际使用并不理想，但也证明了触屏这项交互方式可发展的空间还很大。在未来很长一段时间里，它应该都会占据人机交互方式的主流位置。键盘配合输入法，让最大的学习成本聚焦到语言读写能力上；鼠标配合光标，再把读写里的写成本降低；而触摸屏技术又是一次革新，满足了人们直接用手把玩的需求。抛开硬件和现有的技术支持，开发者一直在追求更自然的交互方式。

融智 OS 针对头部姿态跟踪进行了全新的交互设计。根据设备本身的位置模拟眼动交互，将注视点位置设置为显示屏幕视场角(field of view，FOV)的中心点。

如图 9.21 所示，当这个点与设备实体的中心连线与可交互内容相交的时候，虚拟内容被激活。这种交互方式称为头动跟踪，它不需要配备专门的眼动模块即可实现画面交互。

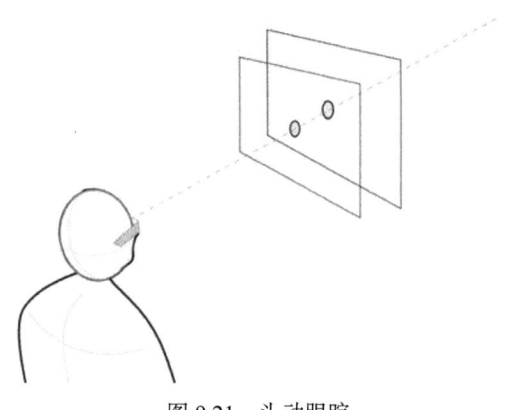

图 9.21　头动跟踪

第 9 章 OpenHarmony 虚实融合交互——融智 OS

头部交互主要是通过射线投射的方式操作。其原理是从标定的视野中心向正前方射出一束射线，射线与空间中的界面产生交集。常规的交互设计中会将双目视线中央的一条线作为视中心，这样一来视中心的射线就会和界面产生交点，从而引导用户的视线聚焦在相应的信息上，也就是常说的 cursor(光标)。

仅头部瞄准时射线多数会被隐藏，只显示落点。

相比传统的人机交互方式，基于头部姿势跟踪的交互技术具有许多优势。首先，它能够实现更加自然和直观的交互体验。用户只需要通过头部的微小动作，就能够完成各种操作，如浏览网页、控制游戏、调整音量等。这种直观的交互方式使得用户能够更加轻松地与设备进行沟通。

其次，基于头部姿势跟踪的交互技术具有更高的灵活性和适应性。不同于传统的键盘和鼠标等固定的输入设备，头部姿势跟踪可以适应不同的用户和环境。无论是坐姿、站姿还是运动状态，用户都可以通过微调头部的姿势来与设备进行交互。这种交互技术的个性化和灵活性使得用户体验更加舒适。

此外，基于头部姿势跟踪的交互技术还具有一定的安全性和便捷性。相比传统的触摸屏和键盘等输入方式，头部姿势跟踪不需要直接接触设备，减少了细菌传播的风险。同时，用户也不需要携带额外的输入设备，只需通过头部的姿势完成操作，更加便捷。

图 9.22 是融智 OS 基于 3DOF 的惯性测量单元(inertial measurement unit，IMU)头部姿态融合流程图。

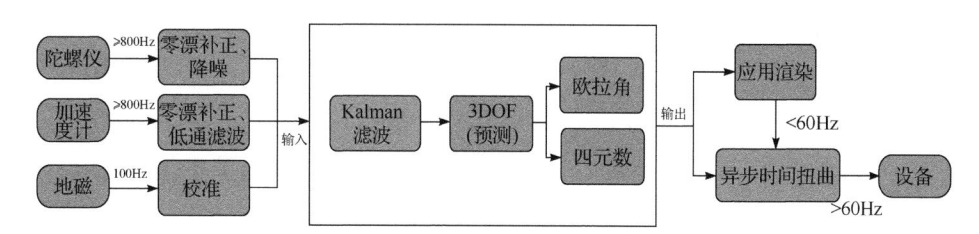

图9.22 基于 3DOF 的 IMU 头部姿态融合流程图

融智 OS 使用了 Kalman 滤波来完成 3DOF 的姿态解算。

Kalman 滤波算法需要分析系统特性，建立系统状态方程和观测方程，并根据系统误差特性，设立合适的系统噪声方差阵 Q 和观测噪声协方差阵 R。Kalman 滤波算法的优点是模型准确，可以实现陀螺零偏估计，缺点是计算量大。Kalman 滤波的一个典型实例是从一组有限的、包含噪声的对物体位置的观察序列中(可能有偏差)预测出物体位置的坐标及速度。在很多工程应用(如雷达、计算机视觉)中都可以找到它的身影。同时，Kalman 滤波也是控制理论以及控制系统工程中的一个重要课题。例如，对于雷达来说，人们感兴趣的是其能够跟踪目标。但目标的位置、速度、加速度的测量值往往在任何时候都有噪声。

Kalman 滤波利用目标的动态信息，设法去掉噪声的影响，得到一个关于目标位置的好的估计。这个估计可以是对当前目标位置的估计(滤波)，可以是对将来位置的估计(预测)，也可以是对过去位置的估计(插值或平滑)。

基于 Kalman 滤波算法，框架层 Native API 提供当前和未来 25ms 之间的任意时刻的预测姿态数据。

在 3DOF 的设备体验中，一切的观察基点都来源于头部的视角，用户就像一个被装在电线杆上可以任意旋转的摄像头。无论用户身高多少，视角都会被强行拉回到预设的高度。用户也无法通过头部位移的动作来调整视距，属于看得见摸不着，非常适合观影体验。

基于 3DOF 的交互缺点，衍生出了 6DOF 的头戴设备，常见的方案是在 IMU 传感器的基础上加上鱼眼摄像头，这样就可以计算出头部移动的位移。增强头戴设备感知用户的主动性行为，如微动作(歪头、缩脖子、半身前倾等)、主体移动(可以走、跳、蹲甚至躺)。相比 3DOF，6DOF 的硬件方案成本明显更高。

融智 OS 不提供默认的 6DOF 算法，但支持第三方 6DOF 算法，其集成在融智 OS 的全新图像渲染和交互框架中。

9.2.5 空间多窗口交互特性

系统窗口子系统的架构保证了各个 2D 应用能独立运行，不产生干扰，如图 9.23 所示。

图 9.23 系统窗口子系统的架构

融智 OS 基于 OpenHarmony 的多窗口能力,结合特有的图像渲染和交互框架将多个 2D 应用展示在 3D 虚拟环境中。用户无须切换设备或应用程序,从而提高了多任务处理的效率并且直观而易用。无论是查看文档、观看视频、实时通信,用户都可以一目了然地操作多个任务。让多个 2D 应用在虚拟环境中同时展示,为用户提供一种更深入的、沉浸式的交互体验。另外用户可以通过手势、眼动追踪等自然的交互方式在虚拟空间中操控和调整应用窗口,这使得用户能够更直观地与内容互动,同时还能避免互相干扰。

图 9.24 是一个空间多窗口演示。

图 9.24 空间多窗口演示

融智 OS 空间多窗口的交互流程如下。

步骤 1:通过头部或身体位置运动进行虚拟空间的导航和定位。在虚拟空间中,用户可以看到一个虚拟桌面,类似于传统的计算机桌面,但是在这里,用户可以自由调整、布置和管理多个 2D 应用窗口。

步骤 2:通过虚拟桌面上的控制手段(可能是手势、控制器等)打开各个 2D 应用,每个应用会以独立的窗口形式显示在虚拟空间中,用户可以自由调整窗口的位置和大小。

步骤 3:使用手势进行窗口的拖拽、缩放等操作,也可以通过眼动追踪来选择不同的窗口。例如,用户可以通过手势将一个应用窗口移动到虚拟桌面的一侧,或者通过眼动追踪选择某个应用窗口进行操作。

步骤 4:用户可以同时打开多个 2D 应用窗口,并在虚拟空间中轻松切换和管理这些应用,不需要进行前后台切换。这使得用户可以在同一个虚拟空间中进行多任务处理,提高了工作效率,但对系统的流畅性要求也更高。

步骤 5：通过手势或虚拟桌面上的控制选项关闭单个应用窗口，也可以选择退出整个虚拟环境。退出时，系统会保存用户的虚拟桌面布局，以便下次启动时还原。

另外，用户还可以通过虚拟菜单或控制手段进入设置界面，调整虚拟环境的外观、交互方式等个性化设置，以满足用户不同的需求和偏好。

9.2.6 虚实融合交互特性

融智 OS 定义了如图 9.25 所示的框架，使应用与虚实融合硬件数据进行交互。

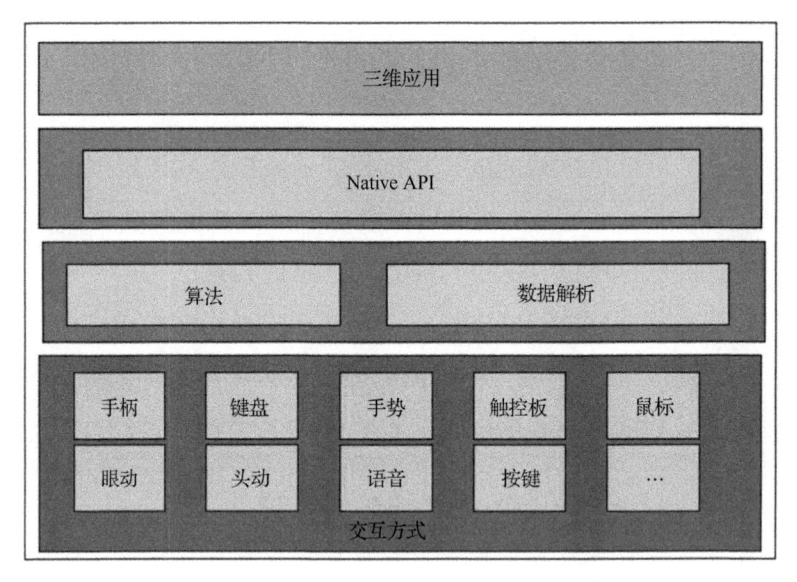

图 9.25 融智 OS 虚实融合交互框架图

从感官上可以将虚实融合硬件分为三类：手、眼、口。手对应手柄控制器和手势识别，眼对应眼动追踪，口对应语音识别。

1. 手柄控制器

融智 OS 预置了外设应用用于手柄控制器的连接，手柄控制器(图 9.26)提供下面三个基础功能用于交互。

(1) 位置跟踪：控制器配备加速度和陀螺仪传感器，能够实时跟踪其在三维空间中的位置和方向，生成的姿态数据通过外设应用传递到系统的图形渲染和交互框架里。

(2) 按钮和触摸面板：控制器上配备多个按钮、扳机和触摸面板等物理控制元素，用来执行不同的操作命令，如选择、拖动等。

(3) 震动反馈：通过触觉反馈增强用户感知。

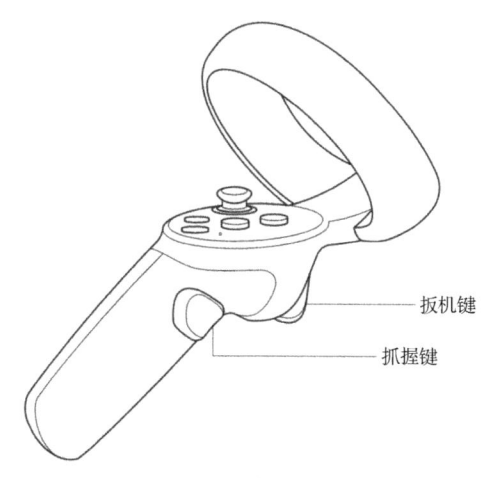

图 9.26 手柄控制器

手柄的交互选择是通过在虚拟场景下绘制手柄的模型以及射线来让用户感知引擎控件被选中(图 9.27)。

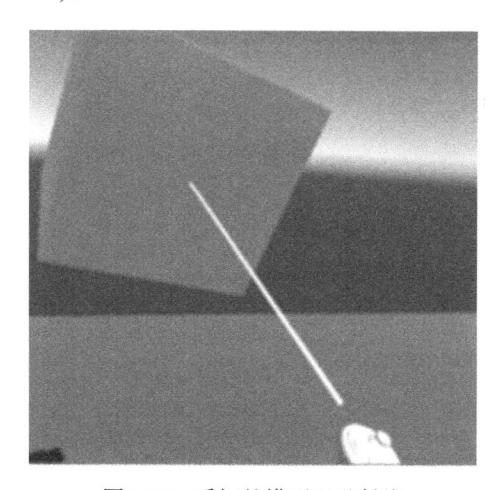

图 9.27 手柄的模型以及射线

2. 手势识别

手势识别允许用户以更自然的方式与虚拟环境互动，无须依赖传统的物理控制器，增强了用户的沉浸感和真实感。手势操作使用户能够更直观地参与虚拟场景，例如在虚拟画布上绘画、抓取虚拟物体等，提高了用户对虚拟现实的参与感。

融智 OS 支持手势识别的交互，手部关节点标号与排序定义如图 9.28 所示。

0. WRIST	11. MIDDLE_FINGER_DIP
1. THUMB_CMC	12. MIDDLE_FINGER_TIP
2. THUMB_MCP	13. RING_FINGER_MCP
3. THUMB_IP	14. RING_FINGER_PIP
4. THUMB_TIP	15. RING_FINGER_DIP
5. INDEX_FINGER_MCP	16. RING_FINGER_TIP
6. INDEX_FINGER_PIP	17. PINKY_MCP
7. INDEX_FINGER_DIP	18. PINKY_PIP
8. INDEX_FINGER_TIP	19. PINKY_DIP
9. MIDDLE_FINGER_MCP	20. PINKY_TIP
10. MIDDLE_FINGER_PIP	

图 9.28　手部关节点标号与排序

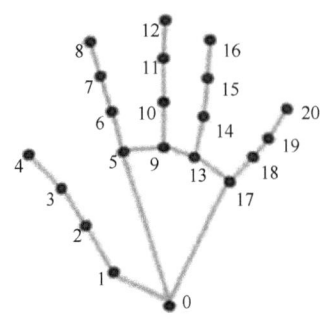

通过服务层的相机管理获取摄像头捕捉的手部影像，系统即可检测和追踪每只手的 21 个关键点并以此为骨架模型，实现非常精确和灵活的交互。

融智 OS 中的三种手势交互示例如下。

(1) 使用食指指向选中虚拟场景中的内容，如图 9.29 所示。

(2) 将食指与拇指捏在一起以触发与虚拟场景内容的拖动、放大和缩小，如图 9.30 所示。

图 9.29　食指指向选中　　　　图 9.30　食指与拇指捏合

(3) 键盘的手势输入，如图 9.31 所示。

图 9.31　键盘的手势输入

3. 眼动追踪

眼动追踪可以准确地追踪用户眼睛的注视点，使虚拟环境能够根据用户的目光焦点进行相应的调整。注视点追踪和交互触发使得用户能够通过注视实现选择和操作，增强了用户与虚拟环境的直观连接，提高了交互效率和自然度。

眼动追踪是测量眼睛运行的过程(图 9.32)，目前能实现准确眼动追踪的技术方案有瞳孔角膜反射法、视网膜影像定位、结构光追踪、角膜反射光强度、视网膜反射光强度、光波导眼动追踪等。

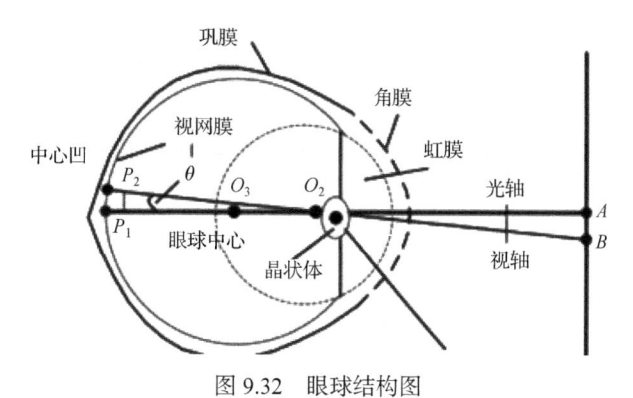

图 9.32 眼球结构图

融智 OS 采用了相对成熟的商用级方案——瞳孔角膜反射法，即通过角膜中心和瞳孔中心的连线进行眼动追踪(图 9.33)。眼球的成像原理是外界光线通过角膜上的光线感知神经末梢，经过瞳孔的小孔成像后，再次经过晶状体的折射会聚到视网膜之上，视网膜将会聚的光信号转化为电信号传递给大脑。当人们把视网膜中心凹和瞳孔朝向连成一条线段时，就能够确定眼球注视点的位置。开发者既可以通过计算角膜中心和瞳孔中心的连线，也可以直接通过视网膜反射来实现眼动追踪。

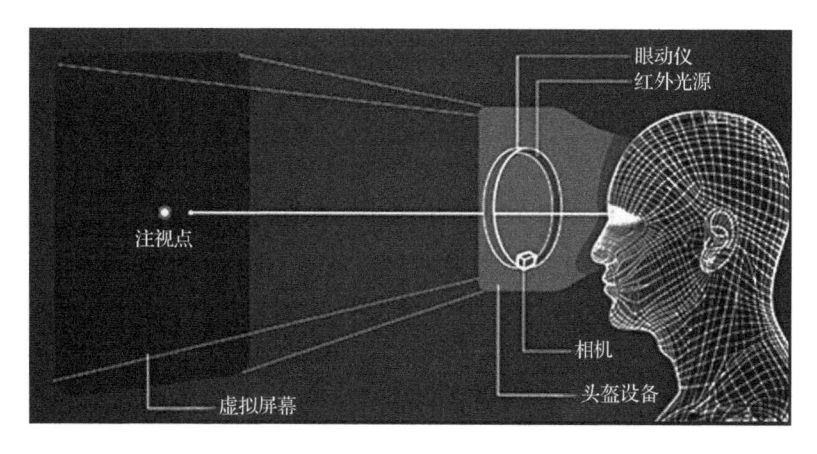

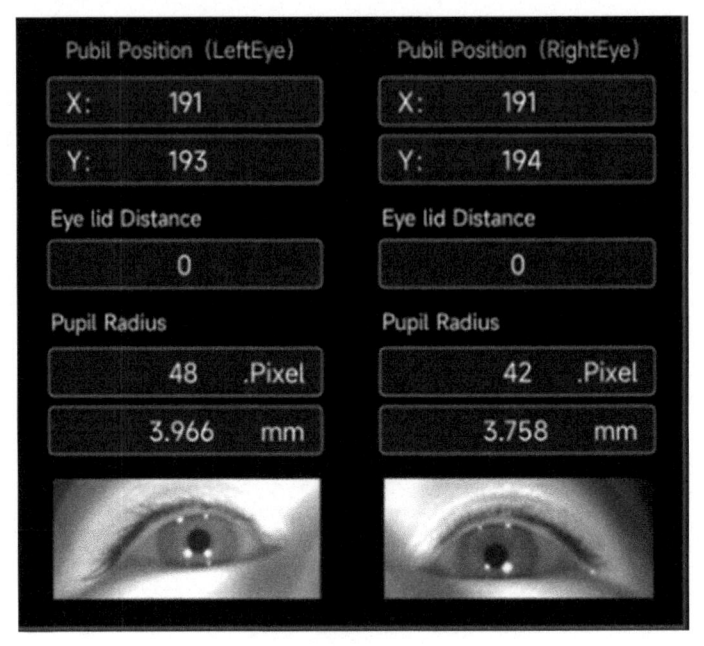

图 9.33 瞳孔角膜反射法

瞳孔角膜反射法是采用由一圈红外灯和一台红外相机组成的红外相机阵列计算眼动，光源发射红外光在眼角膜反射形成闪烁点，眼动摄像机捕捉眼睛的高分辨率图像，再经由算法解析，实时定位闪烁点与瞳孔的位置，最后借助模型估算出用户的视线方向和落点，在系统交互中通过视线方向和落点换算出用户正在注视的组件并进行选中。此外，还可以结合手势、语音等实现进一步的交互。

眼动追踪技术的使用还能减少 GPU 负载并通过凹形渲染提供更高质量的图形体验。该技术可以对眼球视线落点的区域进行更高分辨率的图形渲染，对非注视区域则可以适当降低分辨率，减少 GPU 的资源占用。

4. 语音识别

目前的一些智能手机已经将语音输入作为标配，经过多年的发展，语音识别的准确率已经非常高。语音识别技术在头戴设备上同样有很大的应用潜力。

融智 OS 支持的语音识别方案流程如图 9.34 所示。

借助语音激活检测(voice activity detection, VAD)和语音唤醒(voia trigger, VT)技术启动语音识别模块后，先将语音保存为 WAV 格式，再通过语音识别和语音合成技术使用 LSTM+CTC(long short term memory + connectionist temporal classification，长短时记忆网络+连接时序分类)模型将采集到的语音转变为文本，这样就可以通过说话的方式在输入框中输入一段文字甚至执行特定的操作，如打开菜单、切换场景或进行搜索。

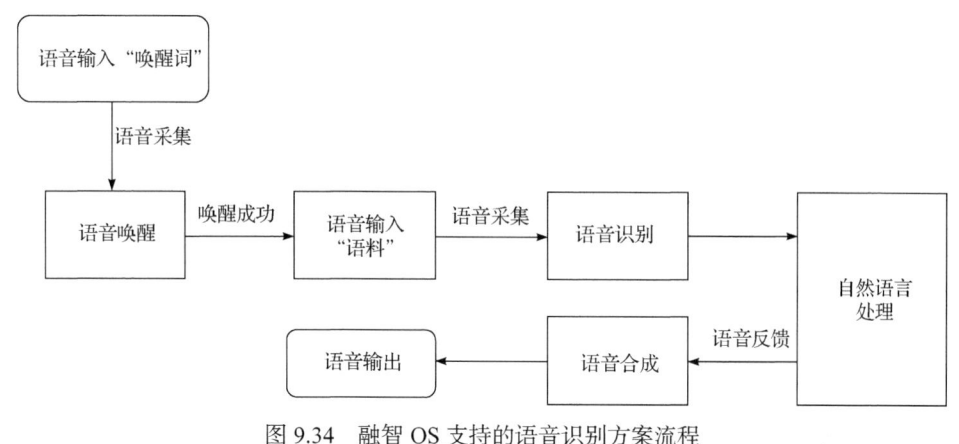

图 9.34 融智 OS 支持的语音识别方案流程

9.3 融智 OS 的虚实融合渲染

9.3.1 融智 OS 的虚实融合渲染框架

融智 OS 的虚实融合渲染框架让应用程序呈现出清晰逼真的显示效果，同时也具备较好的功耗表现。为实现虚实融合渲染目标，融智 OS 的渲染框架具备以下特性。

(1) 高精度虚实坐标系匹配。为了能够让渲染出的虚拟物体在真实世界中被正确地融合呈现，渲染坐标系和真实世界坐标系必须能够精确匹配。通过头显标定流程得到的标定结果，渲染框架加载标定后的坐标系变换参数，最终实现渲染出的虚拟物体匹配用户所在空间的真实物理坐标和尺度。

(2) 轻量化低延时渲染。虚实渲染框架通过融智 OS 的底层渲染优化技术，能够实现低延时高帧率渲染。在移动端头显设备中，功耗控制与性能同样重要，渲染框架需要根据设备实时负载，动态调节分辨率和帧率，同时根据应用实际需要加载相应的渲染模块，以平衡性能和功耗开销。

(3) 面向空间的统一渲染。在融智 OS 中，所有应用都在三维空间中运行，三维空间与真实世界匹配。根据设备的支持甚至能够获得真实世界的光照信息和三维环境建模，能够让应用与真实世界真正共享相同的空间。在面向空间的应用运行环境中，应用可分为三种运行模式：窗口模式、空间模式和沉浸模式。

① 窗口模式下(图 9.35)，应用以传统平面方式渲染到一个窗口上，如传统的手机、平板电脑和个人计算机应用。窗口整体置于三维空间中，用户可以改变窗口尺寸，放置窗口位置。

② 空间模式下(图 9.36)，应用运行时占据二维空间的一部分立体空间区域，能够实现三维立体呈现，但是仍然与其他空间模式和窗口模式的应用在同一

个三维空间中。用户可以改变空间模式下应用的空间位置和空间尺寸。

图 9.35　窗口模式示例　　　　　图 9.36　空间模式示例

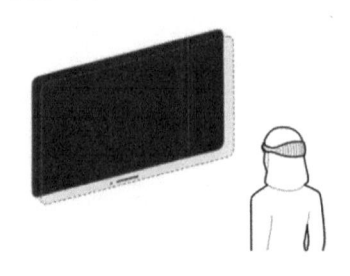

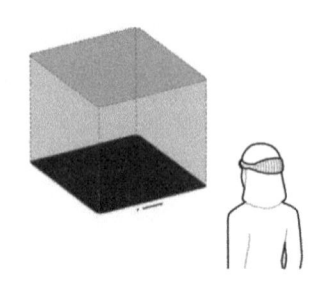

③ 沉浸模式下，应用独占整个三维空间，此时窗口模式和空间模式的应用不再显示，只显示当前沉浸模式的应用，类似于传统的虚拟显示和增强现实应用。

在面向空间的统一渲染框架下，多个窗口模式和空间模式的应用同时运行在同一空间中，不同窗口和空间的碰撞检查、遮挡关系、光照效果、阴影效果、交互响应必须保持一致。因此，需要改变传统应用各自独立渲染上屏的流程，设计新的虚实融合渲染框架以统一和融合不同应用的渲染结果，最后合成一帧画面后提交给系统上屏。图 9.37 展示了虚实融合渲染框架的模块组成。

虚实融合渲染框架包含了 3D UI 框架、环境空间管理、融合渲染服务，以及 NIBIRU 三维渲染引擎这四个主要模块，该框架采用 C/S 架构，应用作为客户端，融合渲染服务作为服务端。下面分别介绍这些主要模块。

(1) 3D UI 框架。3D UI 框架面向三维应用提供一整套的 3D UI 框架，如图片、文本、按钮、进度条等基础控件和组合控件，这些控件具有相同的设计风格，内置了默认三维交互逻辑。开发者通过 3D UI 框架能够快速开发出三维应用。其中 3D UI 框架包含以下组件。

① 3D UI 输入模块，用于接收来自统一渲染框架的交互数据并派发给相应的 UI。

② UI 组合模块，用于处理 UI 的网络、纹理、材质资源，组合渲染任务发送给服务层。

③ 3D 特效模块，用于处理 UI 的 3D 特效，应用不同的特效配置。

④ 物理模块，用于处理 3D UI 的物理事件，让 3D UI 具有更真实的交互反馈。

(2) 环境空间管理。环境空间管理依赖于设备的软硬件支持，能够处理即时定位与地图构建(simultaneous localization and mapping，SLAM)建图数据和定位数据，对当前周围真实世界进行环境建模，用于虚拟物体的遮挡检查和物理计算。通过光照估计计算得到当前环境的光照信息，在渲染时同步光照信息渲染出更加真实的虚拟物体。

(3) 融合渲染服务。融合渲染服务作为服务端接收当前运行三维应用的渲染

第 9 章 OpenHarmony 虚实融合交互——融智 OS

任务，包括窗口应用和空间应用的渲染请求，并将这些请求发送到三维渲染引擎中进行实际渲染和合成。通过统一的光照计算、碰撞检测、遮挡处理，让这些不同的应用在同一空间里融合显示，获得高度一致的渲染效果。该模块具体分为四个功能组件。

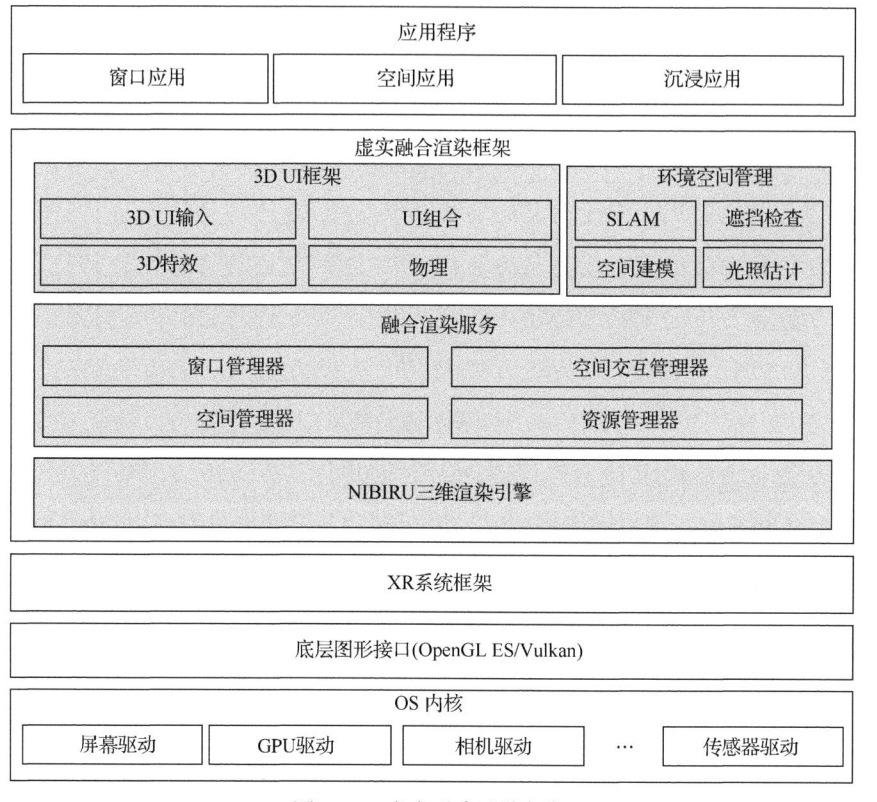

图 9.37 虚实融合渲染框架

①窗口管理器，支持原生应用的画面在窗口中显示，支持向原生应用中注入触屏、鼠标、手柄等事件，因此 3D 交互事件也能对原生应用生效，能够像手机一样交互。同时窗口管理器也负责多窗口布局、生命周期、活动状态的管理。

②空间管理器，负责给窗口应用和空间应用分配三维空间，对沉浸应用清理当前空间内容。

③空间交互管理器，用于处理 3D 交互事件，管理器同时将事件派发给正在运行的应用。

④资源管理器，负责同步应用的资源数据，在融合渲染服务中处理和加载。

(4) NIBIRU 三维渲染引擎。三维渲染引擎对上层接收的统一渲染框架提交的渲染任务实现渲染功能，对底层调用 XR 系统框架，包括 XR SDK 进行双目立体渲染，利用底层低延时渲染优化，并提供动态分辨率自稳调节负载开销。

9.3.2 融智 OS 的虚实融合渲染工作流

融智 OS 的虚实融合渲染工作流经历了从应用运行到融合渲染服务到最终画面上屏的流程，如图 9.38 所示。

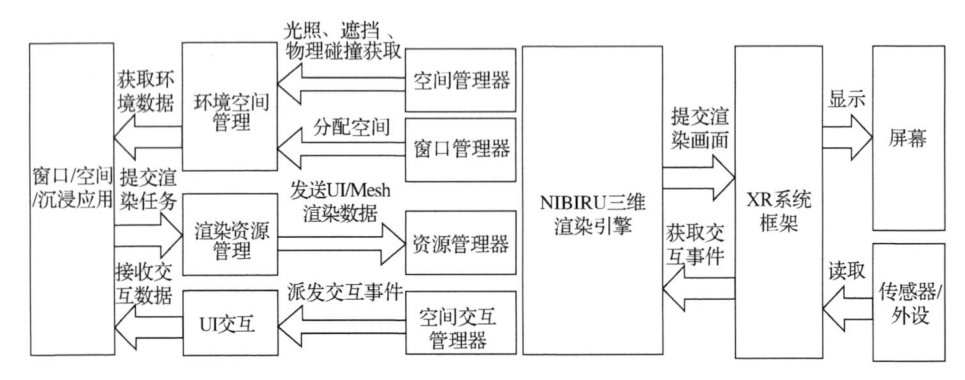

图 9.38 虚实融合渲染框架工作流

虚实融合渲染框架工作流具体分为三个阶段。

(1) 空间分配。窗口应用启动时，虚实融合渲染框架会根据窗口管理器的布局逻辑计算窗口的初始尺寸和坐标，然后，这些信息发送给空间管理器以计算得到初始三维空间位置，从而始窗口应用和空间应用能够在该空间坐标上进行渲染。沉浸应用独占整个三维空间，因此没有空间分配阶段。

(2) 应用提交内容与交互。融合渲染框架采用 C/S 架构，应用运行时通过跨进程将渲染请求发送给融合渲染服务的渲染资源管理模块，由渲染资源管理模块统一向三维渲染引擎提交渲染任务。应用通过 3D UI 框架可以创建 3D 控件，3D UI 框架内部同样将 UI 渲染内容发送给融合渲染服务进行渲染，对用户完全透明。应用在运行时变更 UI 或者 Mesh 数据后，会生成渲染任务发送给服务层以更新渲染内容。另外，环境空间管理模块会根据设备采集的空间信息数据为应用分配空间。同时，渲染资源管理模块也会根据环境空间管理模块的环境数据来计算渲染时的光照、遮挡和物理碰撞，并将这些效果应用到当前正在运行的三维内容中。在空间交互上，应用能接收来自空间交互管理器派发的交互事件。空间交互管理器与系统 XR 服务通信，获得来自传感器和外设的交互数据。

(3) 融合渲染与呈现。融合渲染服务收集应用层的渲染请求后，在渲染资源管理模块中进行整合和优化，并根据当前负载情况动态调节分辨率与帧率。处理后的渲染请求分解为渲染任务下发给三维渲染引擎，三维渲染引擎内通过调用融智 OS 底层渲染机制实现最终的低延时三维立体渲染效果，利用低延时框架提供的插帧和单缓冲技术最终完成渲染上屏的完整流程。

融智 OS 的虚实融合渲染框架通过分离应用层和渲染层，实现多应用在同一空间一致的渲染效果。通过设计窗口管理器和空间管理器，支持对不同类型的应用分配相应的空间区域。通过空间交互管理器，支持将多种交互外设的交互事件派发给应用层。通过三维渲染引擎和底层系统渲染服务，最终提供高质量、低延时的画面效果。通过资源管理器，支持对应用资源统一分配管理。

9.4 本章小结

融智 OS 在 OpenHarmony 操作系统的基础上，针对虚拟现实和增强现实的使用场景和应用需求，设计了完整的系统框架，包含一整套应用接口和系统组件服务以满足低延迟渲染、性能调度、光学配置、多模交互、多窗口管理等关键特性。同时设计了虚实融合渲染框架，采用前后端分离的方式，使多个窗口应用、空间应用和沉浸应用在融智 OS 中都能够融合统一渲染，获得一致的渲染效果，利用 NIBIRU 三维渲染引擎和系统底层渲染组件实现轻量化、低延时、负载动态调节的应用运行环境。最终构建出面向虚实融合交互的高性能、低功耗、体验好的 OpenHarmony 发行版——融智 OS。

第 10 章　融智 OS 应用开发

10.1　OpenHarmony Native 开发

10.1.1　Native API 应用工程创建

NDK 是 OpenHarmony SDK 提供的 Native API、相应编译脚本和编译工具链的集合，方便开发者使用 C 或 C++语言实现应用的关键功能。NDK 只覆盖了 OpenHarmony 一些基础的底层能力，如 C 运行时基础库 libc、图形库、窗口系统、多媒体、压缩库、面向 ArkTS/JS 与 C 跨语言的 Node-API 等。

运行时，开发者可以使用 NDK 中的 Node-API 访问、创建、操作 JS 对象，也允许 JS 对象使用 Native 动态库。

下面通过 DevEco Studio 的 NDK 工程模板，演示如何创建 NDK 工程。

(1) 通过如下两种方式，打开工程创建向导界面。

① 如果当前未打开任何工程，可以在 DevEco Studio 的欢迎页，选择 Create Project 开始创建一个新 NDK 工程。

②如果已经打开了工程，可以在菜单栏选择"File→New→Create Project"来创建一个新 NDK 工程。

(2) 根据工程创建向导，选择 Native C++工程模板，然后单击"Next"，如图 10.1 所示。

(3) 在工程配置页面，完成向导配置工程的基本信息后，单击"Finish"。工具会自动生成示例代码和相关资源，等待工程创建完成后，在工程的 entry/src/main 目录下会包含 cpp 目录。目录结构如下。

entry：应用/服务模块，编译构建生成一个 HAP。

src → main → cpp → types：用于存放 C++的 API 描述文件。

src → main → cpp → types → libentry → index.d.ts：描述 C++ API 行为，如接口名、输入参数、返回参数等。

src → main → cpp → types → libentry → oh-package.json5：配置.so 三方包声明文件的入口及包名。

src → main → cpp → CMakeLists.txt：CMake 配置文件，提供 CMake 构建脚本。

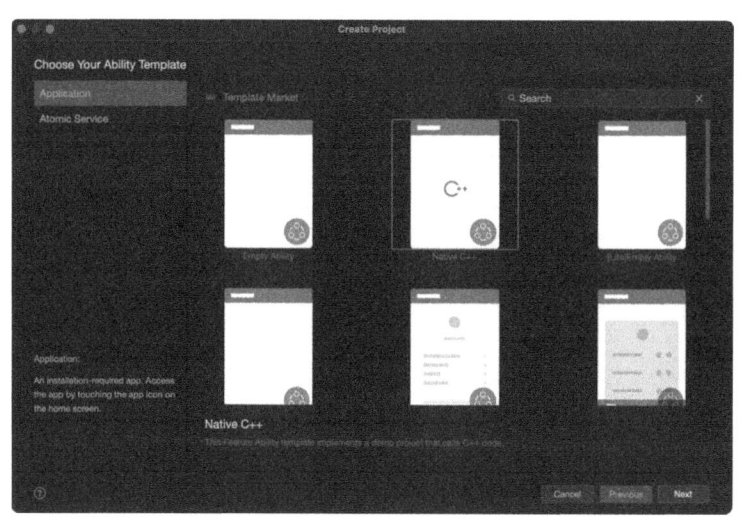

图 10.1　创建一个 NDK 工程

src → main → cpp → hello.cpp：定义 C++ API 的文件。

src → main → ets：用于存放 ArkTS 源码。

src → main → resources：用于存放应用/服务所用到的资源文件，如图形、多媒体、字符串、布局文件等。关于资源文件的详细说明请参考资源文件的分类表 10.1。

表 10.1　资源文件的分类表

资源目录	资源文件说明
base→element	包括字符串、整型数、颜色、样式等资源的 json 文件。每个资源均由 json 格式进行定义： boolean.json：布尔型 color.json：颜色 float.json：浮点型 intarray.json：整型数组 integer.json：整型 pattern.json：样式 plural.json：复数形式 strarray.json：字符串数组 string.json：字符串值
base → media	多媒体文件，如图形、视频、音频等文件，支持的文件格式包括.png、.gif、.mp3、.mp4 等
rawfile	用于存储任意格式的原始资源文件。rawfile 不会根据设备的状态去匹配不同的资源，需要指定文件路径和文件名进行引用

src → main → mudule.json5：Stage 模块配置文件，主要包含 HAP 的配置信

息、应用在具体设备上的配置信息以及应用的全局配置信息。

build-profile.json5：当前的模块信息、编译信息配置项，包括 buildOption、targets 配置等。

hvigorfile.ts：模块级编译构建任务脚本。

build-profile.json5：应用级配置信息，包括签名、产品配置等。

hvigorfile.ts：应用级编译构建任务脚本。

10.1.2 Native API 开发流程

本节通过创建一个两数相乘得到乘积的例子，来说明开发流程。

1. index.d.ts

首先在 cpp 的 libentry 目录下生成的 index.d.ts 文件中，添加乘积的方法，具体代码如下所示。

```
export const multiplication: (a: number, b: number) => number;
```

export const 表示导出一个常量以便在其他文件中使用，multiplication 是一个返回类型为 number 的方法，它的参数类为 number 类型。

2. package.json

在 cpp 的 libentry 目录下生成 package.json 文件，该文件是打包的配置文件，代码如下所示。

```
{
  "name": "libentry.so",
  "types": "./index.d.ts",
  "version": "",
  "description": "Please describe the basic information."
}
```

设置 libentry.so 库和 index.d.ts 相关联，便于在 TS 文件中引入 libentry.so 时调用库中的相关方法。

3. CMakeLists.txt

CMake 是一个开源跨平台的构建工具，旨在构建、测试和打包软件，在 cpp 目录下默认生成的 CMakeLists.txt 内容如下所示。

the minimum version of CMake.# 声明使用 CMake 的最小版本号 cmake_minimum_required(VERSION 3.4.1)

声明项目的名称 project(oh_0400_napi)

set 命令, 格式为 set(key value), 表示设置 key 的值为 value, 其中 value 可以是路径, 也可以是许多文件。# 本例中设置 NATIVERENDER_ROOT_PATH 的值为

${CMAKE_CURRENT_SOURCE_DIR}set(NATIVERENDER_ROOT_PATH ${CMAKE_CURRENT_SOURCE_DIR})

添加项目编译所需要的头文件的目录
include_directories (${NATIVERENDER_ROOT_PATH}
                    ${NATIVERENDER_ROOT_PATH}/include)

生成目标库文件 libentry.so, entry 表示最终的库名称, SHARED 表示生成的是动态链接库, # hello.cpp 表示最终生成的 libentry.so 中所包含的源码# 如果要生成静态链接库, 把 SHARED 改成 STATIC 即可 add_library(entry SHARED hello.cpp)

把 libentry.so 链接到 libace_napi.z.so 上 target_link_libraries (entry PUBLIC libace_napi.z.so)

4. hello.cpp

在 cpp 目录下默认生成的 hello.cpp 文件, 以乘法为例来说明。

(1) 引入头文件。首先需要引入头文件, 具体代码如下所示。

```
#include "napi/native_api.h"
```

(2) 注册 napi 模块。具体代码如下所示。

```
static napi_module demoModule = {
  .nm_version = 1,
  .nm_flags = 0,
  .nm_filename = nullptr,
  .nm_register_func = Init,
  .nm_modname = "entry",
  .nm_priv = ((void*)0),
  .reserved = { 0 },
};
extern "C" __attribute__((constructor)) void RegisterEntryModule(void)
```

```
{
  napi_module_register(&demoModule);
}
```

(3) 定义 NAPI 模块，类型为 napi_module 结构体，各字段说明如下。

nm_version：nm 版本号，默认值为 1。

nm_flags：nm 标记符，默认值为 0。

nm_filename：使用默认值。

nm_register_func：指定 nm 的入口函数。

nm_modname：指定 TS 页面导入的模块名，例如：import testNapi from 'libentry.so' 中的 testNapi 就是当前的 nm_modname。

nm_priv：使用默认值。

reserved：使用默认值。

extern "C" 用于指示编译器使用 C 语言链接方式编译此部分代码。_attribute_((constructor))属性确保 RegisterEntryModule()在 main()之前执行。当动态链接库（.so）被加载时，通过 dlopen()调用，首先触发的是 RegisterEntryModule()方法。在 RegisterEntryModule() 函数内部，进一步 NAPI 的 napi_module_register()方法，napi_module_register()方法是 NAPI 提供的模块注册方法，表示把定义的 demoModule 模块注册到 JS 引擎中。

(4) 方法定义，具体代码如下。

```
EXTERN_C_START
static napi_value Init(napi_env env, napi_value exports)
{
    napi_property_descriptor desc[] = { {"multiplication", nullptr, multiplication, nullptr, nullptr, nullptr, napi_default, nullptr}};
    napi_define_properties(env, exports, sizeof(desc) / sizeof(desc[0]), desc);
    return exports;
}
EXTERN_C_END
```

Init()方法内声明了 napi_property_descriptor 结构体，结构体的定义看第一个和第三个参数即可，第一个参数 multiplication 表示应用层 JS 声明的方法，第三个参数 multiplication 表示 C++ 实现的方法，然后调用 NAPI 的 napi_define_properties()方法将这两种方法进行映射，最后通过 exports 变量对外导出，实现 JS

端调用 multiplication 方法的同时也调用到 C++ 的 multiplication 方法。

(5) 方法实现，具体代码如下。

```
static napi_value multiplication(napi_env env, napi_callback_info info) {
    size_t requireArgc = 2;
    size_t argc = 2;
    napi_value args[2] = {nullptr};
    napi_get_cb_info(env, info, &argc, args, nullptr, nullptr);
    napi_valuetype valuetype0;
    napi_typeof(env, args[0], &valuetype0);
    napi_valuetype valuetype1;
    napi_typeof(env, args[1], &valuetype1);
    double value0;
    napi_get_value_double(env, args[0], &value0);
    double value1;
    napi_get_value_double(env, args[1], &value1);
    napi_value mul;
    napi_create_double(env, value0 * value1, &mul);
    return mul;
}
```

multiplication() 方法注释得很清楚，首先从 napi_callback_info 中读取 napi_value 类型的参数放入到 args 中，然后从 args 中读取参数并把 napi_value 类型转换成 C++ 类型后进行加操作，最后把相乘的结果转换成 napi_value 类型并返回。

(6) 模块导入，具体代码如下。

```
import testNapi from 'libentry.so';
```

根据前边的编译配置，cpp 目录下的源码最终打包成了 libentry.so，使用前直接引入即可。

```
import hilog from '@ohos.hilog';
import testNapi from 'libentry.so';
@Entry
@Component
struct Index {
```

```
    @State message: string = 'Hello OpenHarmony';
    build() {
      Row() {
        Column() {
          Text(this.message)
            .fontSize(50)
            .fontWeight(FontWeight.Bold)
            .onClick(() => {
              this.message = testNapi.multiplication(2, 3).toString()
              hilog.info(0x0000, 'testTag', 'Test NAPI 2 + 3 = %{public}d', testNapi.add(2, 3));
            })
        }
        .width("100%")
      }
      .height("100%")
    }
  }
```

引入 libentry.so 模块后，就可以直接调用 multiplication()方法。通过这个案例，了解了 Native API 的开发流程。

10.2 XComponent 整合 OpenGL 开发

10.2.1 XComponent 基本使用

本节重点关注 XComponent 的基本使用，XComponent 可用于 EGL/OpenGL ES 和媒体数据写入，并显示在 XComponent 中。

使用 4.0 Release，用下面这个接口来进行说明，具体参数如表 10.2 所示。

XComponent(value: {id: string, type: XComponentType, libraryname?: string, controller?: XComponentController})

表 10.2 XComponent 参数

参数名	参数类型	是否必填	描述
id	string	是	组件的唯一标识，支持最大的字符串长度 128
type	XComponentType	是	用于指定 XComponent 类型
libraryname	string	否	用 Native 层编译输出动态库名称，仅类型为 SURFACE 或 TEXTURE 时有效
controller	XComponentcontroller	否	给组件绑定一个控制器，通过控制器调用组件方法，仅类型为 SURFACE 或 TEXTURE 时有效

上文用到了 XComponentType，这里需要对 XComponentType 进行说明，如表 10.3 所示。

表 10.3 XComponentType

名称	描述
SURFACE	用于 EGL/OpenGL ES 和媒体数据写入，开发者可将定制的绘制内容单独展示到屏幕上
COMPONENT	XComponent 将变成一个容器组件，并可在其中执行非 UI 逻辑以动态加载显示内容
TEXTURE	用于 EGL/OpenGL ES 和媒体数据写入，开发者可将定制的绘制内容和 XComponent 的内容合成后展示到屏幕上

完整示例代码如下。

```
@Entry
@Component
struct PreviewAreaPage {
  private surfaceId: string = ''
  private xComponentContext: Record<string, () => void> = {}
  xComponentController: XComponentController = new XComponentController()
  build() {
    Row() {
      XComponent({
        id: 'xcomponent',
        type: XComponentType.TEXTURE,
        controller: this.xComponentController
      })
        .onLoad(() => {
          this.xComponentController.setXComponentSurfaceSize
```

```
({ surfaceWidth: 1920, surfaceHeight: 1080 })
            this.surfaceId =
this.xComponentController.getXComponentSurfaceId()
            this.xComponentContext =
this.xComponentController.getXComponentContext() as Record<
string, () => void>
        })
        .width('640px')
        .height('480px')
    }
    .backgroundColor(Color.Orange)
    .position({ x: 0, y: 48 })
  }
}
```

10.2.2 OpenGL 使用 C++绘制图形

上面用 XComponent 实现了简单的绘制，接下来继续用 XComponent 来配合 Native Window 创建 OpenGL 开发环境，并最终将 OpenGL 绘制的图形显示到 XComponent 控件中。

本示例基于 Native C++模板，调用 OpenGL(OpenGL ES)图形库的相关 API 绘制 3D 图形(三棱锥)，并将结果渲染到页面的 XComponent 控件中进行展示。同时，还可以在屏幕上通过触摸滑动手势对三棱锥进行旋转，最终得到不同角度的图形并显示到页面。

首先来看一下实现效果，如图 10.2 所示。

源码结构如下。

```
entry/src/main/
|---cpp
|   |---CMakeLists.txt          // CMake 编译配置
|   |---app_napi.cpp            // 调用 native 接口
|   |---include
|   |   |---app_napi.h
|   |   |---tetrahedron.h
|   |   |---util
|   |       |---log.h
|   |       |---napi_manager.h
```

```
|       |       |---napi_util.h
|       |       |---native_common.h
|       |       |---native_interface_xcomponent.h
|       |---module.cpp                          // napi 模块注册
|       |---napi_manager.cpp
|       |---napi_util.cpp
|       |---tetrahedron.cpp                     // OpenGL ES 三棱锥实现
|       |---type
|           |---libentry
|               |---oh-package.json5
|               |---tetrahedron_napi.d.ts// 接口导出
|---ets
|   |---entryability
|   |   |---EntryAbility.ts
|   |---pages
|   |   |---Index.ets                           // 首页
|   |---utils
|       |---Logger.ets                          // 日志工具
|
```

图 10.2 三棱锥

1. 具体实现

在 IDE 中创建 Native C++工程，如图 10.3 所示。

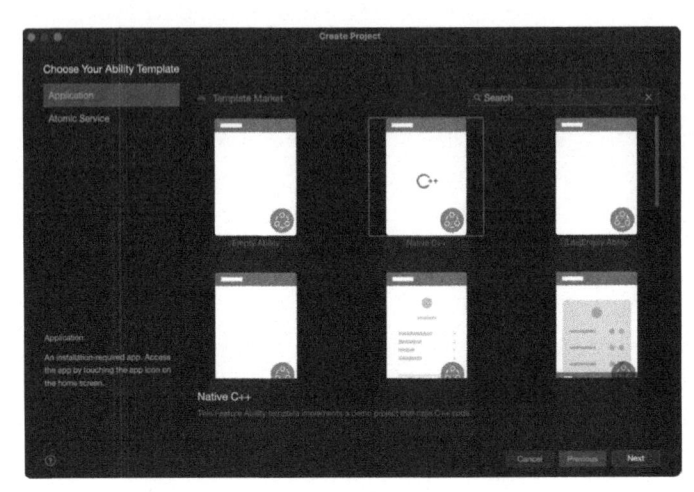

图 10.3　在 IDE 中创建 Native C++工程

在 C++代码中定义接口 Init，主要用于 3D 图形绘制环境的初始化，具体代码如下。

```
EXTERN_C_START
static napi_value Init(napi_env env,
napi_value exports)
{
    OH_LOG_Print(LOG_APP, LOG_INFO,
LOG_PRINT_DOMAIN, "Init", "Init begins");
    if ((env == nullptr) || (exports == nullptr)) {
        OH_LOG_Print(LOG_APP, LOG_ERROR, LOG_PRINT_DOMAIN,
"Init", "env or exports is null");
        return nullptr;
    }
    napi_property_descriptor desc[] = { { "getContext",
nullptr, PluginManager::GetContext, nullptr, nullptr, nullptr,
napi_default, nullptr } };
    if napi_define_properties(env, exports, sizeof(desc) /
sizeof(desc[0]), desc) != napi_ok) {
        OH_LOG_Print(LOG_APP, LOG_ERROR, LOG_PRINT_DOMAIN,
```

```
"Init", "napi_define_properties failed");
        return nullptr;
    }
    PluginManager::GetInstance()->Export(env, exports);
    return exports;
}
EXTERN_C_END
```

Update 用于 3D 图形绘制环境的初始化和图形渲染更新，并映射 NAPI 相关接口 UpdateAngle。ArkTS 则利用 XComponent 控件实现 Index.ets，代码如下。

```
import { Logger } from '../utils/Logger';
import tetrahedron_napi from 'libtetrahedron_napi.so'
@Entry
@Component
struct Index {
  @State angleArray: Array<number> = new Array<number>();
  @State shaftRotation: string = '';
  private xcomponentId = 'tetrahedron';
  private panOption: PanGestureOptions = new PanGestureOptions({ direction: PanDirection.All });
  async aboutToAppear() {
    Logger.info('aboutToAppear');
    this.angleArray[0] = 30;
    this.angleArray[1] = 45;
    let resourceManager = getContext(this).resourceManager;
    this.shaftRotation = await resourceManager.getStringValue($r('app.string.shaftRotation').id);
  }
  build() {
    Column() {
      Text($r('app.string.EntryAbility_desc'))
        .fontSize($r('app.float.head_font_24'))
        .lineHeight($r('app.float.wh_value_33'))
```

```
          .fontFamily('HarmonyHeiTi-Bold')
          .fontWeight(FontWeight.Bold)
          .fontColor($r('app.color.font_color_182431'))
          .textOverflow({ overflow: TextOverflow.Ellipsis })
          .textAlign(TextAlign.Start)
          .margin({ top: $r('app.float.wh_value_13'), bottom: $r('app.float.wh_value_15') })
        Text('X' + this.shaftRotation + ':' + this.angleArray[0].toString() + '°\nY ' + this.shaftRotation + ':' + this.angleArray[1].toString() + '°')
          .fontSize($r('app.float.head_font_24'))
          .lineHeight($r('app.float.wh_value_33'))
          .fontFamily('HarmonyHeiTi-Bold')
          .fontWeight(FontWeight.Bold)
          .fontColor($r('app.color.font_color_182431'))
          .textOverflow({ overflow: TextOverflow.Ellipsis })
          .textAlign(TextAlign.Start)
          .margin({ top: $r('app.float.wh_value_13'), bottom: $r('app.float.wh_value_15') })
        Column() {
          XComponent({ id: this.xcomponentId, type: 'surface', libraryname: 'tetrahedron_napi' })
            .onLoad(() => {
              Logger.info('onLoad');
            })
            .width($r('app.float.wh_value_360'))
            .height($r('app.float.wh_value_360'))
            .key('tetrahedron')
            .onDestroy(() => {
              Logger.info('onDestroy');
            })
            .id('xComponent')
            .backgroundColor(Color.White)
        }
        .justifyContent(FlexAlign.SpaceAround)
```

```
        .alignItems(HorizontalAlign.Center)
        .height('80%')
        .width('100%')
        .backgroundColor(Color.White)
        .borderRadius(24)
      }
      .gesture(
        PanGesture(this.panOption)
          .onActionStart((event: GestureEvent) => {
            Logger.info('Gesture onActionStart');
          })
          .onActionUpdate((event: GestureEvent) => {
            this.angleArray = tetrahedron_napi.updateAngle
(event.offsetX, event.offsetY);
            Logger.info('Gesture onActionUpdate : offSet '
+ event.offsetX + ',' + event.offsetY);
          })
          .onActionEnd(() => {
            Logger.info('Gesture onActionEnd');
          })
      )
      .padding(12)
      .backgroundColor('#f1f3f5')
      .height('100%')
    }
  }
```

C++侧主要采用 OpenGL ES 相关标准 API 实现三棱锥的绘制流程相关代码，并可与 ArkTS 进行交互。

2. 实现原理

应用启动时，NAPI 模块也相应进行初始化，此时可通过 C++侧的 OH_NativeXComponent_GetXComponentId()接口，获取到当前 XComponent 控件的指针，并给到 C++侧三棱锥绘制相关的 Init 和 Update 函数，实现 3D 图形显示。同时，为实现三棱锥的触摸屏滑动旋转效果，将在 C++代码中映射的 NAPI 接口 UpdateAngle 给到 ArkTS 侧调用。ArkTS 侧需在导入 NAPI 模块 libtetrahedron_napi.so 正确的前提下，通过调用 src/main/cpp/type/libentry/ tetrahedron_napi.d.ts 中声明的 UpdateAngle 接口更新三棱锥旋转角度。

10.3 基于 NIBIRU 引擎的开发

10.3.1 NIBIRU 引擎在 OpenHarmony 中的相关 API 介绍

1. XR 系统相关 API

NXRSystemApiManager 是 NIBIRU 引擎中对于 XR 系统相关的接口封装，开发者可以通过调用相关接口获取系统信息、设置系统状态变化时的回调等处理，XR 系统相关 API 如表 10.4 所示。

表 10.4 XR 系统相关 API

接口名称	返回值类型	功能
void UnInstallApp(std::string bundleName);	void	卸载应用
void StartApp(std::string bundleName);	void	启动应用
void SetOnAppChangeCallBack(OnApp Change& callback);	void	设置应用状态变化时的回调函数
uint32 GetSystemBatteryValue();	uint32	获取系统电量(0~100)
bool SetSystemVolumeValue(int volume);	bool	设置系统音量
uint32 GetSystemVolumeValue();	uint32	获取系统音量
uint32 GetSystemMaxVolume();	uint32	获取系统最大音量
Vector2 GetSystemVolumeRangeValue();	Vector2	获取系统音量范围
uint32 GetSystemBrightnessValue();	uint32	获取系统亮度
Vector2 GetSystemBrightnessRange();	Vector2	获取系统亮度范围
void SetSystemBrightnessValue(uint32 value);	void	设置系统亮度
std::string GetDeviceTime(std::string format);	std::string	获取系统时间(format 示例："HH:mm" "HH:mm:ss" "yyyy-MM-dd HH:mm:ss")
std::string GetLanguage();	std::string	获取系统语言("en"-英文，"zh"-中文，"fr"-法文，"de"-德文，"it"-意大利文，"es"-西班牙文，"pt"-葡萄牙文，"ru"-俄罗斯文，"ko"-韩文，"ar"-阿拉伯文，"th"-泰文，"ja"-日文)

续表

接口名称	返回值类型	功能
uint32 GetBluetoothStatus();	uint32	获取系统蓝牙状态
uint32 GetNetworkStatus();	uint32	获取系统网络状态
std::string GetSystemOsVersion();	std::string	获取系统版本号
std::string GetSystemChannelCode();	std::string	获取系统渠道号
std::string GetSystemMacAddress();	std::string	获取系统 MAC 地址
std::string GetSystemDeviceId();	std::string	获取系统设备 ID
std::string GetSystemServiceVersion();	std::string	获取系统 Service 版本号
void RegisterSystemStatusListener (SystemStatusHandler& handler);	void	注册系统状态变化时的监听
void UnRegisterSystemStatusListener (SystemStatusHandler& handler);	void	反注册系统状态变化时的监听
const AppList& GetAppList();	AppList&	获取系统应用列表
void NotifyStatusChanged (std::string key, int value);	void	通知系统状态变化
void NotifyStatusChanged (std::string key, std::string value);	void	通知系统状态变化
NTexturePtr GetAppIconTexture (std::string bundleName);	NTexturePtr	获取应用图标
void ShutDownSystem();	void	关闭系统
void RestartSystem();	void	重启系统
int32 GetControllerTipState();	int32	获取控制器提示的显示状态（0 表示隐藏，1 表示显示）
bool IsTipUIEnabled();	bool	获取控制器提示是否启用
void ShowSoftInput(std::string const& initialText,int type, bool correction,bool multiline, bool secure,std::string const& textPlaceholder, uint32 maxLength);	void	初始化并显示软键盘
void HideSoftInput();	void	隐藏软键盘
void setSystemPropertyInt (const std::string& key, int value);	void	设置系统属性
int getSystemPropertyInt (const std::string& key, int defaultValue) ;	int	获取系统属性
void setSystemPropertyString (const std::string& key, const std::string& str);	void	设置系统属性
std::string getSystemPropertyString(const std::string& key, std::string& defaultValue);	std::string	获取系统属性

续表

接口名称	返回值类型	功能
std::string getApplicationMetaData(const std::string& key);	std::string	获取应用元数据
void SetEnableDefaultTrackingResetStrategy(bool enable);	void	设置是否启用默认的控制器校准逻辑

2. XR 控制器相关 API

NXRControllerApiManager 是 NIBIRU 引擎中对于 XR 控制器相关的接口封装，开发者可以通过调用相关接口获取控制器相关信息、设置控制器状态变化时的回调、自定义控制器外观等处理，NXRControllerApiManager 如表 10.5 所示。

表 10.5　NXRControllerApiManager

接口名称	返回值类型	功能
int GetBatteryLevel(EControllerType type);	int	通过左右手控制器类型获取对应控制器电量级别
EControllerDeviceType GetControllerType();	EControllerDeviceType	获取控制器设备类型
EControllerMode GetControllerMode();	EControllerMode	获取控制器模式(3DOF/6DOF)
EControllerType GetControllerPrimaryHand();	EControllerType	获取当前的主控制器
bool HasControllerConnected(EControllerType type);	bool	获取左右手控制器是否已连接
void SetForceHideControllerTips(bool isForceHide);	void	设置是否隐藏控制器提示 UI
void SetForceDismissRayLineAndPoint(bool force);	void	设置是否隐藏控制器射线及白点
void SetForceDismissRayPoint(bool force);	void	设置是否隐藏控制器白点
void SetForceDismissController(bool force);	void	设置是否隐藏控制器
void SetForceDisableArmModel(bool force);	void	设置是否禁用控制器的头手模型
NActorPtr GetControllerDevice(EControllerType handType);	NActorPtr	获取控制器的 NActor 对象

3. 其他 API

XR API 是 NIBIRU 引擎中对于 XR 相关的一些常用接口封装，开发者可以通过调用相关接口自定义输入设备、自定义注视点、启用位置追踪等相关处理，

XR 其他 API 如表 10.6 所示。

表 10.6　XR 其他 API

接口名称	返回值类型	功能
static void SetDataSource(std::shared_ptr< XRRenderDataSource> xrRenderDataSource, std::shared_ptr<XRInputDataSource> xrInputDataSource);	void	设置自定义渲染数据及头控输入数据
static void ReplaceRenderDataSource(std::shared_ptr< XRRenderDataSource> xrRenderDataSource);	void	移除自定义渲染数据
static void ReplaceInputDataSource(std::shared_ptr< XRInputDataSource> xrInputDataSource);	void	移除自定义头控输入数据
static void SetControllerDataSource(std::shared_ptr< XRCtrlInputDataSource> ctrlInputDataSource);	void	设置自定义控制器数据及头控输入数据
static void SetGazeVisible(bool visible);	void	设置注视点是否显示
static void SetGazeDefaultDistance(float distance);	void	设置注视点默认距离
static float GetGazeDistance();	float	获取注视点距离
static void SetGazeColor(Color color);	void	设置注视点颜色
static void SetGazeSize(EXRGazeSize gazeSize);	void	设置注视点尺寸
static EXRTrackingState GetTrackingState();	EXRTrackingState	获取头显的追踪状态(旋转/位移)
static bool SetTrackingPosition(bool enabled);	bool	设置是否启用头显的位置追踪状态
static void SetHmdRayCastEnable(bool enabled);	void	设置是否启用头显的射线检测用于输入系统
static void SetControllerRayCastEnable(bool enabled);	void	设置是否启用控制器的射线检测用于输入系统
static Transform GetDeviceTransform (TrackedDeviceType deviceType);	Transform	获取头显/控制器的变换矩阵信息
static void LockHeadPose(EXRLockTrackerType type);	void	设置头显画面锁定(默认为当前方向)
static void UnlockHeadPose();	void	解除头显画面锁定
static void RecenterHeadPose();	void	将头显画面重置到默认方向
static void RecenterControllerPose();	void	将控制器重置到默认姿态
static EXRRuntimePlatform GetRuntimePlatform();	EXRRuntimePlatform	获取应用的运行平台

10.3.2　NIBIRU 引擎在 OpenHarmony 中的开发调试介绍

1. 基于 NIBIRU 引擎的开发调试

开发者在完成应用逻辑的开发后，可以通过引擎的远程设备模块直接连接到 OpenHarmony 设备上进行远程调试。

通过设置 OpenHarmony 设备的 IP 地址及端口号即可与该设备进行远程连接，如图 10.4 所示。

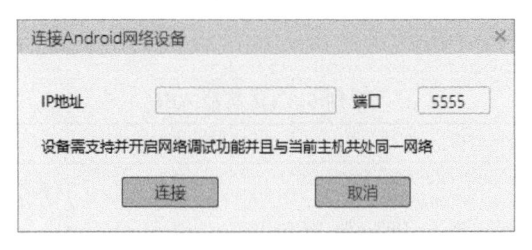

图 10.4　IP 地址及端口

与远程设备建立连接后，通过引擎的预览系统即可将应用直接运行至远程设备(图 10.5)。通过控制台系统(图 10.6)可以实时对应用的日志输出进行分析并调试相关模块逻辑。

图 10.5　远程设备预览

图 10.6　控制台系统

2. 基于 DevEco Studio 的开发调试

在 NIBIRU 引擎创建项目时可以选择"构建→创建 XR/OpenHarmony 项目"菜单，同步创建一个 OpenHarmony 的协同项目。协同项目是一个完整的 OpenHarmony 工程，可以通过 DevEco Studio 进行 OpenHarmony 接口/第三方类库等扩展支持的开发调试。

3. 在 NIBIRU 引擎中使用 NAPI

NIBIRU 引擎在进行 OpenHarmony 开发时通过 NAPI 进行 C++代码和 JS 代码之间的相互调用和数据传输。

1) JS 函数绑定

在 NIBIRU 引擎中可以通过 NOHJSBindHelper 对 OpenHarmony JS Function 进行绑定，绑定之后即可获取 NIBIRU 引擎内部 JS 函数对象 NOHJSFunction。

在构建完成 OpenHarmony 项目后，对于需要在 C++中调用的 JS 函数，开发者可以在 NIBIRU 引擎的 C++脚本中根据 JS 函数名称字符串，创建出对应的 C++函数绑定映射，具体代码如下所示。

```
NOHJSFunction m_TestJSCls = NOHJSBindHelper::GetJSFunction
("TestJSFunction");
```

2) 调用 JS 函数

在完成 JS 函数绑定之后，开发者可以在 C++环境中调用 JS 函数并获取回调参数，具体代码如下所示。

```
TestJSCls->Invoke<bool>("test");
```

3) JS 与 C++变量类型转换

在 NIBIRU 引擎中对于 JS 中使用的变量类型会进行自动转换，其中 JS 和 C++常用的变量对应类型如表 10.7 所示。

表 10.7 JS 和 C++常用的变量对应类型

JS 类型	C++类型
Boolean	bool
Number	Short,int32,uint32,int64,double,enum
String	const char*,std::string
Array	std::vector<T>,std::array<T,N>
Function & Promise	Std::function<R(P...)>
Class Object	class
JsonObject	std::map<std::string,T>

4) 调用 so 库中的函数

在 NIBIRU 引擎中，开发者也可以调用已经打包好的 so 库中的函数。首先，将需要用到的 JS 函数及相应模块打包为 so 库，将文件复制到 NIBIRU 引擎项目的 Libs 目标平台文件夹下。之后，进入项目 cmake 目录将 so 库链接至项目，并且将需要的头文件引用到项目源代码中，即可对 so 库中的 JS 函数进行访问调用。导入库伪代码示例如下。

```
include_directories(${header_dir}/ImportLib/include)
add_library(LibImport SHARED IMPORTED)
set_target_properties(LibImport PROPERTIES IMPORTED_LOCATION ${lib_dir}/android/arm64-v8a/LibImport .so)
```

链接完成后，在需要的脚本中直接引用对应的头文件，即可执行对应函数，示例代码如下。

```
#include "Demo.h"
auto result = LibImport::TestRun();
```

10.4 本章小结

本章系统介绍了融智 OS 应用开发的核心技术，包括 Native API 开发流程、XComponent 与 OpenGL 的图形渲染集成，以及 NIBIRU 引擎在 OpenHarmony 中的 API 应用与调试方法，为开发者构建高性能虚实融合应用提供了完整的技术路径。

第 11 章　趋势与展望

随着数字技术的持续迭代与社会需求的不断升级，虚实融合交互系统正站在新一轮科技革命的前沿。未来该领域将呈现出多维度的突破性发展，重塑人类与数字世界的交互范式。

在技术演进层面，跨模态融合与智能感知将成为核心驱动力。一方面，视觉、听觉、触觉等多模态信息的深度融合将突破现有交互体验的感官边界；另一方面，高性能计算能力的跨越式提升，会大幅降低虚实交互的时延，支撑超高清、低延迟的全息投影与远程协作场景。值得关注的是，国产化基础软件技术将加速自主创新进程，鸿蒙生态的分布式架构有望进一步打破设备壁垒，构建万物智联的交互新生态。产业生态的构建将呈现"软硬协同、跨界融合"的特征。操作系统厂商与三维引擎开发者的深度绑定将成为常态，如 OpenHarmony 与融智 OS 的组合将催生更多面向工业、医疗、教育的垂直领域解决方案。同时，元宇宙、数字孪生等新兴概念将推动产业链上下游企业的深度协作，形成从芯片设计、软件开发到终端设备制造的完整生态闭环。在应用场景方面，虚实融合技术将加速向传统行业渗透。工业领域中，数字孪生技术与 AR/VR 设备的结合将实现全流程生产监控与远程故障诊断；医疗场景下，混合现实手术导航系统将辅助医生完成高难度微创手术；教育领域则通过沉浸式虚拟课堂打破时空限制，构建个性化学习环境。此外，文化娱乐产业将迎来爆发式增长，基于虚实融合的交互式影视、游戏体验将重塑内容消费模式。

未来，虚实融合交互系统的发展不仅需要技术创新，更需政府、企业与社会各界共同构建包容、安全、可持续的发展框架。可以预见，虚实融合交互系统将成为数字经济与实体经济深度融合的关键桥梁，其技术突破与应用创新将持续推动人类社会向智能化、沉浸式的交互时代迈进。随着国产化基础软件技术的成熟与生态完善，我国有望在这一领域实现从跟跑到领跑的跨越，为全球虚实融合产业发展贡献中国方案。